战略性新兴领域"十四五"高等教育系列教材

材料服役性能评价原理与应用

主　编　王永欣　胡　锐

参　编　屈瑞涛　王　毅　卢艳丽

　　　　叶丽古玛　陈晓彤　李劲光

　　　　张程煜　罗　贤　黄　斌

机　械　工　业　出　版　社

"材料的服役性能评价原理与应用"课程是材料类、机械类等专业重要的专业课，是学习了材料的力学性能等课程之后的进阶性课程。材料在服役过程中的表现不仅与材料本身的性能有关，还与其服役的受载方式、应力状态、温度、介质、辐照等有密切关系。本书以工程材料微观结构与基本力学性能为基础，结合工程实际，重点介绍了在不同服役条件下材料所表现出来的性能及其评价方法，主要内容包括材料的结构与性能基础、材料服役行为与损伤理论、材料服役行为的数值模拟、材料服役行为的表征与评价方法、材料服役行为评价案例、材料服役行为高效评价发展趋势等。本书的主要目的是介绍材料服役损伤、性能和服役可靠性之间的关系，为读者掌握材料性能测试和材料加工方面的知识奠定基础。

　　本书可作为材料类、机械类等专业的教科书及参考书，也可作为相关工程技术人员的参考书。

图书在版编目（CIP）数据

材料服役性能评价原理与应用／王永欣，胡锐主编.
北京：机械工业出版社，2024. 11. --（战略性新兴领域"十四五"高等教育系列教材）. -- ISBN 978-7-111
-77144-9

　　Ⅰ. TB3

中国国家版本馆 CIP 数据核字第 20240ZC234 号

机械工业出版社（北京市百万庄大街 22 号　邮政编码 100037）
策划编辑：赵亚敏　　　　　　责任编辑：赵亚敏　王　良
责任校对：潘　蕊　李　婷　　封面设计：张　静
责任印制：郜　敏
中煤（北京）印务有限公司印刷
2024 年 12 月第 1 版第 1 次印刷
184mm×260mm · 14 印张 · 346 千字
标准书号：ISBN 978-7-111-77144-9
定价：58.00 元

电话服务　　　　　　　　　　网络服务
客服电话：010-88361066　　　机　工　官　网：www.cmpbook.com
　　　　　010-88379833　　　机　工　官　博：weibo.com/cmp1952
　　　　　010-68326294　　　金　书　网：www.golden-book.com
封底无防伪标均为盗版　　　机工教育服务网：www.cmpedu.com

前　言

　　材料是人类文明和科技进步的物质基础与先导，材料科学与工程学科的任务是探究材料的成分与结构、制备和加工、性能、服役四个要素及其相互关系。随着新一轮科技革命和产业变革的深入发展，科学研究向极宏观拓展、向极微观深入、向极端条件迈进、向极综合交叉发力，不断突破人类认知边界。材料科学与工程学科作为当今社会的支柱之一，表现出了强大的生命力，引起了人们极大的研究热度。一方面，材料的种类不断增多，具有各种特殊效能的材料大量涌现；另一方面，材料的应用场景不断增多，对材料性能及其可靠性的要求越来越高。因此，高性能新材料的研究既要多学科交叉，从微观时空基于基本科学原理开展研究，也要紧扣服役条件与需求，从宏观尺度基于工程理论开展研究。

　　对于高等学校材料类、机械类专业的学生，材料的服役性能评价原理与应用是在学习了材料科学基础、材料的力学性能等专业基础课，以及材料的制备原理、工艺和设备等专业核心课之后的一门进阶性课程。通过本课程的学习，学生既可以进一步深入理解材料基础的、共性的科学知识，更可以从工程实践的角度学会如何分析、解决复杂工程问题，建立工程思维，这对于一个合格的工程师或研究人员的成长是非常重要的。

　　本书内容是依据以下原则进行设计的：在内容的选择方面，强调基本理论、基本概念和基本技能阐述，注重基本工程思维方式的培养；以教学基本要求为出发点，在各章节中将最新的科研成果、学科的发展融合其中，增强教学内容的新颖性和时代性，努力处理好基础与先进、经典与现代的关系。本书主要内容包括材料的结构与性能基础、材料服役行为与损伤理论、材料服役行为的数值模拟、材料服役行为的表征与评价方法、材料服役行为评价案例、材料服役行业高效评价发展趋势等。

　　本书共六章，第1章由西北工业大学王永欣教授、屈瑞涛教授编写，第2章由西北工业大学胡锐教授编写，第3章由西北工业大学卢艳丽教授、王毅教授编写，第4章由西北工业大学罗贤副教授编写，第5章由清华大学叶丽古玛副研究员、陈晓彤教授，西安石油大学李劲光副教授、西北工业大学张程煜教授编写，第6章由西北工业大学黄斌副教授编写。全书由王永欣、胡锐教授统稿。

　　由于编写时间仓促、水平有限、经验不足，书稿难免存在疏漏和不足之处，恳请各位读者提出宝贵意见。

编　者

目　录

第 1 章
材料的结构与性能基础

1.1 材料的微观组织结构

材料的微观组织结构与其力学性能有着密切的关系。原子键合类型决定了材料的基本力学特性，例如，金属键赋予了金属良好的延展性和导电性，而共价键和离子键则使陶瓷材料表现出高硬度和脆性。此外，晶体结构和点阵类型对材料的塑性变形能力有直接影响，不同的晶体结构如体心立方（BCC）、面心立方（FCC）和六方密排（HCP），因其滑移系数和滑移体系的差异而展现出不同的力学性能。材料中的相组成及其分布也起着至关重要的作用，强化相如析出相和弥散相可以显著提高材料的强度和硬度，同时微观组织结构如晶粒尺寸、晶界和孪晶等也显著地影响其力学性能。细晶材料通常具有较高的强度，而粗晶材料则可能表现出较好的延展性。通过控制材料的原子键合、优化晶体结构和点阵参数，调控固体中的相组成和微观组织结构，可以实现对材料力学性能的精确调控，从而满足不同应用领域的需求。

1.1.1 原子键合

原子键合是指原子之间通过相互作用力形成稳定结合的过程，从而形成分子、晶体或其他固体的基本结构。常见的原子键合类型包括化学键和物理键两大类。其中，化学键即主价键，包括金属键、离子键和共价键；物理键即次价键，也称范德华力（van der Waals force）。此外，还存在氢键，其性质介于化学键和范德华力之间。

1. 金属键

典型的金属原子结构特点在于其最外层电子数较少，这些价电子很容易脱离原子核的束缚，成为在整个晶体内自由运动的自由电子。自由电子弥散于由金属正离子组成的晶格中，形成电子云。金属中的自由电子与金属正离子之间的相互作用形成了金属键，如图 1.1 所示。绝大多数金属通过金属键结合，其基本特点是电子的共有化。

由于金属键既没有饱和性也没有方向性，每个原子可以与更多的原子结合，并趋向于形

2

成低能量的密堆积结构。当金属在受力变形时，原子之间的相对位置改变，但金属键不会被破坏，这赋予了金属良好的延展性。此外，由于自由电子的存在，金属通常具有良好的导电和导热性能。

2. 离子键

大多数盐类、碱类和金属氧化物主要通过离子键结合。其本质是金属原子将最外层的价电子转移给非金属原子，使其成为带正电的正离子；而非金属原子接受这些电子后，成为带负电的负离子。这样，正负离子通过静电引力结合在一起。因此，这种结合的基本特点是以离子而不是原子为结合单元。离子键要求正负离子交替排列，以最大化异号离子间的吸引力，最小化同号离子间的斥力（图 1.2）。因此，决定离子晶体结构的因素是正负离子的电荷及几何因素。离子晶体中的离子通常具有较高的配位数。

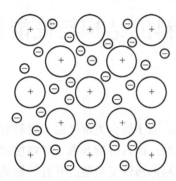

图 1.1　金属键示意图

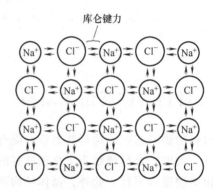

图 1.2　NaCl 离子键示意图

一般来说，离子晶体中正负离子之间的静电引力较强，结合牢固，因此它们的熔点和硬度通常较高。此外，由于在离子晶体中难以产生自由运动的电子，这些材料通常是良好的电绝缘体。然而，当处于高温熔融状态时，正负离子在外电场作用下可以自由运动，表现出离子导电性。

3. 共价键

共价键是由两个或多个电负性相差不大的原子通过共用电子对形成的化学键。根据共用电子对在两成键原子之间是否偏向某一个原子，共价键可以分为非极性键和极性键。

氢分子中两个氢原子的结合是典型的共价键（非极性键）。共价键在亚金属（如碳、硅、锡等）聚合物和无机非金属材料中占有重要地位。图 1.3 所示为 SiO_2 中硅和氧原子之间的共价键示意图。

原子结构理论表明，除 s 轨道的电子云呈球形对称外，其他轨道如 p、d 等的电子云具有一定的方向性。在形成共价键时，为了使电子云最大限度地重叠，

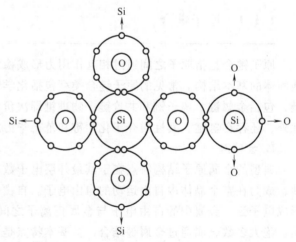

图 1.3　SiO_2 中硅与氧原子间的共价键示意图

共价键具有方向性，键的分布严格遵循这种方向性。当一个电子与另一个电子配对后，就不会再与第三个电子配对，因此成键的共用电子对数目是固定的，这就是共价键的饱和性。

另外，共价键晶体中的各个键之间具有确定的方位，因此其配位数较小。由于共价键的结合非常牢固，共价晶体具有结构稳定、熔点高、质硬脆等特点。由于"共用电子对"被束缚在相邻原子之间，不能自由运动，因此共价键形成的材料通常是绝缘体，导电能力较差。

4. 范德华力和氢键

尽管每个原子或分子最初都是独立的单元，但由于相邻原子的相互作用引起电荷位移，会形成偶极子。范德华力通过这种微弱、瞬时的电偶极矩的感应作用，将原本具有稳定原子结构的原子或分子结合在一起。范德华力包括静电力、诱导力和色散力，属于物理键，是一种次价键，没有方向性和饱和性。范德华力的键能比化学键小 1~2 个数量级，结合不如化学键牢固。例如，加热水到沸点可以破坏范德华力使水变为水蒸气，而要破坏氢和氧之间的共价键则需要极高的温度。范德华力也在很大程度上改变了材料的性质。例如，不同高分子聚合物之所以具有不同的性能，一个重要原因是它们分子间的范德华力不同。

氢键是一种特殊的分子间作用力，由氢原子同时与两个电负性较大且原子半径较小的原子（如氧、氟、氮等）结合而产生。氢键的键力比一般次价键大，具有饱和性和方向性。氢键也是靠原子（分子或原子团）之间的偶极吸引力结合在一起，且也属于次价键。

1.1.2　晶体结构与点阵

晶体结构的基本特征是原子（或分子、离子）在三维空间内呈周期性重复排列，即存在长程有序。因此，晶体与非晶体物质在性能上的区别主要有两点：一是晶体在熔化时具有固定的熔点，而非晶体则没有固定熔点，只存在一个软化温度；二是晶体具有各向异性，而非晶体则为各向同性。

1. 点阵

实际晶体中的质点（原子、分子、离子或原子团等）在三维空间中可以有无限多种排列形式。为了便于分析和研究晶体中质点的排列规律，可以先将实际晶体结构看作完整无缺的理想晶体，并将每个质点都抽象为规则排列于空间的几何点称为阵点。这些阵点在空间中周期性规则排列，并具有完全相同的周围环境，这种在三维空间规则排列的阵列称为空间点阵，简称点阵。为了描述空间点阵的图形，可以用许多平行的直线将所有阵点连接起来，从而构成一个三维几何格架，称为空间格子，如图 1.4 所示。

为了说明点阵排列的规律和特点，可以在点阵中取出一个具有代表性的基本单元（最小平行六面体）作为点阵的组成单元，称为晶胞。通过将晶胞进行三维的重复堆砌，就构成了空间点阵。

同一空间点阵由于选取方式不同，可以得到不相同的晶胞。图 1.5 所示为在一个二维点

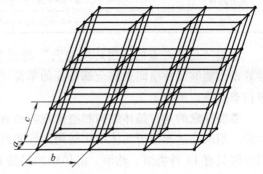

图 1.4　空间点阵示意图

4

阵中选取的不同晶胞。因此，要求选取的晶胞能够最充分地反映该点阵的对称性。选取晶胞的原则如下：

（1）对称性　晶胞应能充分反映点阵的对称性特征。

（2）最小体积　晶胞应为最小的重复单元，即其体积应尽可能小。

（3）平行六面体　晶胞应为平行六面体的形状，以便在三维空间中进行平铺。

（4）完整性　晶胞应完整地包含点阵的所有特征，不遗漏任何重要的点阵信息。

通过这些原则，可以选出最能代表空间点阵结构的晶胞。

为了描述晶胞的形状和大小，通常采用平行六面体中交于一点的三条棱边的边长 a、b、c（称为点阵常数）及棱间夹角 α、β、γ 等 6 个点阵参数来表达，如图 1.6 所示。事实上，采用 3 个点阵矢量 a、b、c 来描述晶胞将更为方便。这 3 个矢量不仅确定了晶胞的形状和大小，还完全确定了该空间点阵。根据这 6 个点阵参数间的相互关系，可以将所有空间点阵归属于 7 种类型，即 7 个晶系，见表 1.1。

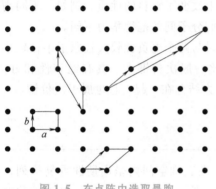

图 1.5　在点阵中选取晶胞

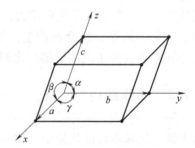

图 1.6　晶胞、晶轴和点阵矢量

表 1.1　晶系

晶系	棱边长度及夹角关系	举例
三斜晶系	$a \neq b \neq c, \alpha \neq \beta \neq \gamma \neq 90°$	K_2CrO_7
单斜晶系	$a \neq b \neq c, \alpha = \gamma = 90° \neq \beta$	$\beta\text{-S}, CaSO_4 \cdot 2H_2O$
六方晶系	$a_1 = a_2 \neq a_3 \neq c, \alpha = \beta = 90°, \gamma = 120°$	$Zn, Cd, Mg, NiAs$
菱方晶系	$a = b = c, \alpha = \beta = \gamma \neq 90°$	As, Sb, Bi
正交晶系	$a \neq b \neq c, \alpha = \beta = \gamma = 90°$	$\alpha\text{-S}, Ga, Fe_3C$
四方晶系	$a = b \neq c, \alpha = \beta = \gamma = 90°$	$\beta\text{-Sn}, TiO_2$
立方晶系	$a = b = c, \alpha = \beta = \gamma = 90°$	Fe, Cr, Cu, Ag

根据"每个阵点的周围环境相同"的要求，奥古斯特·布拉菲（BravaisA.）通过数学推导得出能够反映空间点阵全部特征的单位平行六面体仅有 14 种。这 14 种空间点阵被称为布拉菲点阵，见表 1.2。

需要注意的是，晶体结构和空间点阵是有区别的。空间点阵是对晶体中质点排列的几何抽象，用来描述和分析晶体结构的周期性和对称性。由于每个点阵的周围环境相同，因此空间点阵只有 14 种类型。然而，晶体结构指的是晶体中实际质点（原子、离子或分子）的具体排列情况，这些质点能够组成各种类型的排列，因此实际存在的晶体结构是无限多的。

表 1.2 布拉菲点阵

布拉菲点阵	晶系	布拉菲点阵	晶系
简单三斜	三斜晶系	简单六方	六方晶系
简单单斜 底心单斜	单斜晶系	简单菱方	菱方晶系
简单正交 底心正交 体心正交 面心正交	正交晶系	简单四方 体心四方	四方晶系
		简单立方 体心立方 面心立方	立方晶系

2. 三种典型的金属晶体结构

金属在固态下通常呈现晶体结构。决定晶体结构的内在因素包括原子、离子或分子之间键合的类型及键的强度。金属晶体的结合键是金属键，由于金属键具有无饱和性和无方向性的特点，因此金属内部的原子趋于紧密排列，形成高度对称的简单晶体结构。相比之下，亚金属晶体的主要结合键为共价键，由于共价键具有方向性，因此亚金属具有较复杂的晶体结构。

最常见的金属晶体结构包括面心立方结构（FCC）、体心立方结构（BCC）和密排六方结构（HCP）三种。将金属原子视为刚性球，这些晶体结构如图 1.7~图 1.9 所示。

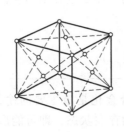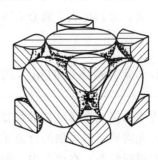

图 1.7 面心立方点阵

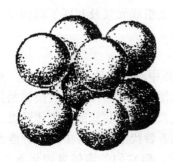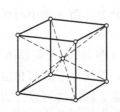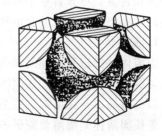

图 1.8 体心立方点阵

由于晶体具有严格的对称性，因此可以将晶体看作由许多晶胞堆积而成。在面心立方结构（FCC）、体心立方结构（BCC）和密排六方结构（HCP）中，晶胞顶点处的原子是多个晶胞共享的，而位于晶面上的原子同时属于两个相邻的晶胞，只有在晶胞体积内的原子才属

6

于一个晶胞。因此，这三种典型金属晶体结构中每个晶胞所包含的原子数 n 为：4 (FCC)，2 (BCC)，6 (HCP)。

晶胞的大小通常由晶胞的边长（a，b，c）即晶格常数（或称晶胞常数）来衡量，它是表征晶体结构的重要基本参数。晶格常数主要通过 X 射线衍射分析获得。不同金属可以具有相同的晶格类型，但由于电子结构和原子间结合情况的不同，它们具有不同的晶格常数，并且随温度变化而变化。

 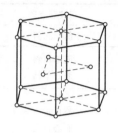

图 1.9　密排六方点阵

如果将金属原子视为刚性球，并假设其半径为 R，则根据几何关系可以得出三种典型金属晶体结构的晶格常数与 R 之间的关系。对于面心立方结构，晶格常数为 a，且 $\sqrt{2}a = 4R$；对于体心立方结构，晶格常数为 a，且 $\sqrt{3}a = 4R$。对于密排六方结构，晶格常数由 a 和 c 表示。在理想情况下，即将原子视为等径刚性球时，可以计算得到 $c/a = 1.633$，此时 $a = 2R$；但实际测量得到的轴比通常偏离此值。

在面心立方结构中，原子密排面的指向为 <111>，即晶体的立方晶向。在体心立方结构中，原子密排面的指向为 <110>，即体对角线方向。在密排六方结构中，原子密排面的指向为 <0001>，即垂直于六方最密堆积层的方向。这些原子密排面按照空间一层一层平行地堆叠在一起，分别构成了面心立方结构、体心立方结构和密排六方结构这三种典型的金属晶体结构。

1.1.3　固体中的相与组织

改变和提高金属材料的性能，合金化是最主要的途径。了解合金元素添加后的作用机制，首先需要了解添加的合金元素的存在状态，即可能形成的合金相及它们可能呈现的各种不同的组织形态。在合金中，相指的是具有相同的聚集状态、晶体结构和性质，并通过界面相互分隔的均匀组成部分。由一种相组成的合金称为单相合金，而由几种不同相组成的合金称为多相合金。尽管合金中可能存在多种组成相，但根据合金组成元素及其原子间相互作用的不同，固态下所形成的合金相主要分为固溶体和中间相两大类。

1. 固溶体

固溶体是指以某一种元素为基体（溶剂），在其晶体点阵中溶解其他元素（溶质）形成的均匀混合的固态结构。在固溶体中，溶质原子分布在溶剂原子之间，保持着溶剂的晶体结构。根据溶质原子在溶剂点阵中的位置，固溶体可以分为置换固溶体和间隙固溶体两类。

置换固溶体是指溶质原子占据溶剂点阵的晶格位置，或者替代溶剂点阵中的部分溶剂原子而形成的固溶体。金属元素之间通常能够形成置换固溶体，但它们的溶解度因元素而异。有些金属元素能够无限溶解，而有些则只能有限溶解。影响溶解度的因素很多，主要包括以下几个因素：

1）晶体结构的相同性是形成无限固溶体的必要条件。只有当两种组元的晶体结构相同时，才能实现其中一种组元的连续置换。如果两种组元的晶体结构不同，它们之间的溶解度只能是有限的。在形成有限固溶体时，如果溶质元素与溶剂元素的晶体结构相同，通常溶解度较高。

2）在其他条件相近的情况下，当溶质原子的半径与溶剂原子的半径差小于15%时，有利于形成溶解度较大的固溶体；而当差值大于15%时，差值越大，溶解度越小。这是因为原子尺寸的差异会引起晶格的畸变，畸变程度与差值成正比。差值越大，畸变和畸变能就越高，晶体的结构稳定性就越低，因此溶解度就越小。

3）化学亲和力（或称电负性）是指溶质与溶剂元素之间的化学吸引力程度。当溶质与溶剂元素之间的电负性差异较大时，即化学亲和力强时，倾向形成化合物而不利于形成固溶体；而化合物越稳定，固溶体的溶解度就越小。只有电负性相近的元素才可能具有较大的溶解度。

4）原子价因素。

在大多数情况下，随着温度的升高，固溶度也会增加；但对于一些含有中间相的复杂合金来说，情况则相反。

溶质原子分布在溶剂晶格的间隙中形成的固溶体称为间隙固溶体。当溶质原子与溶剂原子的原子半径差异较大（大于30%）时，通常不易形成置换固溶体。当溶质原子的半径很小，导致原子半径比差超过41%时，溶质原子可能会进入溶剂晶格的间隙位置，形成间隙固溶体。通常，形成间隙固溶体的溶质原子是一些非金属元素，如 H、C、N、O 等，它们的原子半径较小。

在间隙固溶体中，由于溶质原子通常比晶格间隙的尺寸大，因此溶质原子溶入后会引起溶剂晶格的畸变，导致晶格常数变大，畸变能升高。因此，间隙固溶体通常都是有限固溶体，且其溶解度较小。间隙固溶体的溶解度不仅与溶质原子的大小有关，还与溶剂晶体结构中间隙的形状和大小等因素有关。溶剂晶格的间隙越适合溶质原子的大小和形状，溶质原子就越容易溶解，形成间隙固溶体。

和纯金属相比，由于溶质原子的溶入，固溶体的晶格常数、力学性能、物理和化学性能都会发生不同程度的变化。

1）晶格常数改变：形成固溶体时，虽然晶体结构仍保持溶剂的结构，但由于溶质和溶剂原子的大小不同，会引起晶格畸变，导致晶格常数变化。对于置换固溶体，当溶质原子半径 r_B>溶剂原子半径 r_A 时，溶质原子周围的晶格膨胀，平均晶格常数增大；当 $r_B<r_A$ 时，溶质原子周围的晶格收缩，平均晶格常数减小。对于间隙固溶体而言，晶格常数随溶质原子的溶入总是增大的，这种影响通常比置换固溶体大得多。

2）产生固溶强化：和纯金属相比，固溶体的一个显著变化是由于溶质原子的溶入，导致固溶体的强度和硬度增加，这种现象称为固溶强化。固溶强化的机理将在后面的章节中进一步讨论。

3）物理和化学性能的变化：随着固溶度的增加，固溶体的晶格畸变增大，通常电阻率 ρ 会升高，同时电阻温度系数 α 会降低。例如，硅（Si）溶入 α-铁（α-Fe）中可以提高磁导率，因此质量分数为2%~4%的硅钢片是一种应用广泛的软磁材料。又如，铬（Cr）固溶于 α-铁中，当 Cr 的原子数分数达到12.5%时，铁的电极电位由−0.60V 突然上升到+0.2V，从而有效抵抗空气、水蒸气和稀硝酸的腐蚀。因此，不锈钢中至少含有质量分数为13%以上的 Cr 原子。

2. 中间相

当两个组元 A 和 B 组成合金时，除了可以形成以 A 为基或以 B 为基的固溶体（端际固溶体），还可能形成晶体结构与 A、B 两组元均不相同的新相。由于它们在二元相图上的位置总是位于中间，通常称这些相为中间相。

中间相可以是化合物，也可以是以化合物为基的固溶体（第二类固溶体或称二次固溶体）。中间相通常可以用化合物的化学分子式表示。大多数中间相的原子间结合方式属于金属键与其他典型键（如离子键、共价键和分子键）混合的结合方式。因此，它们具有金属性。

（1）正常价化合物　在元素周期表中，一些金属与电负性较强的Ⅲ族、Ⅴ族和Ⅵ族元素按照化学上的原子价规律所形成的化合物称为正常价化合物。它们的成分通常可以用分子式来表示，一般为 AB、A_2B（或 AB_2）和 A_3B_2 型。正常价化合物的晶体结构通常对应于同类分子式的离子化合物结构，如 NaCl 型、ZnS 型、CaF_2 型等。正常价化合物的稳定性与组元间的电负性差有关。电负性差越小，化合物越不稳定，越趋于金属键结合；电负性差越大，化合物越稳定，越趋于离子键结合。

（2）电子化合物　电子化合物是 Hume-Rothery（休姆-罗瑟里）在研究ⅠB 族贵金属（如 Ag、Au、Cu）与ⅡB、ⅢA、ⅣA 族元素（如 Zn、Ga、Ge）所形成的合金时首先发现的。后来，这类化合物又在 Fe-Al、Ni-Al、Co-Zn 等其他合金中被发现，因此它们也被称为休姆-罗瑟里相。

这类化合物的特点是电子浓度是决定晶体结构的主要因素。凡是具有相同电子浓度的化合物，其晶体结构类型也相同。除了主要受电子浓度影响，其晶体结构还受尺寸因素和电化学因素的影响。尽管电子化合物可以用化学分子式表示，但它们不符合化合价规律，其成分实际上在一定范围内变化，可以看作是以化合物为基的固溶体，其电子浓度也在一定范围内变化。电子化合物中，原子间的结合方式主要以金属键为主，因此具有明显的金属特性。

（3）原子尺寸因素有关的化合物　一些化合物的类型与组成元素的原子尺寸差别有关。当两种原子半径差异较大的元素形成化合物时，倾向于形成间隙相和间隙化合物，而中等程度差别的元素则倾向于形成拓扑密排相。以下分别讨论这两种情况：

1）原子半径较小的非金属元素如 C、H、N、B 等可以与金属元素（主要是过渡族金属）形成间隙相或间隙化合物。这主要取决于非金属（X）和金属（M）原子半径的比值，一般地：当其比值 $r_X/r_M < 0.59$ 时，形成具有简单晶体结构的相，称为间隙相；当 $r_X/r_M > 0.59$ 时，形成具有复杂晶体结构的相，通常称为间隙化合物。

间隙相具有比较简单的晶体结构，如面心立方（FCC）、密排六方（HCP），少数为体心立方（BCC）或简单六方结构，与其组元的结构均不相同。在晶体中，金属原子占据正常的位置，而非金属原子则规则地分布在晶格间隙中，从而构成一种新的晶体结构。非金属原子在间隙相中占据什么间隙位置，主要取决于原子尺寸因素。

当非金属原子（X）半径与过渡族金属原子（N）半径之比 $r_X/r_N > 0.59$ 时，所形成的相往往具有复杂的晶体结构，这就是间隙化合物。通常，过渡族金属如 Cr、Mn、Fe、Co、Ni 与碳元素所形成的碳化物都是间隙化合物。

间隙化合物中的原子间结合键为共价键和金属键。它们的熔点和硬度均较高（但不如间隙相），是钢中的主要强化相。

2）拓扑密堆相（Topologically Close-Packed Phases，TCP 相）是由两种大小不同的金属原子构成的一类中间相，其中大、小原子通过适当配合构成空间利用率和配位数都很高的复杂结构。由于这种结构具有拓扑特征，因此称为拓扑密堆相（简称 TCP 相），以区别于通常的具有 FCC 或 HCP 结构的几何密堆相。这种结构的特点如下：

配位多面体结构：由配位数为 12、14、15、16 的配位多面体堆积而成。配位多面体是以某一原子为中心，将其周围紧密相邻的各原子中心用直线连接起来所构成的多面体，每个面都是三角形。图 1.10 所示为拓扑密堆相的配位多面体形状。

CN12　　　　　　　CN14　　　　　　　CN15　　　　　　　CN16

图 1.10　拓扑密堆相的配位多面体形状

层状结构：原子半径小的原子构成密排面，其中嵌有原子半径大的原子，由这些密排面按一定顺序堆积而成，从而构成空间利用率很高、只有四面体间隙的密排结构。拓扑密堆相有多种类型，以下是几种典型的 TCP 相：

① 拉弗斯相（Laves Phase）。许多金属间化合物属于拉弗斯相。二元合金拉弗斯相的典型分子式为 AB_2，其形成条件如下：

原子尺寸因素：A 原子半径略大于 B 原子，理论比值应为 $r_A/r_B = 1.255$，实际比值约为 $1.05 \sim 1.68$。

电子浓度：一定的结构类型对应一定的电子浓度。

拉弗斯相的晶体结构有三种类型，典型代表为 $MgCu_2$、$MgZn_2$ 和 $MgNi_2$。拉弗斯相是镁合金中的重要强化相。在高合金不锈钢和铁基、镍基高温合金中，拉弗斯相有时会以针状分布在固溶体基体上，当其数量较多时会降低合金的性能，因此需要适当控制。以 $MgCu_2$ 为例，其晶胞结构如图 1.11 所示，共有 24 个原子，Mg 原子（A）8 个，Cu 原子（B）16 个。

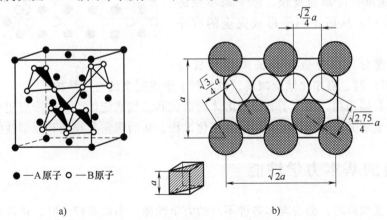

●—A原子　○—B原子

a)　　　　　　　　　　　　　　　　b)

图 1.11　$MgCu_2$ 立方晶胞中 A、B 原子的分布

② σ 相。σ 相通常存在于过渡族金属元素组成的合金中，其分子式可写作 AB 或 A_2B。σ 相具有复杂的正方结构，轴比 $c/a \approx 0.52$，每个晶胞中有 30 个原子。σ 相在常温下硬而脆，它的存在通常对合金性能有害。在不锈钢中，σ 相的出现会引起晶间腐蚀和脆性；在镍基高温合金和耐热钢中，如果成分或热处理控制不当，会发生片状的硬而脆相的沉淀，从而使材料变脆，因此需要避免 σ 相的形成。σ 相的晶体结构如图 1.12 所示。

通过对 TCP 相的合理控制和理解，可以在合金设计和应用中避免不利影响，从而优化材料的性能。

（4）超结构（长程有序固溶体）

在某些成分接近于特定原子比（如 AB 或 A_3B 等）的无序固溶体中，当它从高温缓慢冷却到某一临界温度以下时，溶质原子会从统计随机分布状态转变为占据特定位置的规则排列状态，即发生有序化过程，形成有序固

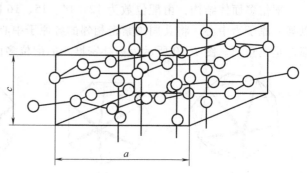

图 1.12 σ 相的晶体结构

溶体。这种长程有序的固溶体在 X 射线衍射图上会产生额外的衍射线条，称为超结构线，因此有序固溶体通常被称为超结构或超点阵。

从无序到有序的转变过程依赖于原子迁移的实现，即存在形核和长大过程。电镜观察表明，最初的核心是短程有序的微小区域。当合金缓冷经过某一临界温度时，各个核心慢慢独自长大，直至相互接壤。通常将这种小块有序区域称为有序畴。当两个有序畴同时长大并相遇时，如果其边界恰好是同类原子相遇则构成一个明显的分界面，这种界面称为反相畴界，而反相畴界两边的有序畴称为反相畴，如图 1.13 所示。

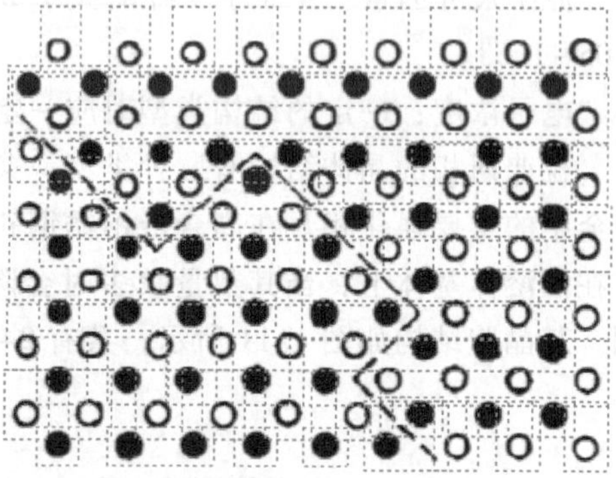

有序化过程受多种因素的影响，包括温度、冷却速度和合金成分等。

1）温度：温度升高会增加原子的热运动，使得有序结构难以稳定，从而不利于有序化。

2）冷却速度：冷却速度快，原子来不及进行长程有序排列，从而不利于形成完全的有序结构。

图 1.13 反相畴结构

3）合金成分：当合金成分偏离理想成分（如 AB 或 A_3B）时，有序化倾向减弱，也不利于形成完全的有序结构。

这些因素共同作用，决定了有序固溶体的形成和结构稳定性。在实际应用中，通过控制冷却速度和合金成分，可以优化材料的有序化过程，从而调整其物理和力学性能。

1.2 材料的基本力学性能

材料在承受载荷时，会表现出各种不同的力学性能。当载荷较小时，材料通常发生弹性变形，此时材料的"弹性性能"决定了变形的大小。弹性变形在载荷去除后是可以恢复的，

对于不可恢复的变形称为"塑性变形"。当材料所受载荷增加到一定程度，可能发生塑性变形，如铜等延性材料；也可能发生断裂，如陶瓷等脆性材料。材料抵抗塑性变形或断裂的能力一般用"强度"来表征，对应着发生塑性变形或断裂的临界应力。材料的塑性变形能力可用"塑性"来表征，塑性越大，则材料可以在断裂前发生更大的变形。"硬度"是表征材料软硬程度的力学性能指标，衡量材料抵抗压痕或划痕形成永久变形的能力。对于含缺口、孔洞、微裂纹等各类外在缺陷或者螺栓孔、铆钉孔、键槽等几何不连续部分的材料或零构件，材料的"缺口性能"非常重要。"冲击韧性"是含缺口弯曲试样承受冲击破坏时吸收的能量；"断裂韧性"是材料抵抗裂纹扩展的重要性能指标。断裂韧性越高，则含裂纹材料发生断裂所需载荷或能量越大。材料的强度和韧性越高，越不易发生失效断裂，因此对于结构材料而言，高强韧性是研究者长期追求的力学性能目标。良好的力学性能是结构材料安全可靠服役的基础，也是优异材料服役性能的重要前提。下面将对材料的基本力学性能逐一介绍。

1.2.1　弹性性能

在工程中，绝大多数结构件在工作时所受到的外应力不超过屈服强度，因此材料主要处于弹性状态，此时弹性性能对于保证结构件的稳定性与功能很重要。弹性性能是材料在外力作用下发生弹性变形，并在外力去除后恢复原状的能力，主要通过弹性模量（杨氏模量）、剪切模量、体积模量、泊松比及弹性比功等性能指标来表征。

1. 弹性常数

对于大多数材料，弹性变形阶段，其所受应力 σ 与应变 ε 为线性变化，即符合胡克定律，此时的比例系数为弹性模量，即

$$E = \sigma / \varepsilon \tag{1.1}$$

E 也称为杨氏模量，是材料常数，为弹性性能指标之一。弹性模量一般可通过拉伸试验测试，是拉伸应力-应变曲线弹性段的斜率。

对于一个圆柱形试样，刚度可表示为

$$k = \frac{\mathrm{d}F}{\mathrm{d}x} = E\frac{A_0}{l_0} \tag{1.2}$$

式中，k 为刚度；F 为施加的载荷；x 为位移；A_0 为试样初始横截面积；l_0 为试样初始长度。可见，试样的刚度取决于材料的弹性模量与试样的几何尺寸。对于尺寸固定的结构件，所使用材料的弹性模量越大，则该结构件刚度越大，越不易发生弹性变形。因此，为保证构件具有足够的刚度，可选择弹性模量较大的材料，或者增大构件的截面面积。

弹性模量（杨氏模量）是对材料在拉伸或压缩下发生弹性变形难易程度的表征。对于剪切作用下的弹性变形，其切应力 τ 与切应变 γ 之间同样存在线性变化，也符合胡克定律，其比例系数 G 为剪切模量或切变模量，即

$$G = \tau / \gamma \tag{1.3}$$

另外，若材料存在静水压力，由其产生的体积应变随静水压力发生线性变化，其比例系数 K 称为体积模量或体模量，即

$$K = -V \frac{\Delta p}{\Delta V} \tag{1.4}$$

式中，K 为体积模量；V 为体积；Δp 为压力变化；ΔV 为体积变化。

在材料受拉应力 σ 而发生弹性变形时，除了在拉伸方向的正应变 ε，在垂直于加载方向也产生正应变 ε'。一般在拉伸方向伸长，在横向收缩，即 ε 为正，而 ε' 为负。定义泊松比为

$$\nu = -\frac{\varepsilon'}{\varepsilon} \tag{1.5}$$

泊松比 ν 是材料的另一个弹性常数。材料的泊松比一般为 $0 \sim 0.5$，金属材料的泊松比为 $0.2 \sim 0.4$（大多为 0.3），橡胶的泊松比接近 0.5。对于某些特殊的材料，泊松比为负，如天然的黄铁矿晶体泊松比为 $-1/7$，压缩时横向与加载方向均出现收缩，在拉伸时则横纵方向均膨胀。

弹性模量（杨氏模量）、剪切模量、体模量和泊松比均为材料的弹性常数。对于各向同性的材料，独立的弹性常数只有两个。因此，若已知弹性模量和泊松比，则可求得剪切模量与体模量，即

$$G = \frac{E}{2(1+\nu)} \tag{1.6}$$

$$K = \frac{E}{3(1-2\nu)} \tag{1.7}$$

2. 弹性模量的影响因素

材料的弹性模量主要取决于原子间结合力的强弱。材料的四种键合方式中，共价键和离子键结合力强，因此弹性模量很高；以范德华力结合的分子键较弱，因此对应材料的弹性模量较低；金属键的结合力也较强，其材料弹性模量较高。无机非金属材料如陶瓷等主要以共价键或离子键结合，而高分子材料多以范德华力键合，金属材料原子间以金属键相结合，因此陶瓷材料的弹性模量一般最高，金属材料次之，高分子材料最低。

表 1.3 给出了典型材料的弹性常数数值。可以看到，不同材料的弹性模量之间相差多个数量级。金刚石单晶体的弹性模量可达 1000GPa 以上，铁或钢的弹性模量约为 210GPa，是铝合金的三倍（约 70GPa），橡胶的弹性模量可低至 0.01GPa。对于同样是金属键的不同元素金属单质，其原子间结合力受到原子半径、原子间距及价电子的影响。因此，在元素周期表中，金属元素的弹性模量随着原子序数的变化而出现周期性变化。由于受到 d 层电子的影响，过渡族金属往往具有较高的原子间作用力和弹性模量。

表 1.3 典型材料的弹性常数数值

材料	弹性模量	剪切模量	泊松比
	E/GPa	G/GPa	ν
纯铁	211.4	81.6	0.293
纯铝	70.3	26.1	0.345
纯镁	44.7	17.3	0.291
纯锌	82	31	0.27

（续）

材料	弹性模量	剪切模量	泊松比
	E/GPa	G/GPa	ν
纯铅	17	7	0.42
纯铜	129.8	48.3	0.343
纯金	78	27	0.44
纯银	82.7	30.3	0.367
纯铬	279.1	115.4	0.21
纯镍	199.5	76	0.312
纯铌	104.9	37.5	0.397
纯钽	185.7	69.2	0.342
纯钛	115.7	43.8	0.321
纯钨	411	160.6	0.28
纯钒	127.6	46.7	0.365
镍铬钢	206	79.38	0.25~0.30
碳素钢	196~206	79	0.24~0.28
铸钢	172~202	—	0.3
球墨铸铁	140~154	73~76	—
灰铸铁	113~157	44	0.23~0.27
冷拔纯铜	127	48	—
轧制磷青铜	113	41	0.32~0.35
轧制锰青铜	108	39	0.35
金刚石单晶	1022	468	0.092
Al_2O_3 单晶	402	163	0.233
SiO_2 单晶	95	44	0.082
SiC 单晶	402	170	0.181
ZrC 单晶	407	170	0.196
TiO_2 单晶	287	113	0.268
NaCl 单晶	38	15	0.25
ZnO 单晶	122	45	0.358
橡胶	0.01~0.1	—	—
尼龙6	4	1.43	0.4
聚丙烯	4.13	1.43	0.34
聚甲醛	4.01	1.43	0.4
高密度聚乙烯	2.55	0.91	0.41
聚偏氟乙烯	3	1.07	0.4

除弹性模量之外，体现原子间结合力的参数还有其他物理参数，如熔点、沸点及键合能等。因此，弹性模量与这些参数之间具有正相关关系。例如，熔点较高的材料往往具有较大

14

的弹性模量。常见金属单质的弹性模量与熔点之间的关系如图 1.14 所示，可以看到难熔金属 W 具有 3000℃ 以上的熔点，同时也有高于 400GPa 的弹性模量，而对于低熔点金属 Sn、Al、Mg 等，其弹性模量小于 100GPa。研究发现，材料化学成分的改变会影响其弹性模量，添加能够升高熔点的元素，一般也会提高材料的弹性模量。在工程应用中，合金元素添加往往数量较少，对弹性模量的影响一般也较小。

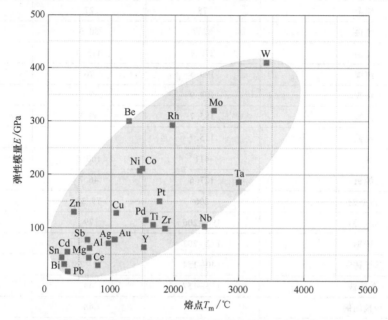

图 1.14　常见金属单质的弹性模量与熔点之间的关系

　　对于金属材料，调控的微观组织，如晶粒尺寸，虽然会对材料的强度与塑性有较大的影响，但是对于弹性模量的影响较弱。因此对于金属材料而言，弹性模量是组织不敏感的性能指标。然而，对于陶瓷与高分子材料，其微观组织结构对弹性模量有一定的影响。陶瓷中孔隙率越低，密度越大，则弹性模量越大。高分子材料中结晶区占比越大，弹性模量越大；无定型态越多则弹性模量越小。对于复合材料，弹性模量取决于基体与增强相的弹性模量与体积分数，一般可用混合定则来估算。对于纤维增强复合材料，沿纤维方向的弹性模量 E_c 可表示为

$$E_c = E_f V_f + E_m V_m \tag{1.8}$$

式中，E_f、E_m 分别为纤维与基体的弹性模量；V_f 与 V_m 分别为纤维与基体的体积分数。可见，通过调整纤维的体积分数，可以对复合材料的弹性模量进行设计和调控。

　　温度是影响材料弹性的重要因素。一般来说，随着温度升高，弹性模量会逐渐减小。例如，钢的温度从 25℃ 上升到 450℃，其弹性模量值下降约 20%；铜从 20℃ 升高到 720℃ 时，其弹性模量从 126GPa 降低到 85.8GPa。对于非晶态的高分子材料（也称高聚物），随着温度的升高分别表现出三个物理状态——玻璃态、高弹态和黏流态。玻璃态的弹性模量最大，黏流态最小。在玻璃态与黏流态，高分子材料的弹性模量随温度升高而减小，而在高弹态下，高分子材料的弹性模量随温度升高而增大。

　　大多数单晶体金属的弹性模量具有各向异性，即不同取向的弹性模量有所不同，主要源

于不同方向原子间结合力不同。例如，Al单晶在<111>方向弹性模量为76GPa，而在<100>方向的弹性模量为64GPa，其弹性模量比 $A_E = E_{<111>}/E_{<100>}$ 为1.23，对于Au、Cu单晶，A_E值分别为1.89与3.22；对于陶瓷材料MgO单晶，A_E 为1.54，而NaAl和TiC单晶则在<100>方向的弹性模量更大，A_E 分别为0.72与0.88。值得注意的是，W单晶的弹性模量是各向同性的，其不同方向的弹性模量值均为411GPa。对于多晶体材料，由于不同晶粒的取向具有随机性，因此其弹性模量为各向同性。但是对于存在织构的多晶材料，其晶粒有择优取向，此时弹性模量也会出现各向异性。

3. 弹性比功

"弹性比功"是除了弹性常数，材料的另一个弹性性能指标。图1.15所示为两种材料的拉伸工程应力-应变曲线示意图，其中阴影部分面积代表弹性比功的大小。材料1在弹性变形结束后发生塑性变形，材料2在弹性变形结束后直接发生断裂，两者的弹性模量也不同，材料1的弹性模量更大。对于弹性变形结束点对应的应力，可称为弹性极限，用 σ_e 表示，此时的应变称为弹性极限应变 ε_e。在整个弹性变形过程中，单位体积材料所吸收的能量，称为弹性比功，也称为弹性能密度，用 W_e 表示。结合胡克定律可知：

$$W_e = \frac{1}{2}\sigma_e \varepsilon_e = \frac{\sigma_e^2}{2E} = \frac{E\varepsilon_e^2}{2} \tag{1.9}$$

对于材料2，其弹性模量更小，弹性极限更大，因此其弹性比功远远大于材料1。在实际材料中，相对于金属晶体材料，非晶态合金具有极高的强度，但是由于存在自由体积等结构缺陷，其弹性模量往往比类似成分的晶体材料低约30%，因此非晶态合金往往具有极大的弹性比功。具有较高弹性比功的材料可以储存和传递更多的弹性应变能，因此在体育器材、弹簧类结构件中有重要的应用价值。

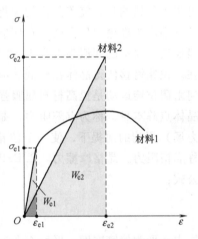

图1.15　两种材料的拉伸工程应力-应变曲线示意图

4. 滞弹性

大多数材料发生弹性变形的速度是很快的，即应力与应变几乎同步变化。但是对于有些材料，施加应力之后，应变并未立即达到胡克定律求得的应变值，而是在一定时间后达到，这种与时间相关的弹性行为称为"滞弹性"。实际材料或多或少存在滞弹性，但对于多数金属材料，若非在微应变范围内精密测量，其滞弹性并不十分明显，而对于铸铁、高铬不锈钢等少数金属材料，以及高分子材料则有明显的滞弹性。具有高滞弹性的材料能有效减震，但是精密仪器中的弹簧零件则需要材料的滞弹性尽可能地小，否则难以获得精确的测量结果。

1.2.2　强度与塑性

1. 材料的强度

材料的强度通常指通过单轴拉伸试验测定的屈服强度和抗拉强度。对于有些零部件，材料的抗压强度、抗弯强度和抗扭强度也是必须考虑的强度指标。在拉伸试验中测定工程应力-应变曲线，屈服强度是指材料开始塑性屈服对应的临界应力（σ_y）。对于低碳钢等具有物理屈服现象的材料，屈服强度可用屈服阶段最低点（即下屈服点）的应力来表示；对于无物理屈服现象的材料，如铝合金，其屈服强度通常用发生 0.2% 塑性应变对应的工程应力表示。屈服强度对应着材料塑性变形开始发生，而抗拉强度则对应着材料所能承受的最大拉应力（σ_b），因此也称为极限拉伸强度。抗拉强度是工程应力-应变曲线上的最大应力，对于有缩颈的材料，当外应力达到抗拉强度时缩颈开始；对于无缩颈的材料，当外应力达到抗拉强度时，断裂发生。

（1）强度的测量　对于脆性材料，如陶瓷、铸铁等，拉伸试验往往难以实现，通常采用压缩和弯曲试验来测量其强度。与拉伸类似，利用压缩实验可以测量材料的压缩工程应力-应变曲线。如果存在塑性变形阶段，则可以测得压缩屈服强度（定义与拉伸屈服强度相似）和压缩强度（或称为抗压强度、压缩断裂强度），后者为曲线的最大压缩应力；若压缩塑性为零，则仅可测得抗压强度或压缩断裂强度。对于弯曲试验，可获得材料弯曲应力随挠度的变化曲线。弯曲试样一侧受拉、一侧受压，弯曲应力是试样拉伸侧的最大应力。抗弯强度则为弯曲应力-挠度曲线最高点的应力。使用扭转实验可获得扭转切应力与切应变关系曲线，该曲线的弹性段斜率为剪切模量 G，而曲线最高点对应的切应力即为材料的抗扭强度。

（2）点阵阻力　位错是晶体材料的一种线缺陷，位错滑移是晶体塑性变形的主要机制。对于无位错的具有完美晶格的理想晶体，其强度称为理论强度。理想晶体在拉应力下断裂的理论强度为理论拉伸强度，在切应力作用下断裂时的临界应力为理论剪切强度。理论强度一般比实际材料的屈服强度高 1~2 个数量级，理论强度与实际屈服强度的差别源于位错的存在。位错滑移使得晶体在较低的应力下发生塑性变形，而非需要更高的应力来断裂，所以如何阻碍位错运动是提高材料屈服强度的主要方向。位错在晶体中运动，首先面临的阻力来自晶体点阵本身，称为点阵阻力，是指在不受其他内部应力场（其他位错或点缺陷产生的应力场）影响的前提下，使一个位错线在完整晶体中运动所需克服的阻力。点阵阻力有时也称晶格阻力、晶格摩擦力。R. E. Peierls 与 F. R. N. Nabarro 推导出了位错点阵阻力（τ_{PN}）的公式：

$$\tau_{PN} = \frac{2G}{1-\nu}\exp(-2\pi W/b) \tag{1.10}$$

式中，W 为位错宽度，$W = a/(1-\nu)$，a 为滑移面的面间距，ν 为泊松比；b 为位错柏氏矢量的模。由于 Peierls 与 Nabarro 的贡献，点阵阻力也称为派-纳力。由式（1.10）可知，位错宽度越大，派-纳力越小，位错易于移动。面心立方金属的位错宽度一般比体心立方金属更大，因此派纳力较小，屈服强度较低。另外，滑移面的面间距 a 越大，b 值越小，派-纳力越小，因此滑移面一般是面间距最大即原子最密集的晶面，滑移方向一般是原子最密集的晶向。

（3）强化机制　提高材料的屈服强度主要通过提高位错运动的阻力而实现，其微观机制为强化机制。金属材料的强化机制主要包括细晶强化、第二相强化、形变强化、固溶强化等。细晶强化是通过增加晶界含量（如晶粒细化），利用晶界来阻碍位错运动而提高屈服强度的，也称为晶界强化。由于晶界两侧晶粒的取向不同，位错在一个晶粒内的滑移并不能直接进入邻近的晶粒，为了产生宏观屈服（塑性变形），必须提高外应力以激发临近晶粒的位错运动，即提高了屈服应力。位错滑移在晶界处受阻，因此在晶界处产生位错塞积，造成局部应力集中。宏观塑性变形的启动，对应着应力集中增加到足以引起相邻晶粒位错源的开动，基于此思想可推出著名的 Hall-Petch 公式：

$$\sigma_y = \sigma_i + k_y d^{-1/2} \tag{1.11}$$

式中，σ_i 为位错在晶体中运动的摩擦阻力，与晶体结构及位错密度有关；d 为多晶体平均晶粒尺寸；k_y 为晶界强化系数。式（1.11）中，σ_i 和 k_y 为材料常数，由材料成分确定；d 是微观组织参量，因此，屈服强度受成分与组织共同决定。式（1.11）表明：晶粒越细小，屈服强度越高，所以晶粒细化是提高材料强度的一种十分有效的手段，在工程实际中广泛应用于各种多晶体材料，不仅包括金属材料，也包括工程陶瓷等。

当合金中有第二相存在时，位错运动会受到第二相的阻碍，引起屈服强度的提高。第二相与位错的相互作用机制包括切过和绕过两种机制，取决于第二相的颗粒大小和性质。若第二相尺寸小且强度较低，则位错切过机制占主导，反之则为绕过机制。第二相强化可分为聚合型和弥散型两种，前者第二相尺寸与基体晶粒尺寸处于同一数量级，常呈片状、块状，如钢中的珠光体，α+β 两相黄铜的 β 相；后者的第二相以细小弥散的质点均匀分布于基体相内。沉淀强化、弥散强化均属于第二相强化。时效强化通常是指在一定温度下保温一段时间后产生析出相，从而提高了屈服强度，因此也属于第二相强化。

形变强化是指材料经过塑性变形预处理后产生的屈服强度提高的现象。形变强化也称为加工硬化，其主要机制为位错之间交互作用。在塑性变形发生后，材料内部位错不断增殖，位错密度增大，位错之间不可避免地发生交互作用，产生割接、位错缠结，阻碍位错的进一步运动，引起材料强化。位错密度增大对屈服强度的提高可用下式来表示

$$\tau_y = \tau_0 + \alpha G b \rho^{1/2} \tag{1.12}$$

式中，τ_y 为剪切屈服应力；τ_0 为不存在其他位错时移动一个位错所需切应力；α 为介于 $0.3 \sim 0.6$ 之间的常数，一般对面心立方金属 $\alpha = 0.2$，体心立方金属 $\alpha = 0.4$；G 为剪切模量；b 为伯氏矢量；ρ 为位错密度。研究表明，式（1.12）不仅对单晶体和多晶体金属材料适用，对许多陶瓷晶体材料也同样适用。

固溶强化是指在纯金属中加入溶质元素，形成间隙固溶体或置换固溶体，从而显著地提高屈服强度的现象。产生固溶强化的主要机制包括：溶质原子与位错的弹性交互作用、电学作用、化学作用及几何作用（局部有序化）等。一般而言，固溶体中溶质原子越多，固溶强化效果越好，并且间隙原子如 C、N 原子对金属的强化效果比置换原子更为显著。在钢中，渗碳和渗氮是提高工件表层材料屈服强度和硬度的重要手段，可有效提高材料的疲劳性能和耐磨性能，因此在工程实际中广泛使用。

（4）影响屈服强度的外部因素　材料的屈服强度取决于成分与微观组织结构等内部因素，但也受到外部因素的影响，如温度和应变速率。一般来说，试验温度降低，材料的屈服强度升高，应变速率增加，屈服强度升高。不同晶体结构的材料对温度和应变速率的敏感性不同。体心立方金属对试验温度非常敏感，在温度降低时屈服强度急剧升高，面向立方金属的屈服强度则受温度的影响变化相对较小。

（5）抗拉强度　除了屈服强度，抗拉强度也是一个重要的材料强度指标。如前所述，抗拉强度是拉伸工程应力-应变曲线的最大应力，表征材料抵抗塑性失稳（缩颈）或拉伸断裂的能力。在工程实际中，抗拉强度是低延性或脆性材料的设计判据。抗拉强度代表了材料或构件在静拉伸条件下的最大承载能力，同时由于其易于测定、重现性好，因此被广泛用于

产品规格说明或质量控制标准。屈服强度与抗拉强度之比称为屈强比，可以间接描述材料的加工硬化能力。屈强比越小，抗拉强度与屈服强度之间差别越大，即均匀塑性变形引起的加工硬化越大，这对材料的塑性加工有重要影响，因此在冲压板材标准中对屈强比有一定的规定。

2. 材料的塑性

材料的塑性反映材料发生塑性变形的能力大小。塑性可用拉伸试验来测量，一般用延伸率或断面收缩率来表征。延伸率，或称为伸长率，是拉伸试样断裂时的塑性应变（工程应变），也称为总延伸率。对于存在缩颈现象的拉伸试样，在缩颈之前的塑性应变称为均匀延伸率。当不存在缩颈时，均匀延伸率与总延伸率相当。断面收缩率是试样拉断后，缩颈处横截面积的最大缩减量与原始横截面积的百分比。金属的塑性指标通常不直接用于构件的设计，但对于静载下工作的结构件，都要求材料具有一定的塑性，以防止因偶然过载引起的突然破坏。对于具有一定塑性的材料，裂纹尖端会产生较大塑性区，在该区内材料发生塑性变形会使裂纹尖端钝化，因此可有效降低应力集中，阻碍裂纹扩展，避免产生灾难性的脆性断裂。另外，具有良好的塑性是金属材料成形加工的重要前提，塑性也用于评定材料的冶金质量。

材料的强度与塑性通常呈现倒置关系，即在不改变成分的前提下，提高强度，一般会导致塑性的降低。在上述四种强化机制中，固溶强化、第二相强化和形变强化均会引起塑性的降低，这是因为通过固溶原子、第二相或者预存位错来阻碍位错运动的同时，限制了位错的滑移，因此导致滑移对塑性贡献的减少。细晶强化是可以同时提高强度与塑性的一种手段，主要是因为相对于粗晶体，具有更细小晶粒的多晶体材料变形将更加均匀，不易出现塑性变形在某些有利取向的晶粒内集中的不均匀现象，从而不易产生裂纹，另外，更多的晶界在裂纹扩展时也将提供更多的阻力。

1.2.3 硬度

材料的硬度是衡量其软硬程度的一种性能指标，是抵抗压痕或划痕形成永久变形的能力。材料的硬度测量简单方便，可与材料的强度相关联，因此是材料的重要力学性能指标，在工程中得到广泛的应用。硬度测试方法可分为压入法、划痕法和弹性回跳法三类：压入法包括布氏硬度、洛氏硬度、维氏硬度、努氏硬度等；划痕法包括莫氏硬度等；弹性回跳法包括肖氏硬度、里氏硬度等。

1. 布氏硬度

布氏硬度的试验原理是采用一定大小的载荷 F，把直径为 D 的钢球或硬质合金球压入被测金属表面，保持一定时间后卸载，然后计算出金属表面压痕陷入面积 A 上的名义平均应力值，记为布氏硬度。符号为 HBS 或 HBW，前者使用淬火钢球，后者使用硬质合金球。

$$\text{HBS 或 HBW} = \frac{F}{A} = \frac{F}{\pi Dh} \tag{1.13}$$

式中，h 为压痕深度。

布氏硬度测试硬度范围较宽，适宜多种材料试验（采用不同压球）。布氏硬度压痕面积大，数据较稳定，可较好地反映大体积范围内材料的综合平均性能。另外，对于过薄、表面质量要求高及大批量快速检测的试样，布氏硬度并不适用。

2. 洛氏硬度

与布氏硬度定义不同，洛氏硬度直接测量残余压痕深度 h，并以残余压痕深浅来表示材料的硬度。洛氏硬度试验的压头有两种：一是圆锥角 $\alpha=120°$ 的金刚石锥体；二是直径为 1.588mm 的淬火钢球。试验后的残余压痕越浅，则材料越硬，此时 h 与硬度值变化趋势相反。为此，用常数 K 减去压痕深度 h 的值来表征洛氏硬度值，并规定每 0.002mm 为一个洛氏硬度单位，符号为 HR，则洛氏硬度值表示为

$$HR = \frac{K-h}{0.002} \tag{1.14}$$

式中，采用金刚石压头时，$K=0.2$mm；采用钢球压头时，$K=0.26$mm。为了适用于不同硬度范围的测试，洛氏硬度常见的有 3 种标尺，即 HRA、HRB、HRC，且分别采用不同的压头和总载荷组成了不同的洛氏硬度标度。洛氏硬度实验是目前应用最广的一种方法。洛氏硬度可测试的硬度值上限高于布氏硬度，适宜高硬度材料的测试。洛氏硬度的压痕小，基本不损伤工件的表面，适用于成品检测。洛氏硬度操作迅速、直接读数、效率高，适用于成批检验。缺点是压痕小，造成所测数据缺乏代表性，特别是对粗大组织的材料数据更易分散。不同标尺间的硬度值不可比，因它们之间不存在相似性。

布氏硬度必须在满足 F/D^2 为定值时方可使其硬度值统一，但为了避免压头产生永久变形，布氏硬度试验一般只可用于测定硬度小于 650HBW 的材料。洛氏硬度虽可用来测试各种材料的硬度，但不同标尺的硬度值不能统一，彼此没有联系，无法直接换算。针对以上不足，为了从软到硬的各种材料有一个连续一致的硬度标度，因而制定了维氏硬度试验法。

3. 维氏硬度

维氏硬度的测定原理基本与布氏硬度相同，也是采用压痕单位陷入面积上的载荷来计量硬度值。维氏硬度采用形状为正四棱锥的金刚石压头，压头的两个相对面之间的夹角 136°，此时在较低硬度范围内，维氏硬度值与布氏硬度值相等或相近。测量试验时，载荷变化，压入角却不变，因此维氏硬度试验时载荷为 F，正四棱锥金刚石压头的压痕面积为 $S=d^2/\sin\frac{136°}{2}=d^2/1.8544$，其中 d 为压痕对角线的长度（单位：mm）。因此，维氏硬度值为

$$HV = \frac{F}{S} = \frac{1.8544F}{d^2} \tag{1.15}$$

注意，上式中 F 的单位为 kgf，当单位为 N 时，要乘以常数 0.102。

维氏硬度有许多优点，特别是其载荷范围很宽，通常为 5~100kgf。维氏硬度采用四棱锥压头，因此压痕轮廓十分清晰，采用对角线长度计量，测试结果精确可靠。维氏硬度的缺点是操作较复杂，不适宜批量生产的质量检验。值得注意的是，测试薄件或涂层硬度时，通常选用较小的载荷，一般应使试件或涂层厚度大于 $1.5d$。

4. 显微硬度

当载荷较小时（如在 gf 量级），压痕尺寸在微米级，此时测定的维氏硬度可称为显微硬度，也可称为显微维氏硬度。显微硬度主要用于测定极小尺寸范围内各组成相、夹杂物等的硬度值。由于压痕微小，试样必须制成金相样品，并配备显微放大装置，以提高测量精度。

5. 金属材料的硬度

一些金属材料的硬度范围见表1.4，可以看到工艺的不同，材料的硬度有明显不同。进行硬度测试，应先根据测试材料的特点以及工艺状态对其硬度进行预估，然后根据预估硬度值选择测试方法。

表1.4　常见金属材料的硬度参考范围

金属材料种类			硬度范围
铁	灰铸铁		150~280HBW
	球墨铸铁		130~320HBW
	黑心可锻铸铁		120~290HBW
	白心可锻铸铁		≤230HBW
	耐热铁		160~364HBW
钢	优质碳素结构钢	热轧	160~364HBW
	碳素工具钢	退火	187~217HBW
	合金工具钢	淬火	≥45~64HBW
	高速工具钢	淬火回火	≥63~66HBW
	轴承钢制品	淬火回火	58~66HRC
	弹簧钢	热轧状态	285~321HRC
有色金属	铝合金	铸造	45~130HBW
		压铸	60~90HBW
		变形	≤190HBW
	铜合金	铸造	44~169HBW
		压铸	85~130HBW
		变形	≤370HV
	锌合金	铸造	50~110HBW
		压铸	80~95HBW
	铸造轴承合金	铅基	18~32HBW
		锡基	20~34HBW
		铝基	35~40HBW
		铜基	60~64HBW
	镍合金	退火	90~200HBW
		冷轧	140~300HBW
	镁合金		49~95HBW
	铸造钛合金		210~365HBW

6. 硬度的应用

硬度与其他力学性能间存在许多定性或者定量的经验关系，如维氏硬度与材料的抗拉强度或屈服强度成正比，硬度越高，强度越高。因此，可以通过简单的硬度试验来估算材料的强度。另外，材料的硬度与耐磨性也呈现正相关关系，在结构件的表面制备陶瓷等高硬度涂层，可以有效提高构件的耐磨性。

由于硬度造成的表面损伤小，要求测试的样品小，当条件限制而无法全面测试材料的力学性能时，通过硬度试验便可判断材料的某些定性或者定量的性质。例如对出土文物不能进行损坏性能测试，可通过纳米压痕仪分析其性质；进口年代久远设备的零件损坏且很难得到备件时，硬度试验便是选择何种材料及状态进行加工的替代手段之一。利用硬度试验也可以辅助确定表面层强化、扩散层、涂层、脱碳层及腐蚀层的硬度、硬度分布和深度。显微硬度可以用来测定疲劳裂纹尖端塑性区的分布规律；压痕硬度已经用来测量材料的残余应力和断裂韧度。通过硬度试验可以判断某些材料的化学和组织状态，以及材料组织和结构的均匀性。

1.2.4　缺口性能

大多数工程结构构件总是会包含各种几何不连续，如孔、肩、圆角、螺纹和凹槽，这些几何不连续结构通常可认为是广义的"缺口"。此时，材料的缺口性能对于这些结构件的安全设计很重要。

1. 缺口根部应力状态

在缺口根部，材料往往受到局部较高的应力，即存在应力集中，这将使得塑性变形和失效开裂首先从缺口根部产生。应力集中通常使用应力集中系数 K_t 来表示。对于缺口试样，K_t 定义为缺口面上的最大纵向应力 σ_{max} 与名义应力 σ_{nom}（即净截面平均应力）之比，即：

$$K_t = \frac{\sigma_{max}}{\sigma_{nom}} \tag{1.16}$$

K_t 取决于缺口几何形状，随着缺口尖端半径的减小，σ_{max} 增大，K_t 增大。

含缺口试样拉伸时，将在缺口根部引起三向拉应力，即除了纵向拉应力之外，还有横向和厚度方向的拉应力。三向应力的存在降低了最大切应力，使塑性变形发生困难，同时可促进裂纹萌生或孔洞的长大，引起脆性断裂。因此，缺口性能的测定对于含广义缺口工程结构件的安全使用有着重要意义。

2. 缺口强度与 NSR

在 20 世纪 50 年代后期和 60 年代早期，由于高强钢、铝合金、钛合金、不锈钢和耐热钢，以及航空、航天、核工业和低温工程中的焊接结构的应用，各种工程材料的缺口强度得到了广泛的研究。缺口强度是指缺口拉伸时试样所承受的最大载荷除以缺口净截面面积所得的最大名义应力，是缺口名义应力-应变曲线的最高点应力值。缺口强度表征了材料在有缺口存在时所能承受的最大应力，反映材料抵抗缺口失稳断裂的能力。

通常，使用缺口强度比（Notch Strength Ratio, NSR）来评估缺口对材料强度的影响，或强度对缺口的敏感性。NSR 定义为缺口样品的缺口强度（σ_N）与无缺口试样的抗拉强度 σ_{UTS} 的比值，即 NSR $= \sigma_N / \sigma_{UTS}$。当 NSR>1 时，材料表现出缺口强化现象，此时材料强度对缺口不敏感；当 NSR<1 时，材料出现缺口弱化现象，此时材料对缺口的敏感性较大。缺口增强还是减弱不仅取决于材料本身，还与缺口几何形状和尺寸相关。研究发现，当 K_t 增加时，NSR 可能会减小。

图 1.16 所示为多种不同材料在 $K_t \approx 3$ 时的 NSR 值。可以看到，许多晶体金属的 NSR>1，表现出"缺口强化"效应和低缺口敏感性。相比之下，传统脆性材料如陶瓷或铸铁的

NSR 远低于 1，表现出"缺口弱化"效应和高的缺口敏感性。对于 Zr 基非晶合金，其虽然强度很高且近乎零拉伸塑性，表现出强而脆的特性，但其强度对缺口并不敏感，这与其具有较高断裂韧性是一致的。

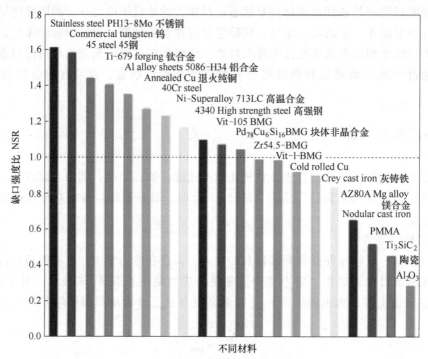

图 1.16 多种不同材料的缺口强度比（NSR）

（缺口应力集中系数 $K_t \approx 3$，PMMA 为有机玻璃）

值得注意的是，NSR>1 对应的"缺口强化"现象，它并不是材料本身的性能发生了改变，而是由于外在条件，即缺口几何尺寸引起的。前已述及，当缺口构件承载时，缺口根部附近容易形成三向应力，因此应力状态软性系数减小，约束了塑性变形，提高了变形抗力。尽管缺口似乎提高了延性材料的"强度"，但是缺口也约束了塑性变形的充分发展，塑性变形量减小，使材料有脆化倾向，因此它不能视作是强化材料的手段。

1.2.5 冲击韧性

机器零部件在服役时有时会受冲击载荷的作用，如飞机起落架、易产生剧烈颠簸的越野汽车传动轴、金属锻造设备压头等，为此必须评定材料在冲击载荷下的力学性能。冲击韧性表征材料抵抗高速率冲击时失效和断裂的能力。

1. 冲击吸收能量与冲击韧性

在试验中，可实现高速冲击加载的方法有多种，包括夏比摆锤冲击试验、落锤试验、霍普金森压杆冲击试验等，其中最常用的是夏比摆锤冲击试验，关于其测试具体细节在国家标准中有明确的规定。一般来说，冲击试样采用相同的截面积，即 10mm×10mm，并且需要预制约 2mm 深度的缺口。在冲击试验中，摆锤从一个高度落下，然后撞击在最低位置的试样上，引起试样断裂，摆锤折断试件时失去一部分能量，这部分能量就是折断试件所吸收的能量，称为冲击吸收能量，也称为冲击吸收能量，一般用 K 表示，单位为焦耳（J）。摆锤折断试样后所能到达的高度相对初始高度降低，即摆锤重力势能降低，势能的减少量则为 K。若试件为 U 形缺口，则冲击吸收能量记为 KU。若采用 V 形缺口试件，则冲击吸收能量记为 KV。冲击吸收能量除以缺口试样的净截面面积，则为冲击韧性，记为 α_K，单位为 J/m^2。

2. 冲击韧性的应用

冲击吸收能量或冲击韧性是评价材料力学性能的重要指标之一，在科学研究和工程实际中有着广泛的应用。在原材料的冶金质量和热加工后的半成品质量评定时，通过测定缺口试样冲击韧性，并对冲击试样进行断口分析，不仅可揭示原材料中夹渣、气泡、偏析、严重分层等冶金缺陷，还可以揭示过热、过烧、回火脆性、锻造及热处理等热加工缺陷。冲击吸收能量反映着材料对一次和少数次大能量冲击断裂的抗力，因而对某些在特殊（如受冲击加载）条件下服役的零件具有参考价值，如弹壳、防弹钢板等。

具有体心立方结构的金属材料，如铁素体钢，在较低温度下一般具有较高的强度和较低的塑性，可能出现低温脆性断裂的现象，对结构件的安全性构成严重威胁。此时一般需要测定冲击韧性随温度的变化关系。图 1.17 所示为不同碳含量钢的冲击吸收能量随温度的变化关系。可以看到，随温度的降低，钢的冲击韧性先缓慢降低，然后迅速降低达到一个较低的值，在迅速降低阶段，材料发生了韧脆转变现象。通过冲击试验，可以容易地获得材料的韧脆

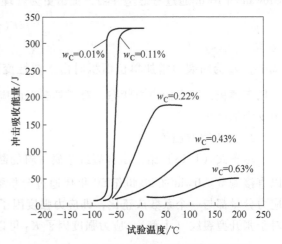

图 1.17　碳含量对钢的韧脆转变行为的影响

转变温度。随着钢中含碳量增加，冲击吸收能量降低，表明冲击韧性降低，韧-脆转变温度提高，转变的温度范围加宽。

1.2.6　断裂韧性

在工程实际材料中，除了位错、晶界等材料内在缺陷，也存在很多外在缺陷，如气孔、夹杂及微裂纹。这些外在缺陷在材料中总是应力集中产生的位置，往往是损伤失效的源头。实际上，大多数工程结构件的断裂与裂纹或缺陷密切相关，微裂纹的存在可能引发低应力脆断，即断裂应力低于屈服强度的脆性断裂。对于含裂纹的结构件，材料的静强度难以预测其断裂条件，此时需要考虑材料的另一个非常重要的力学性能指标——断裂韧性，它是材料抵抗裂纹失稳扩展的能力。断裂韧性越大，则材料在相同外载荷条件下可容忍的裂纹越长，这意味着即使有较大的裂纹也不发生断裂，这对于工程结构件的安全使用非常重要，因此许多重大装备（如飞机、轮船、核电站等）的关键部件都需要考虑材料的断裂韧性，并基于断裂韧性来对部件尺寸和结构进行损伤容限设计。

1. 含裂纹板的断裂强度

断裂韧性的概念最早来源于断裂力学，后者起始于一百年前 Griffith 研究含裂纹玻璃的断裂强度问题。Griffith 从热力学第一定律出发，分析了含中心裂纹无限大板在远场受拉伸时的能量问题，即裂纹扩展产生的应变能降低与由于新表面形成而增加的表面能须达到平衡。由此可得，含有长度 $2a$ 中心裂纹的大板断裂强度为

$$\sigma_f = \sqrt{\frac{2E\gamma_s}{\pi a}} \tag{1.17}$$

式中，γ_s 为表面能密度；E 为弹性模量。由式（1.17）可知，裂纹长度越长，则断裂强度越低。如果材料的表面能密度较大，则由于裂纹扩展而形成新表面较难，断裂强度较高。因此，表面能密度对于玻璃等脆性材料的断裂非常重要。式（1.17）在推导中未考虑裂纹尖端的塑性变形所引起的能量消耗，因此仅适用于玻璃等脆性固体材料。对于金属材料，Orowan 与 Irwin 通过考虑塑性功，提出更为合理的断裂强度表达式，即：

$$\sigma_f = \sqrt{\frac{2E(\gamma_s + \gamma_p)}{\pi a}} \tag{1.18}$$

式中，γ_p 为断裂面增加单位面积时由于塑性变形所消耗的能量。式（1.17）和式（1.18）适用于薄板，即平面应力状态，对于具有平面应变状态的厚板，公式右边须除以 $\sqrt{1-\nu^2}$，其中 ν 为泊松比。

2. 应力强度因子

尽管式（1.18）给出了含裂纹金属材料的断裂强度表达式，但是其中的塑性功 γ_p 却难以直接测量。Irwin 在 20 世纪 50 年代通过分析裂纹尖端应力场，发现裂纹尖端各处的每个应力分量都与一个系数成正比，即应力强度因子 K，因此当增加 K 时应力场整体强度增加。对于张开型裂纹（Ⅰ型），应力强度因子 K_I 可以表示为

$$K_I = Y\sigma\sqrt{\pi a} \tag{1.19}$$

式中，Y 为形状系数，取决于试样形状和裂纹位置，通常 $Y = 1 \sim 2$，对于无限大板中心裂纹，$Y = 1$；σ 为远场应力；a 为裂纹长度之半。

根据加载方向、裂纹面及裂纹扩展方向，裂纹分为三种类型，即张开型（Ⅰ型）、滑开型（Ⅱ型）和撕开型（Ⅲ型）。对于Ⅱ型和Ⅲ型裂纹，其应力强度因子表达式与式（1.19）类似，只是其中远场应力为切应力，形状系数也不同。

3. 材料的断裂韧性

研究发现，在平面应变条件下，材料发生失稳断裂的临界应力强度因子 K_{IC} 是与试样形状和尺寸无关的材料常数，因此 K_{IC} 称为平面应变断裂韧性，简称断裂韧性，是材料抵抗裂纹失稳扩展的力学性能指标。Irwin 通过对裂纹扩展过程的能量分析，发现裂纹扩展能量释放率在裂纹失稳扩展时的临界值 G_C（称为断裂能），同样可以表示材料的断裂韧性。平面应变断裂韧性 K_{IC} 与平面应变断裂能 G_{IC} 之间存在如下关系：

$$K_{IC} = \sqrt{G_{IC}E/(1-\nu^2)} \tag{1.20}$$

上述断裂韧性性能的两个指标 K_{IC} 与 G_{IC}，均为裂纹尖端塑性变形区较小的情况，即小范围屈服，此时关于断裂韧性的相关理论属于线弹性断裂力学。对于延性很好的材料，其

裂纹尖端塑性区范围相对于裂纹尺寸或样品尺寸已经很大，线弹性断裂力学不再适用，需要用到弹塑性断裂力学理论。此时，J 积分和裂纹尖端张开位移（Crack Tip Opening Displacement，CTOD）两个断裂韧性指标可以适用。J 积分是 Rice 于 1968 年提出的在裂纹尖端一个与路径无关的积分，可以用来描述弹塑性材料裂纹尖端的应力场的强度。当 J 达到临界值 J_{IC} 时，裂纹开始扩展，因此 J_{IC} 用于表征材料的断裂韧性。在另一方面，Wells 发现裂纹尖端塑性变形引起裂纹的钝化程度与材料的韧性成正比，因此提出裂纹尖端的张开量作为断裂韧性的衡量标准，即为 CTOD。在线弹性条件下，J 与能量释放率 G 相等，CTOD 与 G 成正比。

常见材料的平面应变断裂韧性见表 1.5。可以看到，金属材料的断裂韧性远大于陶瓷材料，因此金属材料对微裂纹缺陷敏感度较低，可以承受更多的损伤。高分子材料的 K_{IC} 值较小，一方面是有些高密度聚合物本身脆性较大（如有机玻璃），则其 K_{IC} 值较小；另一方面，尽管有些聚合物有一定的延性，但因其强度较低，所以含裂纹聚合物试样的承载能力依然很小，所以得到较低的 K_{IC} 值。

表 1.5　常见材料的平面应变断裂韧性

材料	断裂韧性 $K_{IC}/\text{MPa} \cdot \text{m}^{1/2}$
低碳钢	140
高强度钢	50~154
铝合金	23~45
黄铜（C26000）	20~30
Ti-6Al-4V 钛合金	55~75
灰铸铁	10~20
球墨铸铁	20~30
玻璃纤维（环氧树脂基体）	42~60
碳纤维增强聚合物	32~45
普通木材（横向）	11~13
聚乙烯	1~2
聚苯乙烯	2
尼龙	3
苏打玻璃	0.7~0.8
硅橡胶	0.5~1.5
碳化硅	3~4
碳纤维增强复合材料	100~200
00Co/WC 金属陶瓷	14~16

4. 韧化方法

提高金属材料断裂韧性的方法，即韧化方法，对于发挥金属材料性能优势，保障金属构件的安全服役有重要意义。一方面，需要提高金属材料的纯净度，这不仅将降低夹杂物含量，还将减少有害气体和有害杂质。研究发现，As、Sn 与 P 或 S 共存，以及 S、P 共存时，

Ni-Cr-Mo 钢的 K_{IC} 值下降的幅度最大。金属材料中的夹杂物和某些未溶的第二相质点，如钢中的氧化物、硫化物等，往往是裂纹的源头，如微孔形核位置。因此，减少夹杂物体积分数、减小夹杂物尺寸和增大夹杂物间距，有利于提高金属材料的断裂韧性。另一方面，调控材料的成分和微观组织，也会引起断裂韧性的极大变化。例如，超细化晶粒处理也可提高 K_{IC} 之值，当 En24 钢的晶粒度由 5~6 级细化到 12~13 级，可使 K_{IC} 值提高 1 倍。在高强结构钢中降低碳含量，形成金属间化合物强化的、无碳或微碳的马氏体时效钢，具有兼具高强度和高断裂韧性的优异力学性能。

1.3　材料的主要服役性能

材料服役性能指的是材料在实际工作环境和条件下的性能表现和耐久能力。它综合考虑了材料在使用过程中可能遇到的各种物理、化学、机械和环境因素，以评估材料是否能够在预期的寿命内稳定地履行其功能。本节阐述材料的主要服役性能，包括疲劳性能、蠕变与持久性能、耐蚀性、耐摩擦磨损性能及抗氧化性能。

1.3.1　疲劳性能

机械和工程结构的设计，首先应当能够在规定的服役期（即设计寿命）内安全、可靠地运行，同时也要考虑结构的生产和运行具有经济性，即具有较长的服役寿命、较低的设计与制造费用，以及较长的维修周期和较低的维修费用。大型机器的制造和工程结构的建设耗资巨大，若机器和结构的服役寿命短，则会造成人力和资源的巨大浪费。为保证机械和工程结构能安全可靠地运行，必须防止其零部件，尤其是重要零部件的疲劳失效。对材料疲劳失效的研究是材料科学研究的重要组成部分。在结构设计中，要进行疲劳寿命预测和结构的疲劳可靠性评估。

1. 疲劳的定义

材料在变动载荷作用下，即使所受的应力低于屈服强度，也会由于损伤的积累而发生断裂，这种现象称为疲劳。美国试验与材料协会（ASTM）定义疲劳为：在某点承受扰动应力，且在足够多的循环扰动作用之后材料形成裂纹或完全断裂，并发生局部永久性结构变化的发展过程。

2. 循环加载

变动载荷可分为随机加载与循环加载，一般在疲劳研究及测试中均使用循环加载。循环加载是作用于试样的应力随着加载周次的增加周期性出现，其应力随周次的变化曲线为波形曲线（如正弦波、三角波等），包括如下特征参数：循环最大应力 σ_{max}，循环最小应力 σ_{min}，分别对应循环应力的最大值与最小值；还有应力范围 $\Delta\sigma = \sigma_{max} - \sigma_{min}$；应力幅 $\sigma_a = \dfrac{(\sigma_{max} - \sigma_{min})}{2}$，平均应力 $\sigma_m = \dfrac{(\sigma_{max} + \sigma_{min})}{2}$，应力比 $R = \dfrac{\sigma_{min}}{\sigma_{max}}$，以及频率 f（f 为单位时间的循环加载周次）。

3. S-N 曲线

1858 年，德国铁路工程师 August Wöhler 在严格控制载荷情况下，完成世界上第一个金属试样的疲劳试验，首次得到表征疲劳性能的 S-N 曲线，并提出疲劳极限的概念。S-N 曲线：即应力（Stress，S)-寿命（Fatigue Lifecy Cles，N）曲线，也称 Wöhler 曲线。从加载开始到试件失效所经历的应力循环数，定义为该试件的疲劳寿命 N_f。以失效时的循环次数作为横坐标，以应力振幅值或者依赖于应力循环的其他应力值作为纵坐标绘图，如图 1.18 所示。每个实验结果对应于平面上的一个点。在不同的应力振幅下试验一组试件，可以得到一组点，穿越试验数据点近似中线绘画的平滑曲线即为 S-N 曲线。

测定疲劳 S-N 曲线可以获得材料的疲劳性能。疲劳极限，也称耐久极限，指循环无数次不失效的应力幅极限值，是材料疲劳性能指标之一。在传统意义上，疲劳极限是指 S-N 曲线水平平台对应的应力幅。应力比 $R =$ -1 时测定的疲劳极限记为 σ_{-1}，在其他应力比下的疲劳极限记为 σ_R。工程实际中，疲劳极限是在指定疲劳寿命下，试件所能承受的上限应力幅值，也称为条件疲劳极限。对于结构钢，指定寿命通常取 $N_f = 10^7$，其他钢种

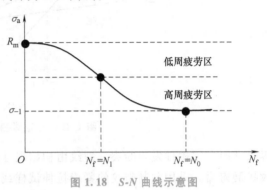

图 1.18 S-N 曲线示意图

及有色金属及其合金取 10^8 周次。具有明确疲劳极限的材料有大气下疲劳的钢材、钛合金及有应变时效能力的金属材料；没有明确的疲劳极限的材料有大多数有色金属，如铝、铜和镁及其部分合金，无应变时效的金属材料及在腐蚀和高温条件下的金属材料，这些材料工程上需要使用疲劳强度或条件疲劳极限作为设计依据。疲劳强度是在给定循环周次下发生疲劳断裂的应力幅，也是材料疲劳性能的重要参数，其与疲劳极限都是应力幅，相互关联但又有不同。指定寿命 $N_f = 10^7$ 的疲劳强度即为条件疲劳极限。

根据疲劳寿命的长短，传统上将疲劳分为高周疲劳和低周疲劳两大类。高周疲劳指施加的载荷水平较低（低于屈服应力）的疲劳，此时材料的整体循环应力-应变响应为弹性响应，循环次数较高（大于 10^5 次）。低周疲劳指施加的载荷水平较高（通常高于材料的屈服应力），循环次数较低（小于 10^5 次）的疲劳。S-N 曲线测定使用应力幅控制的循环加载，因此也称为应力疲劳。对于应变幅控制的应变疲劳，通常循环次数较低，因此在低周疲劳中广泛使用。

4. 应变幅-疲劳寿命曲线

应变疲劳可绘制应变幅-疲劳寿命曲线，如图 1.19 所示。该曲线可以用应变疲劳寿命公式（Manson-Coffin 公式）进行描述：

$$\varepsilon_a = \frac{\Delta \varepsilon_t}{2} = \frac{\Delta \varepsilon_e}{2} + \frac{\Delta \varepsilon_p}{2} = \frac{\sigma_f'}{E}(2N_f)^b + \varepsilon_f'(2N_f)^c \tag{1.21}$$

式中，ε_a 为总应变幅；$\Delta \varepsilon_t$ 为总应变范围；$\Delta \varepsilon_e$ 为弹性应变范围；$\Delta \varepsilon_p$ 为塑性应变范围；σ_f' 为疲劳强度系数；b 为疲劳强度指数；ε_f' 为疲劳延性系数；c 为疲劳延性指数。从公式可以看出，在低周疲劳范围，以循环塑性应变特征为主，疲劳寿命由其延性控制；高周疲劳范围，以循环弹性应变特征为主，疲劳寿命由其强度决定。

5. 疲劳裂纹扩展速率曲线

疲劳裂纹在零件中形成后，继续循环加载，裂纹逐渐进行亚临界扩展。当裂纹扩展到临

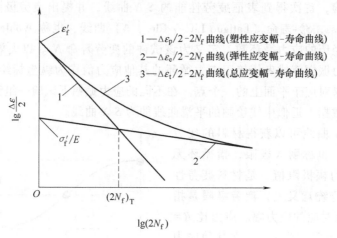

图 1.19 应变幅-疲劳寿命曲线示意图

界尺寸时，零构件发生断裂。裂纹由初始尺寸扩展到临界尺寸所经历的加载循环数，即为裂纹扩展寿命。采用预制裂纹的紧凑拉伸试样或单边缺口梁三点弯曲试样，在固定的载荷范围和应力比下进行循环加载并测定裂纹长度，建立裂纹长度 a 与循环加载周次 N 的曲线，即 a-N 曲线。基于此可进一步得到裂纹扩展速率 $\mathrm{d}a/\mathrm{d}N$，将其与对应的应力强度因子范围 ΔK（与实时的裂纹长度 a 及应力范围有关）在对数坐标系下绘制曲线，得到疲劳裂纹扩展速率曲线，如图 1.20 所示。

由图 1.20 可知，疲劳裂纹扩展曲线可分为三个区。在 I 区，当 $\Delta K \leqslant \Delta K_{\mathrm{th}}$ 时，$\mathrm{d}a/\mathrm{d}N = 0$，$\Delta K_{\mathrm{th}}$ 称为疲劳裂纹扩展的门槛值，是疲劳裂纹不扩展的最大应力强度因子范围。ΔK_{th} 表示材料阻止疲劳裂纹开始扩展的能力，其值越大，疲劳裂纹越不易开始扩展。通常 ΔK_{th} 的值很小，约为 K_{IC} 的 5%~10%。

在 II 区，裂纹稳态扩展，$\mathrm{d}a/\mathrm{d}N$ 与 ΔK 在对数坐标系中呈现线性关系，可用著名的 Paris 公式来表达：

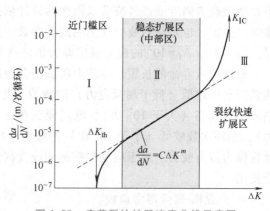

图 1.20 疲劳裂纹扩展速率曲线示意图

$$\frac{\mathrm{d}a}{\mathrm{d}N} = C\Delta K^m \qquad (1.22)$$

式中，C，m 为实验测定的常数。根据 Paris 公式，可以估算疲劳裂纹扩展寿命，计算含裂纹构件的剩余寿命。在疲劳裂纹扩展曲线的 III 区，裂纹快速扩展，当裂纹尖端的最大应力强度因子等于材料的断裂韧性值时，失稳断裂发生。

6. 延寿方法

形成疲劳裂纹的微观机制主要有三种：①表面滑移带开裂；②夹杂物与基体相界面分离或夹杂物本身断裂；③晶界或亚晶界开裂。许多构件在低应力水平服役，特别是高强度材料制成的构件，此时裂纹形成寿命在疲劳总寿命中占主要部分。为此，提高疲劳寿命的方法（即延寿方法）主要包括改善表面状态、夹杂物调控，以及微观组织与成分调控。

表面状态改进的方向包括减少和消除应力集中，减少和消除材料表面残余拉应力，造成残余压应力，以及表面强化。表面强化会提高表面强度，有时也能造成表面残余压应力，甚至消除表面部分缺陷，因此是延长裂纹形成寿命的有效方法。表面强化包括：机械强化——喷丸、滚压、孔壁挤压强化、适度锤击强化；表面热处理——表面淬火、渗碳、渗氮、碳氮共渗、离子注入；表面镀层等。

细化合金中的夹杂物颗粒，可以延长疲劳寿命。合金表面和近表面层的夹杂物尺寸越大，疲劳寿命越短。在较低的循环应力下，夹杂物尺寸对疲劳寿命的影响更大。因此，提高冶金质量，减小合金中的夹杂物，细化夹杂物，是延长疲劳寿命的重要途径。

在微观组织调控中，有效的延寿方法之一是细化晶粒。随着晶粒尺寸的减小，合金的裂纹形成寿命和疲劳总寿命延长。晶粒细化可以提高材料塑性变形抗力，会延缓疲劳裂纹的形成，晶界可阻碍微裂纹长大和连接。另外，减少组织中的软相，有利于提高疲劳裂纹形成寿命，例如，减少 30CrMnSiNi2A 高强钢中的残留奥氏体，可大幅提高屈服强度及高周疲劳寿命。在成分调控中，可通过微合金化来提高屈服强度，例如，向低碳钢中加铌，可大幅度提高钢的强度，也能大幅度地延长疲劳裂纹形成寿命。

1.3.2　蠕变性能

许多机械结构零部件在高温下服役。例如，制造航空发动机燃烧室的材料需要耐温 1400℃ 以上。高超声速飞行器是指飞行速度超过 5 倍声速的飞机、导弹、炮弹等有翼或无翼飞行器。当飞行速度达到 8 马赫时，飞行器的头锥部位温度可达 1800℃，其他部位的温度也在 600℃ 以上。当服役温度高于金属再结晶温度时，材料的力学性能退化将非常严重，许多在室温下具有优良力学性能的材料不一定能满足结构件在高温下长时间服役的要求。此时，必须考虑材料的蠕变性能。

材料在高温条件下使用时，即使所受到的应力低于材料的屈服强度，但是随着时间的延长，材料仍然发生了塑性变形甚至断裂的现象，人们把这种与时间相关的塑性变形称为蠕变。在较低温度下，金属的蠕变现象极不明显。不同材料出现明显蠕变的温度是不相同的。例如，碳素钢超过 300~350℃，合金钢超过 350~400℃，钨超过 1000℃，才可以看到明显蠕变。高熔点陶瓷材料在 1100℃ 以上也不发生明显蠕变；而低熔点金属（铅、锡等）和高聚物在室温下即可产生蠕变。因此，产生明显蠕变的温度与材料的熔点（T_m）有关，一般二者之比在 0.3~0.7 之间。通常，工程上把 $0.3T_m$ 的温度确定为产生明显蠕变的温度。

1. 蠕变性能的表征参数

对蠕变性能的表征，通常采用蠕变曲线，其为高温和恒定应力作用下，材料的蠕变变形随时间增加的变化关系曲线。典型的蠕变曲线包括减速蠕变、恒速蠕变和加速蠕变三个阶段。蠕变曲线的第二阶段，也称为稳态蠕变，此时蠕变速率最小且保持不变，表明形变硬化与软化过程相平衡。

表征金属蠕变性能的主要参数包括稳态蠕变速率、规定塑性应变强度、蠕变断裂强度、蠕变断裂时间和蠕变断裂延性。

稳态蠕变速率是指蠕变第二阶段的速率，是蠕变过程的最低速率，反映材料性能。温度和应力对于稳态蠕变速率有重要影响。随着温度的升高，或者应力的增加，稳态蠕变阶段缩短，稳态蠕变速率增大，蠕变寿命缩短。稳态蠕变速率可用阿累尼乌斯型公式描述：

$$\dot{\varepsilon} = A\sigma^n \left[\exp\left(-\frac{Q_c}{kT}\right) \right]^m \tag{1.23}$$

式中，A、n 和 m 为常数；σ 为应力；Q_c 为蠕变激活能；k 为玻耳兹曼常数；T 为热力学温度。基于此，可以根据不同温度和应力下的稳态蠕变速率来求材料的蠕变激活能 Q_c 和应力指数 n。

规定塑性应变强度是指在规定的恒定温度 T 和时间 t 内，引起规定应变的最大应力，也称为蠕变强度。与室温拉伸的 $R_{p0.2}$ 相似，蠕变强度是高温长期载荷作用下材料对塑性变形的抗力。规定塑性应变强度（蠕变强度）是以蠕变变形来规定的，该指标适用于在高温运行中要严格控制变形的零件，如涡轮叶片。

蠕变断裂强度又称为持久强度，是指在规定的温度 T 和时间 t 内，不发生蠕变断裂的最大应力，是表征在高温长期载荷作用下材料抵抗断裂的能力。对锅炉、管道等零件在服役中基本上不考虑变形，原则上只要求保证在规定条件下不被破坏，因此持久强度对这类零件的设计更加重要。持久强度是难以直接测定的，一般要通过内插或外推方法确定，加之实际高温构件所要求的持久强度一般要求几千到几万小时，较长者可达几万到几十万小时。所以，在多数情况下，实际的持久强度值是利用短时寿命（如几十或几百，最多是几千小时）数据的外推来估计。

蠕变断裂时间 t_u 为在规定温度 T 和初始应力 σ_0 条件下，试样发生断裂所持续的时间，该指标对应于工程中常用的持久寿命或蠕变寿命。蠕变断裂延性，也称为持久塑性，一般用蠕变断裂后的断后伸长率和断面收缩率表示，反映材料在高温长时间作用下的塑性性能，是衡量材料蠕变脆性的重要指标。

2. 提高蠕变性能的方法

根据蠕变变形和断裂机理可知，要提高蠕变强度，必须控制位错攀移的速率；要提高持久强度极限，必须控制晶界的滑动。影响蠕变性能的主要因素包括合金化学成分、晶体结构、晶粒度和晶界结构、冶炼工艺，以及热处理工艺。耐热钢及合金的基体材料一般都选用高熔点金属及合金，这是因为在一定温度下，金属的熔点越高，原子间结合力越强，自扩散激活能越大，自扩散越慢，位错攀移阻力越大，这对降低蠕变速率是有利的。

（1）合金化学成分　在基体中加入 Cr、Mo、V、Nb 等元素形成单相固溶体，除产生固溶强化作用外，还因这些合金元素可降低层错能和增大扩散激活能，从而易形成扩展位错并增大位错攀移阻力，提高蠕变强度。在 Ni 基高温合金中添加能增加晶界扩散激活能的元素（如 B 等），则既能阻碍晶界滑动迁移，又能增大晶界裂纹的表面能，因而对提高蠕变强度和持久强度是十分有效的。

（2）晶体结构　不同晶体结构中原子间的结合力不同，对其自扩散系数有较大影响。通常，体心立方晶体的自扩散系数最大，面心立方晶体次之，金刚石型结构最小。因此，多数面心立方晶体结构的金属比体心立方晶体结构的金属高温强度高，而金刚石型结构的陶瓷有更高的高温蠕变抗力。

（3）晶粒度和晶界结构　高温下，晶界滑动对蠕变的贡献占主导地位。因此，晶粒越小、晶界越多，则蠕变性能越差。对使用温度高于等强温度（即晶界与晶内强度相当时对应的温度）的耐热合金，采用粗晶粒对提高蠕变强度和持久强度均有利。另一方面，晶粒度过大会使持久塑性和冲击韧性降低。因此，一般耐热合金的晶粒以 2～4 级晶粒度为宜。晶粒度最好均匀，若不均匀则其中的细晶粒会降低耐热合金的蠕变强度。此外，由于垂直于拉应力的晶界通常是空洞和裂纹的成核位置，所以采用定向凝固工艺使柱状晶沿受力方向生长，减少横向晶界，可大大提高构件的持久强度。

（4）冶炼工艺　高温合金对杂质元素和气体含量的要求也十分严格。除常存杂质、磷外，铅、锡砷、锑、铋等，只要含量有十万分之几，就会产生晶界偏聚而引起晶界弱化，导致合金持久强度和塑性急剧降低。因此，耐热合金多采用真空熔炼工艺制备并进行纯化处理以改善其蠕变性能。

（5）热处理工艺　不同耐热合金需经过不同的热处理工艺，以改善其组织、提高高温性能。珠光体型耐热钢一般采用正火+高温回火工艺。正火温度应较高，以促使碳化物较充分而均匀地溶于奥氏体中。对于奥氏体型耐热钢，一般进行固溶和时效处理，一方面得到适当的晶粒度，另一方面使碳化物沿晶界呈断续链状析出，以提高其持久强度。另外可采用形变热处理方法来改变晶界形状（如形成锯齿状晶界），进一步提高合金的持久强化。

1.3.3　耐腐蚀性能

1. 腐蚀的定义与分类

工程零部件的服役环境包括大气环境、海水环境、土壤、外太空辐射环境等。材料和它所处的环境介质之间发生化学作用、电化学作用或物理溶解而产生的性能劣化和破坏现象，统称为腐蚀。传统上将非金属材料的腐蚀问题称为老化。因此，狭义的腐蚀是指金属材料受环境介质影响导致性能劣化或损伤断裂。当存在应力时，环境介质与应力协同作用，导致材料内萌生裂纹并扩展，从而引起材料力学性能下降，甚至过早发生断裂的现象，称为环境敏感断裂。静载荷长时间作用下，发生环境敏感断裂的原因有：应力腐蚀破裂（简称 Stress Corrosion Cracking，SCC）、氢脆和液态金属致脆。在交变载荷作用下的环境敏感断裂主要指腐蚀疲劳。

金属腐蚀发生的条件是金属材料、介质环境，以及两者的直接接触，这三个要素互为关联、缺一不可。同时，金属的腐蚀多发生在金属与环境介质的界面处，是典型的界面变化过程，因此金属与介质的接触面的变化直接影响金属的腐蚀状态。按照金属腐蚀的过程特点，将金属腐蚀分为化学腐蚀和电化学腐蚀。化学腐蚀是指金属与介质反应形成化合物，直接生成腐蚀产物，如钢铁表面形成氧化皮、船舶动力装置中锅炉炉管的外表面高温氧化、燃气轮机叶片的过热表面氧化等。这类腐蚀的特点是，介质与金属在接触点直接反应生成产物；电子的传递在金属和介质物质间一步完成。电化学腐蚀是指金属与介质（电解质）接触，通过电化学作用而导致金属的破坏，各种自然环境如大气、土壤和海水中金属部件的腐蚀，均属于这一类型；船舶处于海洋环境中，其腐蚀以电化学腐蚀为主。

2. 腐蚀性能表征参数

根据腐蚀破坏形式的不同，对金属腐蚀程度的大小有各种不同的评定方法。对于全面腐蚀来说，通常用平均速度来衡量。腐蚀速度可用失重法（或增重法）、深度法和电流密度来表示。失重法是通过腐蚀后试样质量的减小来描述腐蚀程度大小，适用于均匀腐蚀。深度法是测量材料的腐蚀深度或构件腐蚀变薄的程度。腐蚀速度与腐蚀电流密度成正比,因此可用腐蚀电流密度表示金属的电化学腐蚀速度。

界限应力强度因子 $K_{I\,SCC}$ 是评价应力腐蚀破裂敏感性的重要参数。一般采用预制裂纹试样,测定应力腐蚀试验过程中的裂纹扩展速率,并计算应力强度因子 K_I。断裂时间 t_f 是随 K_I 降低而增加,当 K_I 降低到某一临界值时,t_f 趋于无限大,此时可认为应力腐蚀断裂不会发生,对应的 K_I 值称之为应力腐蚀破裂敏感性的界限应力强度因子 $K_{I\,SCC}$。高强度钢和钛合金都有明显的 $K_{I\,SCC}$,但对于有些材料(如一些铝合金)却没有明显的 $K_{I\,SCC}$。

3. 应力腐蚀破裂发生条件

应力腐蚀破裂是在应力和化学介质协同作用下按其特有的机理产生断裂,其断裂强度比单个因素分别作用后再叠加起来的强度要低很多,因此也更加危险。SCC 发生需要三个条件:①材料必须受到应力,尤其是拉应力的作用;②材料为合金材料,纯金属很少发生应力腐蚀破裂;③对于一定成分的合金,只有在特定介质中才能发生应力腐蚀破裂,见表 1.6。在工业上最常见的有:低碳钢和低合金钢在 NaOH 碱溶液中的 "碱脆" 和在含有硝酸根离子介质中的 "硝脆";奥氏体型不锈钢在含有氯离子介质中的 "氯脆";铜合金在氨气介质中的 "氨脆";高强度铝合金在潮湿空气、蒸馏水介质中的脆裂现象等。SCC 断裂特点之一是其至少有一条垂直于拉应力的主裂纹,以及分支裂纹,该特点对于失效分析时判断是否发生 SCC 非常有用。

表 1.6 常用金属材料发生应力腐蚀的敏感介质

金属材料	化学介质	金属材料	化学介质
低碳钢和低合金钢	NaOH 溶液、沸腾硝酸盐溶液、海水、海洋性和工业性气氛	铝合金	氯化物水溶液、海水及海洋大气、潮湿工业大气
奥氏体型不锈钢	酸性和中性氯化物水溶液、熔融氯化物、海水	铜合金	氨蒸气、含氨气体、含铵离子的水溶液
镍基合金	热浓 NaOH 溶液、HF 蒸气和溶液	钛合金	发烟硝酸、300℃ 以上氯化物、潮湿空气及海水

4. 提高抗应力腐蚀性能的方法

(1)合理选择金属材料 针对构件所受的应力和接触的化学介质,选用耐应力腐蚀的金属材料,这是一个基本原则。例如,铜对氨的应力腐蚀敏感性很高,因此,接触氨的构件就应避免使用铜合金。又如,在高浓度氯化物介质中,一般可选用不含镍、铜,或仅含微量镍、铜的低碳高铬铁素体型不锈钢,或含硅量较高的铬镍不锈钢,也可选用镍基和铁-镍基耐蚀合金。

(2)减少或消除构件中的残余拉应力 残余拉应力是产生应力腐蚀的重要原因,主要是由于金属构件的设计和加工工艺不合理而产生的。因此,应尽量减少构件上的应力集中效应,加热和冷却要均匀。必要时可采用退火工艺以消除应力。如果能采用喷丸或其他表面处理方法,使构件表层中产生一定的残余压应力,则更为有效。

(3)改善化学介质 可从两方面考虑:一方面设法减少和消除促进应力腐蚀开裂的有害化学离子,例如,通过水净化处理,降低冷却水与蒸汽中的氯离子含量,对预防奥氏体型不锈钢的氯脆十分有效;另一方面,也可在化学介质中添加缓蚀剂。

（4）采用电化学保护 由于金属在化学介质中只有在一定的电极电位范围内才会产生应力腐蚀现象，因此，采用外加电位的方法，使金属在化学介质中的电位远离应力腐蚀敏感电位区域，也是防止应力腐蚀的一种措施，一般采用阴极保护法。但高强度钢或其他氢脆敏感的材料，不能采用阴极保护法。

1.3.4 耐摩擦磨损性能

1. 摩擦与磨损的定义

磨损失效是结构材料服役失效的重要方式之一。据统计，矿山机械设备事故中，因磨损失效导致的机械失效占比约 80%。因此，如何避免磨损失效、提高耐磨性能是结构材料服役时需要考虑的问题之一。

相互接触的零部件之间发生相对运动时就会产生摩擦和磨损。两个相互接触的物体之间因相对运动产生摩擦；摩擦造成接触表面层材料的损耗称为磨损。摩擦是磨损的原因，而磨损是摩擦的必然结果。磨损会缩短零件的使用寿命，降低机器工作效率、使用精度，甚至使零部件报废。磨损也增加了材料和能源的消耗。

相互接触的物体发生相对运动或有相对运动的趋势时，在接触表面上所产生的阻碍作用称为摩擦；阻碍相对运动的力称为摩擦力。一般构件需克服摩擦力而做无用功，此时摩擦是有害的；但有时也需要增大摩擦力，例如制动盘、制动器等。摩擦力 F 与作用在摩擦面上的法向压力 p 成正比，比例常数称为摩擦系数，以 μ 表示即 $\mu = F/p$，这就是经典摩擦定律。

机件表面相接触并做相对运动时，表面逐渐有微小颗粒分离出来形成磨屑，使表面材料逐渐流失，导致机件尺寸变化和质量损失，造成表面损伤的现象称为磨损。任何磨损现象均发生在一定的工况条件下，此处工况条件指载荷（加载方式、大小等）、相对运动特性（运动方式、速度）、工作温度和环境介质（润滑条件、有无腐蚀气氛等）。同时与摩擦副本身的特性密切相关。摩擦副的特性指各自的材料性能、组织结构和接触表面形貌。

2. 磨损性能表征参数

对磨损性能的测试通常采用磨损试验机，可分为零件磨损试验和试件磨损试验。零件磨损试验是以实际零件在机器服役条件下进行试验，试件磨损试验是将待试材料制成试件，在给定的条件下进行试验；前者具有与实际情况一致或接近的特点，具有较好的可靠性和实用性；后者一般用于研究性试验，可以通过调整试验条件，对磨损的某一因素进行研究，以探讨磨损机制及其影响规律，周期短，费用低，试验数据的重现性、可比性和规律性强，易于比较分析。

耐磨性是材料抵抗磨损的性能指标，迄今为止还没有一个统一的、意义明确的耐磨性指标。通常用磨损量来表示材料的耐磨性。磨损量的表示方法很多，可用摩擦表面法向尺寸减小量来表示，称为线磨损量；也可用体积和重量法来表示，分别称为体积磨损量和重量磨损量。磨损量是摩擦行程或时间的函数。耐磨强度：单位行程的磨损量，单位为 $\mu m/m$ 或 mg/m。耐磨率：单位时间的磨损量，单位为 $\mu m/s$ 或 mg/s。另外，相对耐磨性为标准试件的磨损量除以被测试件的磨损量。相对耐磨性越大，材料的耐磨性越好。

3. 磨损的分类

按环境和介质，磨损可分为流体磨损、湿磨损、干磨损等；按表面接触性质可分为金属-流体磨损、金属-金属磨损、金属-磨料磨损；按失效机制进行分类（也是目前比较常用的分类方法），可分为黏着磨损、磨料磨损、腐蚀磨损、微动磨损、接触疲劳磨损、冲蚀磨损等，其中前三种是比较常见的。

1）黏着磨损又称咬合磨损。当两个相互作用的表面接触时，其真正的接触仅在孤立的微凸体上，接触面积上局部应力很高，以致超过了屈服强度而引起塑性变形，使得局部润滑油膜、氧化膜等被破坏，表面温度升高，结果造成裸露出来的金属表面直接接触而产生黏着。若黏着区域大，外加剪切应力低于黏着结合强度时，摩擦副还会产生"咬死"而不能相对运动的现象，叫作胶合磨损。黏着磨损量与接触压力、滑移距离成正比，与软材料的强度（硬度）成反比。当摩擦副是由容易产生黏着的材料组成时，则黏着磨损量大。对摩擦副材料进行表面覆层处理和化学热处理，是减少黏着磨损的有效措施。

2）磨料磨损是指当摩擦副一方表面存在坚硬的细微突起，或者在接触面之间存在硬质粒子时所产生的一种磨损。这种细微突起或硬质粒子一般指石英、砂土、矿石等非金属磨料，也包括零件本身磨损产物随润滑油进入摩擦面而形成的磨粒。磨料磨损量与接触压力和滑动距离成正比，与材料的硬度成反比；同时，与磨料或硬材料凸出部分尖端形状有关。

3）腐蚀磨损是摩擦面和周围介质发生化学或电化学反应，形成的腐蚀产物在摩擦过程中被剥离出来而造成的磨损。腐蚀磨损过程常伴随着机械磨损，因此又叫腐蚀机械磨损。按腐蚀介质的性质，腐蚀磨损可以分为化学腐蚀磨损和电化学腐蚀磨损。在各类金属零件中经常见到的氧化磨损属于化学腐蚀磨损。

洁净的金属表面与空气中的氧接触时发生氧化而生成氧化膜，在摩擦过程中氧化膜的形成和磨损过程为氧化磨损。摩擦状态下氧化反应速度比通常的氧化速度快，这是因为在摩擦过程中，因发生塑性变形而使氧化膜在接触点处加速破坏，新鲜表面又因摩擦引起的温升及机械活化作用而加速氧化。因此，氧化膜自金属表面不断脱离，使零件表面物质逐渐消耗。氧化磨损速率主要取决于所形成的氧化膜性质和它与基体的结合强度，同时也与金属表层的塑性变形抗力有关。

接触疲劳也称表面疲劳磨损，是指滚动轴承、齿轮等类零件，在表面接触压应力长期反复作用下所引起的一种表面疲劳现象。其损坏形式是在接触表面上出现许多深浅不同的针状、痘状凹坑或较大面积的表面压碎。这种损伤形式已成为缩短滚动轴承、齿轮等零件使用寿命的主要原因。

两相互接触的零件在设计上是相对静止的，但在服役过程中，由于受到振动或循环载荷的作用，零件表面间产生微小幅度的相对切向运动，称为微动（Fretting）。在压紧的表面之间，由于微动而发生的磨损称为微动磨损。微动磨损量与正压力和磨损路程成正比，而与材料的抗压屈服强度成反比。

4. 提高耐磨性的方法

由前述分析可知，黏着磨损与磨料磨损的磨损量与材料的硬度成反比。试验表明，退火状态的工业纯金属和退火钢的相对耐磨性与其硬度成正比。高锰钢在淬火后为软而韧的奥氏体组织，在受低应力磨损的场合，它的耐磨性不好，而在高应力冲击磨损的场合，它具有特别高的耐磨性。这是由于奥氏体发生塑性变形，引起强烈的加工硬化并诱发马氏转变，使其硬度得到极大提高。因此，为了提高材料的耐磨性，提高接触表面材料的硬度是十分有效的手段。

1.3.5　抗氧化性能

许多金属材料会与空气中的氧发生反应，特别是在高温下，氧化反应更加剧烈，从而导致材料性能的急剧降低，如强度减弱、表面损伤、结构变脆等，不利于金属材料的安全服役。金属的高温氧化是化学腐蚀的一种特殊形式，即金属在高温氧化性气相介质中的化学腐蚀，也称气体腐蚀。金属抵抗高温气体腐蚀作用的能力，称为抗氧化性。它是在高温下工作的各种耐热材料的主要性能要求之一，抗氧化性能对于保证材料在实际应用中的长期稳定性和耐久性至关重要。

1. 金属氧化过程

金属的氧化过程，首先是氧与金属表面接触形成一层极薄的氧化膜。然后，继续氧化的过程则与扩散有关，主要包括两种形式：氧通过氧化膜向内部金属基体扩散和金属原子（离子）通过氧化膜向外扩散。通常认为，带正电而且体积较小的金属离子较容易向外扩散，因而氧化主要发生在氧化膜外表面与气体介质的交界处，使氧化膜逐渐增厚。氧化膜厚度的增加速度取决于金属原子（离子）通过氧化膜的扩散速度，而扩散速度又取决于材料服役温度和氧化膜的结构性质。

由于金属基体与氧化膜的线膨胀系数不同，温度波动会促使氧化膜破裂和剥落，以致氧化重新进行，会大大加快氧化过程。抗氧化性大的金属，其所生成的氧化膜必须能阻止氧化过程的继续进行。这就要求生成的氧化膜具备下列条件：即氧化膜必需完整而致密，能与基体金属牢固结合，并且与基体金属具有近似的线胀系数。通常只有当氧化膜与金属的体积比大于1时，氧化膜才能起保护作用而防止其继续氧化；当该比值小于1时，则生成的氧化膜不能致密地覆盖于金属表面，因而不能防止继续氧化。

具有较高的抗氧化性的金属，需具备两个条件：①形成致密氧化膜；②氧难以通过氧化膜与金属的界面进行扩散。仅形成致密的氧化膜不足以完全防止氧化的进行，因为氧化膜与金属界面处仍可能进行着一个物理化学过程，即氧原子与金属原子不断地交换扩散。有的氧化膜中的氧原子向金属内部扩散，氧化过程在界面上进行，而金属则不断地向外扩散。例如，铁的氧化虽能形成 Fe_2O_3 和 Fe_3O_4 氧化膜，但它的保护作用是有限的。

2. 抗氧化性能评估方法及参数

对材料的抗氧化性能的评估，主要是通过多种试验手段表征材料在高温环境下的氧化行为、氧化膜形成和稳定性。例如，使用热重分析（TGA）研究材料在高温条件下的氧化行为和分解温度，量化材料的质量损失和氧化产物的生成，提供材料抗氧化能力的定量数据，如氧化速率和活化能；使用扫描电镜和能谱分析方法观察和分析材料在高温条件下形成的氧化膜的结构、厚度、成分及可能的缺陷；使用 X 射线光电子能谱（XPS）分析材料氧化膜中微量元素和化学环境的变化；使用显微硬度来评估材料表面在高温氧化后的硬度变化，间接反映氧化膜的形成和稳定性。

抗氧化温度是指一种材料能够在不显著氧化或降解的情况下，维持其力学性能和化学稳定性的最高温度。在超过此温度时，材料的表面会发生明显的氧化反应，导致材料的强度和耐用性降低，这是评估材料在高温环境中长期使用可靠性的重要指标。6061 铝合金的抗氧化温度为 350℃；7075 铝合金具有良好的力学性能，但抗氧化性较差，抗氧化温度为

250℃。304 不锈钢与 316 不锈钢的抗氧化温度为 870℃，具有良好的耐蚀性和抗氧化性能，适合高温环境。高温合金 HastelloyX 的抗氧化温度为 1177℃，具有极佳的抗氧化性和耐蚀性，适用于航空和工业燃气涡轮机等高温应用。

3. 提高金属材料抗氧化性的方法

提高金属材料抗氧化性的方法主要包括合金化和表面处理。合金元素（如铬、硅、铝等）加入钢中，总是比铁先氧化，同时只能形成一种固定成分（Cr_2O_3、SiO_2、Al_2O_3）的稳定氧化膜，并且结构非常致密。这些氧化膜的氧化过程几乎立即停止进行，因而成为有效的保护膜。例如 304 不锈钢含有 18% 的铬和 8% 的镍，具有优良的耐蚀性和抗氧化性，广泛用于化工设备和餐具。316 不锈钢在 304 不锈钢的基础上添加了 2%~3% 的钼，进一步增强了耐蚀性，常用于海洋环境和化工设备中。通过表面处理技术，如涂覆抗氧化涂层（如环氧涂层、聚氨酯涂层等），可以有效隔绝氧气和水分，从而减缓氧化。例如，陶瓷涂层具有高硬度和高温抗氧化性，常用于发动机部件和涡轮叶片；镀铬层能形成一层致密的氧化铬保护膜，防止金属氧化；镀锌层能提供牺牲阳极保护，防止铁基材料腐蚀。

思 考 题

1. 典型的金属具有哪几种晶体结构？请综合比较其结构特点，并分析其基本性能。
2. 材料中有哪些主要的相？各种相有哪些结构和性能特点？
3. 金属材料的基本力学性能有哪些？请总结各力学性能主要的性能指标。
4. 请阐述冲击韧性与断裂韧性的区别与联系。
5. 何谓材料的服役性能？服役性能与基本力学性能有何异同？
6. 何谓疲劳性能？包括哪些分类？如何提高疲劳性能？
7. 何谓蠕变？如何提高蠕变性能？
8. 磨损有哪些分类？表征磨损性能的参数有哪些？

第2章
材料服役行为与损伤理论

2.1 材料服役的失效形式

机械产品种类繁多，规格不一，功能千差万别。衡量机械产品的标准是多方面的，如功能、寿命、大小、重量、外观、安全性和经济性等，其中功能是最主要的，因为衡量产品质量的优劣，首先要看它能否很好地实现规定的功能。在工程实践中，由于种种原因产品丧失其原有功能的现象经常发生。按照通常的说法，将"产品丧失其规定功能"的现象称之为失效。

零件的失效形式即失效的表现形式，可理解为失效的类型，也称为失效模式（Failure-Mode）。零件在一种或几种物理的和（或）化学的因素的作用下，逐渐地发生尺寸、形状、状态或性能上的变化，并以特定的表现形式丧失其预定的功能，这里所指的特定的表现形式即失效形式或失效类型。显然，不同的物理和（或）化学过程对应着不同的失效形式。反之，具有相同失效形式的零件的失效是相同物理和（或）化学因素作用的结果。零件的失效受多种因素影响，其失效形式也很复杂。为了揭示同类失效形式的本质，比较和鉴别各类失效形式，对各种失效形式进行科学的分类是必要的。按失效的宏观特征，可将零件失效分为断裂失效和表面失效两大类型。按失效性质和具体特征，每一类型还可以包括几个小类，如图2.1所示。

2.1.1 断裂失效形式

断裂类型根据断裂的分类方法不同而有很多种，它们是依据一些各不相同的特征来分类的。根据金属材料断裂前所产生的宏观塑性变形的大小可将断裂分为韧性断裂与脆性断裂，如图2.2所示。韧性断裂的特征是断裂前发生明显的宏观塑性变形，脆性断裂的特征是在断裂前基本不发生塑性变形，是一种突然发生的断裂，没有明显征兆，因而危害性较大。通常，脆性断裂前也产生微量塑性变形，一般规定光滑拉伸试样的断面收缩率小于5%为脆性断裂，大于5%为韧性断裂。可见，金属材料的韧性与脆性是依据一定条件下的塑性变形量

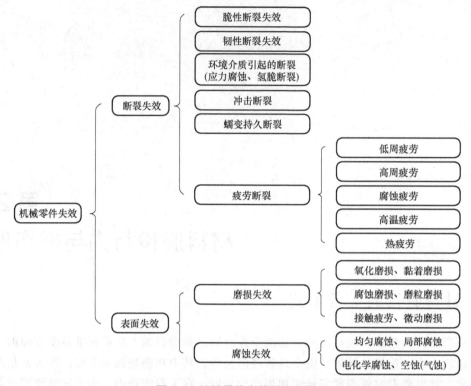

图 2.1　机械零件失效形式分类

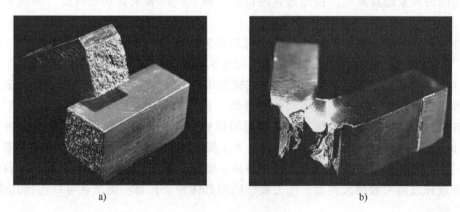

a)　　　　　　　　　　　　　　b)

图 2.2　脆性断裂和韧性断裂特征

a）脆性断裂　b）韧性断裂

来规定的，随着条件的改变，材料的韧性与脆性行为也将随之变化。

按断裂原因分类，断裂可分为过载断裂、环境断裂、蠕变断裂、疲劳断裂。

当零件断裂外加载荷超过其危险截面所能承受的极限应力时，零件将发生断裂，这种断裂称为过载断裂。材料在拉应力（包括残余应力）和环境腐蚀介质共同作用下导致的断裂，可以分为应力腐蚀断裂、氢脆等。材料在长时间的恒温、恒载荷作用下缓慢地产生塑性变形的现象称为蠕变，在恒定应力作用下，经过一段时间的蠕变后，发生准脆性断裂的现象，称为蠕变断裂，所需的时间称为蠕变断裂寿命或持久寿命。疲劳断裂是一种材料在交变应力或应变的作用下，由于局部结构变化和内部缺陷的不断发展，导致材料力学性能下降，最终引起的完全断裂现象。

疲劳断裂是机械产品最常见的失效形式之一，各种机器中，因疲劳造成失效的零件占失效零件总数的60%~70%以上。按引起疲劳失效的应力特点，可将疲劳分为机械应力引起的机械疲劳和热应力引起的热疲劳。前者又可分为高周疲劳和低周疲劳，依据载荷性质它们又可进一步分为拉-压疲劳、扭转疲劳及弯曲疲劳等。热疲劳是指零件在交变温度场中，因热膨胀不均匀，或者热膨胀受到约束而引起热应力，在这种热应力的循环作用下产生的疲劳失效。这里应指出的是，热疲劳与在高温条件下由交变的机械应力引起的疲劳失效不同，后者称为高温疲劳。

疲劳断裂失效原则上也属于低应力脆断失效，断裂时的应力水平低于材料的抗拉强度，在很多情况下低于材料的屈服强度，零件（或试件）在交变应力作用下，经过裂纹形成，裂纹亚临界扩展，当裂纹扩展至临界尺寸时，失稳扩展（表现为突发性断裂），所以疲劳断裂是事先没有预兆的。疲劳断口上记录着上述断裂过程的全部信息，因此，疲劳断口宏观上很容易区别裂纹形成区（疲劳源）、裂纹扩展区和瞬断区。循环载荷作用下，试件（或零件）的疲劳性能可以用应力-寿命曲线或应变-寿命曲线描述。

2.1.2 表面失效形式

材料表面失效的形式主要有磨损和腐蚀，这两者也是造成金属机械部件失效报废的重要因素。

1. 磨损失效

当相互接触的零件表面有相对运动时，表面的材料粒子由于机械的、物理的和化学的作用而脱离母体，使零件的形状、尺寸或质量发生变化的过程称为磨损。虽然磨损问题的发生有较长的历史，但是要对磨损做出精确定义和对磨损进行合理分类还是比较困难的。美国机械工程学会把磨损定义为："磨损是一个物体表面由于机械作用使物质逐渐损耗的过程"。这个定义排除了电火花的侵蚀作用造成的表面损伤。苏联克拉盖尔斯基定义磨损为："摩擦结合点反复变形而产生的材料破坏"。欧洲合作发展组织提出的磨损定义为："由于表面的相对运动使物体表面逐渐丧失物质"。

应该说摩擦学是一门综合性学科，它涉及化学、物理、材料学、流体和固体力学等许多学科领域。同时，要研究的还是一个系统动态过程。因此，它是一个复杂的问题。这也就是为什么史前时期，人类就知道摩擦现象及其应用，直到20世纪60年代中期才提出这门学科的原因。摩擦学中述及的三个问题——摩擦、润滑和磨损是互有牵连的，摩擦是两个互相接触的物体相对运动时必然会出现的现象，磨损是摩擦现象的必然结果，润滑则是降低摩擦和减少磨损的重要措施。磨损是零件失效分析要研究的主要对象之一。关于磨损分类目前还没有统一的看法，但一般采用B. N. Kocteukun等人的分类法，将磨损分为氧化磨损、咬合磨损（第一类黏着磨损）、热磨损（第二类黏着磨损）、磨粒磨损和表面疲劳磨损（即接触疲劳）。

2. 腐蚀疲劳失效

腐蚀疲劳是材料在循环应力和腐蚀介质的共同作用下产生的一种失效形式。与单纯的机械疲劳相比，腐蚀疲劳没有确定的疲劳极限，即使在很低的拉应力作用下，也会发生腐蚀疲劳破坏，因此，在 $\sigma\text{-}N$ 曲线上，没有明确的转折点。由于环境介质的影响，与机械疲劳过程相比，腐蚀疲劳裂纹形成期短，裂纹扩展速率高，所以腐蚀疲劳的 $\sigma\text{-}N$ 曲线在机械疲劳曲线的下方。

腐蚀疲劳裂纹扩展速率还受温度、加载频率和介质浓度等的影响。温度升高，因腐蚀作用加剧而促进裂纹扩展。加载频率降低，因在应力峰值时停留时间加长，促进介质较充分地发挥腐蚀作用而加快裂纹扩展。关于介质浓度的影响，研究认为，存在一个"临界介质浓度"，当介质浓度小于该临界值时，介质浓度增加可显著地加快裂纹扩展。当介质浓度大于该临界值后，介质浓度的改变对裂纹扩展的影响不显著。

基于对腐蚀疲劳过程的认识，有人曾提出腐蚀疲劳裂纹扩展速率 $(da/dN)_{CF}$ 是机械疲劳裂纹扩展速率 $(da/dN)_F$，与应力腐蚀裂纹扩展速率 $(da/dN)_{SCC}$ 之和的模型，称为叠加模型，即

$$(da/dN)_{CF} = (da/dN)_F + (da/dN)_{SCC} \tag{2.1}$$

此模型与钢和钛合金的试验结果符合良好。但试验表明，对于 $K_{max} < K_{I\,SCC}$ 的情况，因此时 $(da/dN)_{SCC} = 0$，反映不出介质对疲劳的影响。实际上，此时介质的影响是存在的，所以上述叠加模型在 $K_{I\,SCC}$ 附近误差较大。

后来又有人提出如下的所谓过程竞争模型，即

$$(da/dN)_{CF} = \max\left[(da/dN)_F, (da/dN)_{SCC}\right] \tag{2.2}$$

该模型认为腐蚀疲劳裂纹扩展速率取决于机械疲劳与应力腐蚀二者之中的扩展速率较大者。该模型也得到很多试验结果的支持。

2.1.3　材料服役失效预防措施

各类失效形式均有其产生条件、特征及判断，也有相应的防治措施。从产品失效致因论来讲，提出以下预防产品失效的对策。

1. 降寿避免失效

一旦出现产品失效，普查又发现故障比例相当高，尤其当故障率与使用寿命相关时，这时对同类服役产品可采取以下对策：

1）在来不及采取其他有效措施时，一般先暂停使用，尤其当产品失效可能危及安全时，不得不采取这个下策。

2）根据失效度公式，失效率 $F(t)$ 是时间的函数，它与可靠度 $R(t)$ 关系如下：

$$F(t) = 1 - R(t) \tag{2.3}$$

在全寿命期内，设计时已有期望的可靠度，或者说已有允许的失效率（概率）。

如果一时难以采取修理措施，则可临时采取降寿措施。例如，原来规定 WP—X 发动机可使用 800h，由于出现系列失效事件，不得不降为 600h。

3）类似的对策是缩短故障检查周期或翻修间隔，都是根据失效概率与使用时间的相关性，避免同类失效的再次发生。显然，这些方法是临时措施，可以说是没有办法的办法。暂时降寿之后，不得不暂时停用一部分暂定到寿的产品，但是请不要急于处理掉这些产品，也许还有起死回生之术。

2. 切断失效起因链

每一失效事件，经过客观公正认真的失效分析，找到了所有独立的起因（一般为多个起因），组成一条失效起因链。从理论上讲，只要消除多个起因中的某一个起因，就可以切断失效起因链，从而避免同类失效的再次发生。据此，提出具体对策：

1）故检抽查——抽查同类零部件是否存在同类故障（一般先查使用寿命较长者，最好是已在工厂大修的产品），如裂纹、腐蚀坑、磨痕等，一般是无损检测，如有必要时取样分析，确认故障性质和原因，以及故障比例等。

2）普查——如果抽查发现存在同类故障，甚至故障比例较高，一般要进行普查，采取切实可行的无损检测方法，在较大范围内进行普查。一般也先查较长寿命段、后查较短寿命段，并对故障率和使用寿命作统计分析。

1972 年发生歼五飞机机翼大梁第一螺栓孔处疲劳折断，导致飞机空中解体，经过抽查和普查，裂纹故障率竟高达 80%（飞行超过 800h 的飞机）。

抽查不一定要等到找出所有起因，根据多因串联式失效起因链找到一个独立起因，就可设法消除这个起因而切断链，以避免同类失效，实际上也是这样做的。

3）维修逐个消除起因。普查只是发现故障，暴露失效隐患，为了避免同类失效，则必需消除隐患：

① 报废：最简单的办法是报废一部分严重的故障件（现有技术无法修复或不值得修复），例如裂纹较长的叶片（一般要制定判废标准）。

② 原位修理：对小裂纹（较浅），用打磨、抛光、倒角、打止裂孔、补焊等，对腐蚀坑也可用打磨、抛光、原位表面处理、涂漆等方法，可以消除隐患。

③ 局部强化：当原位修理仍不能避免在规定的寿命期内出现失效时，要考虑局部强化，如喷丸强化、挤压强化、局部加强（打补丁、加强筋）、刷镀等。

④ 消除其他起因：换油（或过滤）、排水（或增设排水孔）、密封、调整位置或间隙等。

这些对策，看起来似乎头痛治头，脚痛医脚，但却是工程上最简便实用的办法。

3. 增强材料抗累积损伤能力，提高材料抗退化性能

1）局部强化：对已服役的装备，在普查时没有发现故障，可以留待翻修时采取强化措施。

2）对于在制产品，一般应研究更完善的强化措施，可供选择的方法也更多，可以考虑通过热处理、表面处理、涂层系统，也可考虑选用更耐累积损伤的材料或工艺，有时甚至要考虑修改零部件的细节设计，如增加倒角，增大过渡圆弧，降低表面粗糙度，加大承力截面积，开卸荷槽，增设排水装置等。

3）提高材料抗退化性能：主要由于材料性能退化导致的产品失效，大多发生在非金属材料和电子产品，因此，无损检测的方法也有所不同，电子产品的性能检测是专门学问。在修理方法上也有所不同，如胶接、补贴、热压、缠绕加强、挖等，在材料选用方面，不同成分、不同工艺的材料千变万化，如有塑性、橡胶、半导体、复合涂层、复合材料、陶瓷、金属瓷等可供选择，上述对策，属于第二层次，可以更有效地避免产品失效。

4. 改善使用环境，避免产品失效

对已服役产品，改善使用环境，实际上是降低功能指标，有点委曲求全。

1）力学环境。例如，歼五飞机少做特技，以避免机翼大梁疲劳折断；安装 WP6 发动机时不要做螺旋动作，以免涡轮轴折断；尽量不要让发动机在共振转速下长时间停留，避免叶片断裂等。

2）热学环境。降温使用；避免热冲击；减少温差等。

3）介质环境。对工作介质添加缓蚀剂，定期清洗冲刷，打开口盖通风，加盖蒙布（舱盖玻璃），增设排水孔，不得已时，干脆换一个机场，走另一个水道或海域等。

5. 增加监控项目

除上述以外，检查也是一道必不可少的工序，常常起到预防失效的关键作用。

根据失效分析的结果可制定如下对策：

1）在定检和大修时增加相应无损检测项目，及时发现故障。

2）在制造时，增加相应质量监控项目，避免原始缺陷件出厂。

3）在设计时，提高控制等级；列入关键件，对可靠性、寿命、标准等提出要求。

这些对策，实际上是在失效起因链上增加了一个人为可控的独立起因。

6. 失效树分析对策

缺陷树、故障树、失效树、事故树分析方法的实质，都是针对系统和同类产品群体进行因果逻辑推理分析，可以定性找出系统（或产品）的薄弱环节，确定失效原因各种可能的组合方式，因此，它是从全局上预防失效的好方法。成功的失效树分析，不仅可以在清晰的失效树图形下展现已经发生的某失效事件（模式）的某一因果关系（某些独立起因组合）和过程状态，而且可能发现另一因果关系（另一些独立起因组合）及其过程状态。有经验的分析人员，还可设定另外一些失效模式事件，进一步探究系统（或产品）的薄弱环节，这才是科学意义上的举一反三。

这里所说独立起因，就相当于失效树中的基本事件，一个最小割集表示一种可能失效，为了降低失效率可以采用增加基本事件的方法，例如，在上述对策中采取的不少措施，实际上就是增加基本事件，即设置更多的独立起因，使失效发生概率迅速下降。从另一个角度讲，一般消除最小路集中的某一个基本事件，即可避免同类失效，这时选择最省工最经济最有效的消除某一独立起因的措施，才是英明决策。

7. 完善管理，从根本上杜绝同类产品失效

（1）举一反三，组织查找 传统的做法是吸取教训，举一反三，组织自查和管理层查，并力争做到警钟长鸣；加大宣传力度，评比、岗位练兵，使质量第一、预防为主的观念深入人心；对引起严重后果的失效事件，有时还要追究直接责任人和有关人员及领导的责任，但是对人的处理不是最终目的，关键是防范措施要落到实处。

传统做法从整体上来讲，似乎是撒大网，但是，如果针对不同层次、不同对象提出相应的自查内容和方法，有时会收到良好的效果，产品质量人人有责，品牌是团队的旗帜。

（2）对起因追根求源 失效起因链中列出的若干独立起因，是追根求源的依据，人们常讲的一查到底，一方面要求不漏掉任何一个独立的起因，另一方面要求对独立起因做出详尽的因果联系分析，根据管理失控的失效致因论，这是根本原因，只有找到管理上的漏洞，才好采取根本措施。

（3）管理失效树分析 管理是科学，也是生产力。大至集团，小至班组，产品投入市场是企业的成果，更是管理层的工作结晶。从预研（开发）、设计、制造、使用、维修，一直到产品退役全寿命来讲，涉及一个复杂的管理系统。设计制造常常是一个部门，但用户是分散的（或松散的），维修又可能是另外一个部门。因此，与产品全寿命对应的是一个非常松散复杂的管理系统。如果把预研、设计、制造中的管理分别作为子系统，相对来说，这三个子系统是比较严密完整的管理系统，用户有时也有较严密的管理子系统，如铁路、民航，但多数情况下是分散的，不成体系的子系统成为整个管理系统中最薄弱的环节。

从管理学角度来讲，管理系统之间的界面往往容易失控。作为一个成功和知名的企业，要想靠名牌产品立足国内外市场，不妨把失效树分析方法引入复杂管理系统，进行深入的管理失效树分析。

这种分析方法的优点是：

1）从一开始就可以理顺各管理层之间的关系，明确任务、职责和分工。

2）能够预测可能发生的管理失控环节。

3）通过定量分析，可以评估管理失控的重点（关键）。

最后需要指出，失效分析和预防失效有着非常密切的关系，但预防失效涉及面更广，所需时间也更长。失效分析需要成本，而预防失效可能成本更高，采取不同的预防失效对策，预示着不同的成本支出，在不同的具体条件下，优选和组合上述对策，将使产品更具竞争力，市场会给予更丰厚的回报。

2.2　材料服役的损伤理论

由细观结构（微裂纹、微孔洞、位错等）引起的材料或结构的劣化过程称为损伤。从细观的、物理学的观点来看，损伤是材料组分晶粒的位错、滑移、微孔洞、微裂纹等微缺陷形成和发展的结果；从宏观的、连续介质力学的观点来看，损伤又可认为是材料内部微细结构状态的一种不可逆的、耗能的演变过程。

"损伤"并不是一种独立的物理性质，它泛指材料内部的一种劣化因素，与所涉及的材料和工作环境密切相关。就所涉及的材料而言，有金属、聚合物、岩石、混凝土、复合材料等工程材料的损伤；由于材料的受力状态和抗力性能不同，有弹性、塑性、黏弹性、疲劳、蠕变、松弛等类型的损伤；从材料所处的抗力环境来看，有静载、动载、湿度、温度、射线、化学老化等不同外载和环境下的损伤；从损伤分布的几何特征和损伤研究方法来看，又分为各向同性损伤和各向异性损伤等。

2.2.1　材料服役损伤力学

损伤力学是固体力学的一个分支学科，是应工程技术的发展对基础学科的需求而产生的。它经历了一个从萌芽到壮大的过程，到现在已成为一个集中固体力学前沿研究的热门学科，是材料与结构变形和破坏理论的重要组成部分。材料内部存在的缺陷，如位错、微裂纹、微孔洞等都可统称为损伤。材料损伤劣化的过程为不可逆的耗能过程。材料内部分布的缺陷在外载与环境因素的综合作用下不断地演化，最终会导致材料的破坏。损伤力学是研究含损伤材料的力学性质，以及在变形过程中损伤的演化发展直至破坏的力学过程的科学。目前损伤力学正在发展之中，已涌现出许多的损伤力学理论，但在国际上尚未出现比较公认的普遍理论。

20 世纪中叶，Kachanov（1958）最初提出了用连续性变量描述材料受损的连续性能变化过程。他的学生 Rabotnov 后来做了推广，为损伤力学奠定了基础。但在此后的十年中，这个概念几乎无人问津。直到 20 世纪 70 年代，该概念才被人们重视。法国的 Lemaitre 用连续介质力学与热力学的观点研究了损伤对金属材料的弹性、塑性的影响；随后，瑞典的 Hult、英国的 Leckie 研究了损伤和蠕变的耦合作用。这一阶段损伤力学的发展形成了连续损伤力学的框架和唯象学基础。20 世纪 80 年代日本的 Murakami（村上澄男）等从微裂纹的尺度和几何分布方面研究了损伤的各向异性及其对材料的力学性能的影响。1981 年，欧洲力学协会（ENROMECH）在法国的 Cachan 举行了首次损伤力学国际讨论会。同年，我国的有关刊物开始登载关于损伤理论的文章。此后十多年，损伤力学有了很大的发展，在宏观唯象理论框架和损伤材料本构行为的复杂连续介质描述等方面都有了较为成熟的研究结果。到了 20 世纪 90 年代，损伤力学研究的重点是损伤的宏细微观理论，其特征为：引入多层次的缺陷几何结构，在材料的宏观体元中引入细观或微观的缺陷结构，试图在材料细观结构的演化与宏观力学响应之间建立起某种联系，对材料的本构行为进行宏、细、微观相结合的描述。这种研究正在成为追踪材料从变形、损伤到失稳或破坏的全过程，以解决这一固体力学最本质难题的主要途径。

损伤力学有两个平行发展的分支，即连续损伤力学和细观损伤力学，这两个分支目前呈现出相互融合、交叉的发展趋势。连续损伤力学是利用不可逆热力学与连续介质力学的唯象学方法，研究损伤的力学过程。它着重考查损伤对材料宏观力学性质的影响及材料损伤劣化的过程和规律，而不细察其损伤演化的细观物理机制，只求预计的宏观力学行为能符合实验结果与实际情况。细观损伤力学是根据材料损伤的细观物理机制，通过建立材料的细观力学模型和采用某种力学平均化方法，获得材料宏观力学行为与细观损伤参量之间的关系。

2.2.2 损伤力学方法

工程材料在外载与环境因素的综合作用下，会经历一个逐渐损伤劣化的过程，而最终发生断裂破坏。在断裂发生以前，材料并非一直完好无损而发生断裂，也并非完全失效，而是有一定的承载能力的，只是具有一定程度的损伤。从宏观上看是刚度、强度等的下降，从微观上看是产生分布的微裂纹、微孔洞等。大量的实验观测在细观尺度下观测到损伤材料中含有分布的微缺陷，其细观结构既不是均匀的，也不是连续的。目前还没有很好的方法能对材料的细观损伤进行实验测定，损伤的实验测定可以说是损伤力学研究中最薄弱的一个环节。细观损伤力学的基本任务之一，就是根据损伤材料的细观结构，来推断其宏观等效力学性能。细观力学方法最早是在研究复合材料等效性能的问题中发展起来的，现已广泛用于含分布微裂纹或微孔洞材料等效性能的研究。目前较成熟的方法有 Eshelby 等效夹杂理论、Mori-Tanaka 法、微分介质法、自洽法与广义自洽法等，下面分别加以简要介绍。

1. Eshelby 等效夹杂法

Eshelby（1957 年，1959 年）发表了无限大体内含有椭球夹杂弹性场问题的著名文章，针对含特征应变（Eigenstrain）的椭球颗粒，给出了椭球内外弹性场的一般解，并利用应力等效的方法（后来发展成为等效夹杂理论）得到了非均匀椭球颗粒的内外弹性场。他的一个重要结论是当特征应变均匀时（对特征应变颗粒）或外载均匀时（对非均匀颗粒），椭球颗粒内部的弹性场也是均匀的，并可利用椭圆积分的形式表示出来，这个解后来成为等效弹性模量计算的基础。由于该模型考虑单个夹杂与无限大场的作用，忽略了夹杂之间的相互作用，因此适用于夹杂比较稀疏的情况。

2. Mori-Tanaka 法

Mori 与 Tanaka（1973 年）提出了一种计算含有相变应变夹杂的材料中基体平均应力的背应力方法，解决了在有限体积分数下使用 Eshelby 等效夹杂原理的基本理论问题。Mori-Tanaka 法成为目前研究各种非均匀材料性能的有效手段之一。Mori 与 Tanaka 的研究结果表明，由相变应变引起的基体中的平均应力在整个材料中是均匀的，且与所考虑的平均域的位置无关。基体中的真实应力等于平均应力加局部扰动应力，而且局部扰动应力在基体中的平均值为零。Mori-Tanaka 方法的核心思想是将单个夹杂置于基体中，使其承受有效的应力或应变场作用，而这种有效场与外加的远场可以不一致，因此这种方法亦称为有效场法。然而实际上它是有效场方法的一种简化情况。在更一般的有效场方法中，有效的应力或应变场可以是不均匀的。Mori-Tanaka 法比自洽法优越的一点是其预测的有效模量是随孔洞体积分数或微裂纹密度的增加而逐渐趋近于零的。Mori-Tanaka 法在一定程度上涉及了随机分布的夹杂之间的相互作用。但是，对于具有有限夹杂体积含量的材料，每一夹杂都由基体和其他夹杂的混合体包围着，而 Mori-Tanaka 法中的 Eshelby 张量是为嵌入无限大基体的单个夹杂而建立的，所以这一方法考虑相互作用较弱。

3. 微分介质法

Roscoe（1952 年）在研究悬浮液体的性质时提出微分等效介质的概念。Boucher（1976年）与 Mclaughlin（1977 年）等人发展了这一方法，并将其应用于研究含夹杂材料的有效弹性模量。与自洽法不同，微分法很难用一个几何模型来描述，但可以给出一个定性的描述，即含夹杂材料的有效弹性模量随夹杂的增减而变化。微分法的基本思想是构建一个往基体内逐渐添加夹杂物的微分过程，形成"少量添加→均匀化"的循环迭代过程。微分法首先假设有一体积为 V_0 的均质基体材料，其弹性模量为 C_0。从这一均匀介质中取出体积为 δV 的材料，同时在该介质中均匀地嵌入同样体积的夹杂，这时所形成的非均质材料的等效弹性模量为 $C_0+\delta C$，将其用具有相同弹性模量的均匀介质来代替，然后继续上述"取出—添入"的过程，直至所得材料中夹杂的体积含量达到所要求的体积分数为止。在该过程的每一阶段可建立等效模量的增量与夹杂体积分数增量之间的关系，当 δV 趋于无穷小时，上述增量方程转化为确定等效模量的微分方程。在定解条件下积分求解，可求得含夹杂（或损伤）材料的等效模量。Norris（1985 年，1990 年）、Zimmerman（1991 年）进一步用微分法研究了复合材料的等效弹性性能。Hashin（1988 年）用微分法研究了具有分布微裂纹材料的等效弹性性能。

4. 自洽法

自洽法的思想源于 Hershey-Kroner 多晶体理论。Hershey（1954 年）和 Kroner（1958年）先后用自洽方法研究了多晶体材料的弹性性能。Hill（1965 年）证明了含球夹杂复合材料有效体积模量与剪切模量在 Hashin 与 Shtrikman 的上、下限之间。Budiansky（1965 年）根据 Eshelby（1957 年）的结果，导出了含球夹杂多相复合材料的有效体积模量、剪切模量和泊松比之间的 3 个耦合方程，将自洽法成功地推广到多相复合材料等效弹性模量的预测中来。自洽法的基本思想是：在计算夹杂内部应力场时，为了考虑其他夹杂的影响，认为这一夹杂单独处于一个等效介质中，而夹杂周围等效介质的弹性常数恰好就是含夹杂非均匀材料的等效弹性常数。所以自洽模型又称二相模型（图2.3）。在无穷远处施加均匀应力或均匀应变边界条件，求得夹杂相上的平均应力与应变，就可进一步得到含夹杂非均匀材料的等效弹性常数。对于含多相夹杂的材料，可逐一施行以上过程。Budiansky 与 O'Connell（1976 年）、Horii 与 Nemat-Nasser（1983 年）、Laws 与 Brockenbrough（1987 年）等学者利用自洽模型，分别对含分布微裂纹的损伤材料进行了分析。

图 2.3　自洽模型

尽管自洽法成功地用于研究多晶体材料的宏观性夹杂性能，但用于研究含多相夹杂非均匀材料时仍存在缺陷。Hill（1965 年）与 Budiansky（1965 年）指出：当离散相为孔等效介质穴，孔隙率达到 0.5 时，自洽法给出的等效剪切模量和体积模量为零；对于刚性夹杂嵌在不可压缩材料的情形，自洽法给出的等效体积模量为零，而等效剪切模量在夹杂体积分数大于 0.4 时趋于无穷大，这些结果显然是不正确的。此外，在极端条件下，如夹杂体积分数接近于 1 或组分相的性能相差很大时，自洽法的结果不可靠。Christensen（1982 年）认为造成这些问题的原因在于，自洽模型实际上是单相多晶体的一个几何模型，不能解释多相介质的几何模型。相比之下，三相模型（又称广义自洽模型）更适合作为两相介质的几何模型。

5. 广义自洽法

为了克服自洽模型的缺陷，Kemner（1956 年）提出了广义自洽模型，如图 2.4 所示。广义自洽模型是由夹杂、基体壳和等效介质构成的，而夹杂体积与基体壳外边界所围成的体积之比恰好为含夹杂非均质材料中夹杂的总体积分数。与自洽模型一样，图 2.4 中等效介质的弹性常数与含夹杂非均质材料基体的有效弹性常数相同。采用广义自洽模型，Kemner 给出了求解含球夹杂复合材料有效体积模量和剪切模量的表达式。Christensen 和 Lol（1979 年）将其拓展为求解圆柱形与球形夹杂问题，给出了球形颗粒和长纤维增强复合

图 2.4　广义自洽模型

材料等效剪切模量的计算结果。与自洽模型相比，广义自洽模型更合理一些，主要原因有两点：

1）由于广义自洽模型考虑了夹杂、基体壳和等效介质间的相互作用，因而使得相的"比重"处于平衡，即等效介质内不仅含有夹杂，而且夹杂周围还附有一层适当的基体。

2）广义自洽模型放宽了相之间的界面约束。

广义自洽模型对于夹杂的极端情况（孔洞与刚性夹杂）能给出正确的预测，也能在夹杂体积分数趋近于 1 时给出正确的渐近性质。其预测结果能与实验数据精确地吻合。早期的三相模型仅适用于球夹杂与圆柱形夹杂问题，Huang 和 Hu（1995 年）为考虑夹杂几何形状的影响，采用共形状比椭圆三相模型。但当夹杂形状比（椭圆短轴与长轴之比）小于 0.1 时，其级数解振荡发散，因此该模型不能研究片状夹杂（或微裂纹）问题。为解决这一问

题，Jiang 与 Cheung（1998 年）、蒋持平（2000 年）提出了共焦点椭圆三相模型，在获得该模型反平面剪切问题精确解的基础上，求得了计算单向纤维增强复合材料有效轴向剪切模量的封闭公式。

6. 损伤力学在疲劳问题中的应用

疲劳分析的核心问题可以归结为：在给定荷载与环境条件下，描述结构内各场量（如应力、应变、位移、刚度等）变化过程的问题。常规的疲劳分析所关心的主要是结构的剩余强度与剩余寿命的求解问题，而这仅是前者的一部分。疲劳失效的过程可分为疲劳裂纹形成与裂纹扩展两个阶段。对于前者，传统的方法是采用经验与数理统计相结合的分析方法。该方法通常先要对实际结构的疲劳危险部位，按无损材料进行应力、应变分析，然后将其结果经多种统计修正，进一步与已知的标准疲劳试验结果建立当量关系，从而得到所需的疲劳寿命。对于复杂荷载谱，还要依据某种经验性的累积损伤理论（如 Miner 的线性累积损伤理论及其修正模型）来进行寿命估算。事实上，由于在使用过程中，结构危险部位的应力、应变分布等随材料的不断损伤劣化而不断变化，并且其变化历程又会因荷载、结构的形状、尺寸等不同而互有差异。由此可见，即使在环境、工艺等条件不变的前提下，也很难通过有限的统计修正，在实际部位与标准试件之间建立严格且普遍成立的当量关系。对于疲劳裂纹扩展阶段的分析，目前大多采用断裂力学的方法，所描述的问题通常为一条宏观可见裂纹在交变荷载下的扩展规律，所采用的数学模型主要是由应力强度因子或守恒积分所控制的各种类型的裂纹扩展速率公式。其基本思想是，由于在裂纹扩展阶段的疲劳破坏行为高度集中于裂尖附近，该区域的应力、应变场可以认为与结构形状及远场应力无关，其幅值仅取决于应力强度因子或守恒积分。相对而言，对裂纹扩展阶段的分析，要比对裂纹形成阶段的分析成熟、合理一些。传统疲劳分析存在的主要问题，一是对试验的高度依赖性与分析费用的昂贵性；二是其处理方法中经验成分所占比重过多，寿命预测的精度往往难以令人满意；三是由于在传统分析方法中未引入损伤的概念，因而无法获得对整个疲劳过程中力学行为（如不断变化的应力、应变、刚度等）的细节描述；四是从疲劳裂纹形成到裂纹扩展是一个连续变化的过程，却被人为分割成彼此孤立的两个阶段，采用不同的方法分别进行研究和处理。

损伤力学的发展为疲劳分析提供了新的概念和方法。国内外针对损伤力学在疲劳问题中的应用，开展了大量的研究工作，已经发展成为损伤力学工程应用的一个重要分支。疲劳分析的损伤力学方法与传统方法相比，其优越性主要表现在：可有效降低疲劳分析对试验的依赖程度，节省分析费用，有效提高寿命预测的精度；可将疲劳裂纹形成与裂纹扩展两个阶段统一在损伤力学理论框架下进行分析和描述，可对整个疲劳过程中的力学行为（如应力、应变、刚度等的演化过程）进行数值模拟计算。

2.2.3　损伤力学特征

材料损伤状态的描述问题，是损伤力学的基本问题之一，也是难题之一。材料的损伤状态用损伤变量来描述。在损伤力学几十年的发展过程中，出现了许多互不相同的损伤变量的定义，有标量、矢量、2 阶张量、4 阶张量，甚至是 8 阶张量，等等。在连续损伤力学理论基础上，建立损伤模型最重要的是定义合适的损伤变量，选择适当的损伤变量来表示存在各种劣化的损伤材料的力学特征。

1. 各向同性损伤

1958 年，Kachanov 提出用连续度的概念来描述材料的逐渐劣化，从而使材料中复杂的、离散的劣化耗散过程得以用一个简单的连续变量来模拟。如图 2.5 所示，考虑一均匀受拉的直杆，认为材料劣化的主要机制是由微缺陷导致的有效承载面积的减小。设无损状态的横截面面积为 A，损伤后的有效承载面积减小至 $\tilde{A}$，则连续度 φ 的物理意义为有效承载面积 $\tilde{A}$ 与无损状态的横截面面积 A 之比，即

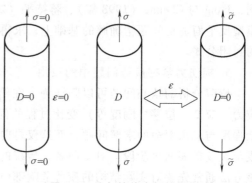

图 2.5   均匀拉伸直杆的损伤

$$\varphi = \tilde{A}/A \tag{2.4}$$

将外加荷载 P 与有效承载面积 $\tilde{A}$ 之比定义为有效应力 $\tilde{\sigma}$，即

$$\tilde{\sigma} = P/\tilde{A} = \sigma/\varphi \tag{2.5}$$

式中，$\tilde{\sigma} = P/\tilde{A}$ 为柯西应力。连续度 φ 单调减小，假设当 φ 达到某一临界值 φ_c 时，材料发生断裂，于是材料的破坏条件可表示为

$$\varphi = \varphi_c \tag{2.6}$$

Kachanov 取 $\varphi_c = 0$，但实验表明对于大多数材料，有 $0.2 \leqslant \varphi_c \leqslant 0.8$。

Kachanov 这一工作的重要性在于推动了损伤力学的建立和发展，此后众多的损伤模型都不同程度地借鉴了 Kachanov 损伤模型的思想。1963 年，Rabotnov 同样在研究金属的蠕变本构关系时建议采用连续损伤因子 D 来描述材料的损伤。D 的计算式为

$$D = 1 - \varphi \tag{2.7}$$

对于完全无损状态，$D = 0$；对于完全丧失承载能力的状态，$D = 1$。实际上，D 达到某一临界值 $D_c = 1 - \varphi_c$ 时，材料即失效，$0 \leqslant D \leqslant D_c < 1$。由式（2.4）、式（2.7）可得

$$D = (A - \tilde{A})/A = A_D/A \tag{2.8}$$

式中，A_D 为由于微缺陷导致的失效面积。于是有效应力 $\tilde{\sigma}$ 与损伤因子 D 的关系为

$$\tilde{\sigma} = \sigma/(1-D) \tag{2.9}$$

不少学者直接将上述一维状态下的损伤概念推广到三维状态下。考虑图 2.6 所示三维状态下损伤材料的代表性体积单元，n 方向上损伤度的定义为

$$D(n,X) = A_D/A = (A - \tilde{A})/A \tag{2.10}$$

式中，X 为空间坐标；D 为 n 与 X 的标量值函数。式（2.10）与式（2.8）形式上相同，但式（2.10）是定义在 n 方向上的。假设材料的损伤状态是各向同性的，则由式（2.10）所定义的损伤变量 D 成为一个标量变量，仅与空间坐标 X 有关，而与方向 n 无关。即损伤对所有方向上有效面积的缩减是相同的。在三维状态下，有效应力的定义为

$$\tilde{\sigma}_{ij} = \sigma_{ij}/(1-D) \tag{2.11}$$

式中，为 $\tilde{\sigma}_{ij}$ 有效应力张量；σ_{ij} 为 Cauchy 应力张量。

应当指出，以上基于有效承载面积的缩减而定义的损伤变量对于描述另一类重要的各向同性损伤状态——随机均匀分布的微裂纹损伤，是不太适当的，因为微裂纹引起的失效面积是模糊不清的。一些学者通过将裂纹方向密度函数展开成 Fourier 级数，严格证明了对于随

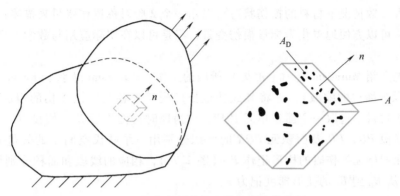

图 2.6　损伤材料的代表性细观体积单元

机均匀分布的微裂纹损伤状态，仍可用一个标量损伤变量来描述。设图 2.6 中材料所含的损伤为微裂纹，在代表性细观体积单元内所含第 i 个微裂纹的特征长度为 l_i，微裂纹总数目为 N，单元体积为 V，则裂纹密度参数 ρ 可定义为

$$\rho = \sum_{i=1}^{N} l_i^3 / V_e \tag{2.12}$$

此时，最简单的方法是将损伤变量 D 直接定义为裂纹密度参数 ρ。设导致代表性细观体积单元完全失效的微裂纹密度临界值为 ρ_c，则规范化的损伤变量 D 可定义为

$$D = \rho / \rho_c \tag{2.13}$$

$D = 0$ 表示材料完好无损，$D = 1$ 表示材料完全失效。

另一方面，损伤的宏观效应表现为材料刚度与强度的下降，承载能力的降低。从唯象学的角度，材料的损伤程度可由材料弹性模量的下降来度量。在各向同性损伤下，材料只有两个独立的弹性常数，此时唯象定义的损伤变量为两个标量变量（双标量损伤变量）。例如，双标量损伤变量可定义为

$$D = \widetilde{E} / E, \quad D_c = \widetilde{G} / G \tag{2.14}$$

式中，E、G 分别为材料无损时的弹性模量与剪切模量；$\widetilde{E}$、$\widetilde{G}$ 分别为损伤后的相应有效值。

综上所述，对于各向同性损伤状态，无论是微孔洞损伤还是微裂纹损伤，可用细观定义的单标量损伤变量来描述，亦可用唯象定义的双标量损伤变量来描述。实际上，这两类损伤变量之间具有内在联系，且存在确定的函数关系。

另外，还可根据材料的剩余寿命等来定义损伤变量。

2. 各向异性损伤

对材料各向异性损伤状态的描述，要比对各向同性损伤状态的描述复杂得多。众所周知，在材料的损伤劣化过程中，微孔洞与微裂纹等的形成、增长与汇集，明显与作用应力（或应变）的方向有关，具有一定的方向性。因此，材料的损伤往往是各向异性的。

作为描述各向异性损伤状态的早期尝试，采用的是矢量型损伤变量。然而，采用矢量型损伤变量在应用中具有很大的局限性，一是不能作为一般各向异性损伤状态的普遍描述；二是各向同性标量损伤变量不能通过矢量型损伤变量的特例来获得。因此，目前很少采用矢量型损伤变量。

众多学者提出应采用 2 阶对称损伤张量 D 来描述材料的各向异性损伤状态。其原因，

一是因为在大多数情况下材料的损伤状态可以用一个 2 阶对称损伤张量来描述；二是对于各向同性损伤，可以方便地退化为标量损伤变量；三是可以在实际应用与数学处理上带来很大的方便。

下面首先介绍 Murakami（村上澄男）所做的工作。Murakami 继承了 Kachanov 的损伤思想（即有效承载面积的缩减），并将其成功地推广到三维各向异性损伤的情况。如图 2.7b 所示，从损伤材料中选取一个面积单元 PQR，称为即时损伤构形 B_t。假设 B_t 中应力、应变是均匀的，线段 PQ、PR 及面积元 PQR 的面积分别用三维欧氏空间中的矢量 dx、dy、vdA 表示。该单元初始无损伤时的构形记作 B_0（图 2.7a），相应的线段和面积分别用 dx_0、dy_0、dA_0。表示。从 B_0 到 B_t 的变形梯度记为 F。

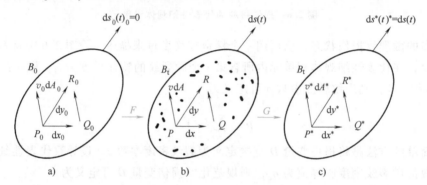

图 2.7　欧氏三维空间中材料的三种构形

a）初始无损构形　b）即时损伤构形　c）虚拟等分无损构形

由于微缺陷的空间分布，面积单元 PQR 的净承载面积将减小，因此假定存在一个虚拟的无损等价构形 B_f，线段 P^*Q^*、P^*R^* 和面积单元 $P^*Q^*R^*$ 的面积分别用 dx^*、dy^*、v^*dA^* 表示。B_f 中的面积单元 $P^*Q^*R^*$ 和 B_t 的面积单元 PQR 具有相同的净承载面积，但由于损伤的各向异性性质，矢量 vdA 和 v^*dA^* 的方向一般不重合。如果从构形 B_t 到构形 B_f 的变形梯度为 G，则有

$$dx^* = Gdx, \ dy^* = Gdy \tag{2.15}$$

根据 Nanson 定理，在构形 B_t 和 B_f 中的面元矢量 vdA 和 v^*dA^* 具有如下关系

$$v^*dA^* = \frac{1}{2}dx^* \times dy^* = \frac{1}{2}(Gdx) \times (Gdy) = K(G^{-1})^T \cdot (vdA) \tag{2.16}$$

式中，$K = \det(G)$；$(\ )^T$ 表示 2 阶张量的转置。

上述分析表明，构形 B_t 的损伤状态可以用式（2.16）中的线性变换 $K(G^{-1})^T$ 来描述。引入一个 2 阶张量 $(I-D)$ 来表示 $K(G^{-1})^T$，即

$$K(G^{-1})^T = (I-D) \tag{2.17}$$

或

$$G = K[(I-D)]^{-1} = K(I-D)^{-T} \tag{2.18}$$

于是式（2.16）可以写成

$$v^*dA^* = (I-D)(vdA) \tag{2.19}$$

式中 I 是 2 阶恒等张量，D 是一个表示构形 B_t 损伤状态的 2 阶张量，称为损伤张量，它是在

有效承载面积等价的基础上由构形 B_t 和 B_f 定义的。

下面讨论损伤张量 D 的性质。由于 $v^* dA^*$ 是与构形 B_t 中 vdA 相等价的面积矢量，因此 $v^* dA^*$ 与 vdA 的点积应为正值，即

$$(v^* dA^*)(vdA) > 0 \qquad (2.20)$$

将式（2.19）代入式（2.20）中，得

$$[(I-D)(vdA)](vdA) > 0 \qquad (2.21)$$

因此 $(I-D)$ 应是正定的 2 阶张量。进而将 $(I-D)$ 分解为对称部分 $(I-D)^s$ 与反对称部分 $(I-D)^A$，即

$$(I-D) = (I-D)^s + (I-D)^A \qquad (2.22)$$

如果只考虑反对称部分，则有

$$(v^* dA^*)(vdA) = [(I-D)^A (vdA)](vdA) = -(vdA)(I-D)^A (vdA) = 0 \qquad (2.23)$$

式（2.23）表明张量 $(I-D)^A$ 将面积矢量 vdA 变换到与之垂直的 $v^* dA^*$，而对有效承载面积的减小没有反映。因此，可将损伤张量对称化，而不会影响有效承载面积的等价性。这样，张量 D 必有 3 个正交的主方向 n_i 与 3 个对应的主值 D_i，并可表示为

$$D = \sum_{i=1}^{3} D_i n_i \otimes n_i \qquad (2.24)$$

在构形 B_t 和 B_f 中，各取张量 D 的一组主坐标系 $Ox_1x_2x_3$ 和 $O^* x_1x_2x_3$，坐标轴分别通过点 P、Q、R 和 P^*、Q^*、R^*，如图 2.8 所示。从而得到两个四面体 $OPQR$ 和 $O^* P^* Q^* R^*$，分别由面积单元 PQR、$P^* Q^* R^*$，以及与 x_1、x_2、x_3 轴相垂直的 3 个侧面组成。将式（2.24）代入式（2.19），得

$$v^* dA^* = \sum_{i=1}^{3} (1 - D_i)dA_i n_i = n_1 dA_1^* + n_2 dA_2^* + n_3 dA_3^* \qquad (2.25)$$

式中

$$dA_i^* = (1-D_i)dA_i \qquad (2.26)$$

$dA_i = v_i dA$ 和 $dA_i^* = v_i^* dA^*$ 分别表示构形 B_t 和 B_f 中四面体的 3 个侧面的面积（图 2.8）。由式（2.26）可知，2 阶对称损伤张量 D 的 3 个主值 D_i 可以解释为构形 B_t 和 B_f 中 D 的 3 个主平面上有效承载面积的减少，如图 2.9 所示。

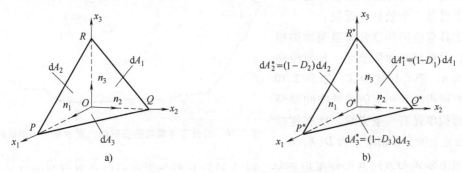

图 2.8　2 阶损伤张量 D 的几何表示

a）即时损伤构形　b）虚拟无损等分构形

综上所述，微缺陷引起的材料损伤可以用净承载面积的缩减来表征，无论微缺陷如何分

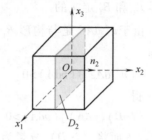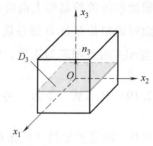

图 2.9　损伤张量 D 主平面上有效承载面积的缩减

布，损伤状态都可以用 2 阶对称损伤张量 D 来描述。

作为式（2.11）的直接推广，三维各向异性损伤下有效应力张量 $\tilde{\sigma}$ 可以定义为

$$\tilde{\sigma} = \sigma(1-D)^{-1} \tag{2.27}$$

值得注意的是，由式（2.27）定义的有效应力张量 $\tilde{\sigma}$ 一般情况下是不对称的，而且还有多种不同的有效应力张量的定义。

由不对称的张量 $\tilde{\sigma}$ 通过应变等效假设来构造损伤材料的本构关系和损伤演化方程是不适当的，为此必须将其对称化。有效应力的定义与对称化处理，具有很大的随意性，且缺乏合理的力学与物理解释。实际上，将 Kachanov 的损伤理论从一维到三维各向异性所做的推广，遇到很大的理论困难，至今仍未得到很好的解决。实际上，无须借助有争议的有效应力概念和应变等效假设，直接从不可逆热力学基本定律出发，可获得多种损伤材料本构关系与损伤演化方程的一般理论描述，从而克服了损伤力学发展过程中遇到的这一难题。

与各向同性损伤的情况相类似，基于有效承载面积的缩减而定义的 2 阶对称损伤张量，适用于描述微孔洞损伤，对于描述微裂纹损伤是不太适当的。一些学者将微裂纹方向密度函数展开成具有无穷多偶数阶不可约张量系数的绝对收敛的傅里叶级数，这些无穷多不可约张量系数构成一个完备的损伤张量族。Fourier 级数的收敛性使其能够在满足一定精度要求的条件下，只采用其中占主导的少数几个不可约张量系数来近似表示微裂纹的空间分布。当只取 Fourier 级数的前两项时，就得到 2 阶对称损伤张量，这在一般情况下已是一个较好的近似。

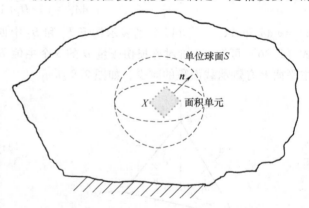

考虑具有空间任意分布微裂纹的损伤材料，截取任意面积单元，其单位法向矢量为 n，形心位置为 X，如图 2.10 所示。与面积单元相交的二维空间微裂纹与该面积单元有一条交线，所有这些交线在面元上的分布密度记为 $D(X, n)$，

图 2.10　含分布微裂纹损伤材料、面积单元和单位球面 S

它是空间坐标 X 与方向 n 的标量值函数。过 X 点所有面元单位法向矢量的终点构成单位球面 S。很显然 $D(X, n)$ 是关于方向 n 的偶函数，即 $D(X,-n) = D(X,n)$。于是，$D(X, n)$ 的 Fourier 级数展开式为

$$D(X,n) = D_0(X) + f_{ij}(n)D_{ij}(X) + f_{ijkl}(n)D_{ijkl}(X) + \cdots \tag{2.28}$$

式中下标服从求和约定，且有

$$
\begin{cases}
f_{ij}(n) = n_i n_j - \dfrac{1}{3}\delta_{ij} \\[2mm]
f_{ijkl}(n) = n_i n_j n_k n_l - \dfrac{1}{7}(\delta_{ij}n_k n_l + \delta_{ik}n_j n_l + \delta_{il}n_j n_k + \delta_{jk}n_i n_l + \delta_{jl}n_i n_k + \delta_{kl}n_i n_j) \\[2mm]
\qquad\qquad + \dfrac{1}{35}(\delta_{ij}\delta_{kl} + \delta_{ik}\delta_{jl} + \delta_{il}\delta_{jk}) \\[2mm]
\vdots
\end{cases}
\tag{2.29}
$$

$$
\begin{cases}
D_0(X) = \dfrac{1}{4\pi}\displaystyle\int_S D(X,n)\,\mathrm{d}S \\[3mm]
D_{ij}(X) = \dfrac{1}{4\pi}\times\dfrac{3\times5}{2}\displaystyle\int_S D(X,n)f_{ij}(n)\,\mathrm{d}S \\[3mm]
D_{ijkl}(X) = \dfrac{1}{4\pi}\times\dfrac{3\times5\times7\times9}{2\times3\times4}\displaystyle\int_S D(X,n)f_{ijkl}(n)\,\mathrm{d}S \\[3mm]
\vdots
\end{cases}
\tag{2.30}
$$

式中，δ_{ij} 为克罗内克（Kronecker）张量。

由式（2.28）可知，当微裂纹是完全随机均匀分布时（各向同性损伤），$D(X, \boldsymbol{n})$ 将与方向 $\boldsymbol{n}$ 无关，此时系数 $D_{ij}(X)$，$D_{ijkl}(X)$，$\cdots$全为零，$D(X, \boldsymbol{n}) = D_0(X)$，各向同性损伤下损伤变量为一个标量变量。而式（2.28）中的张量系数 $D_{ij}(X)$，$D_{ijkl}(X)$，$\cdots$是描述微裂纹各向异性分布的量。当只取 Fourier 级数的前两项时，有

$$
D(X,\boldsymbol{n}) = D_0(X) + f_{ij}(n)D_{ij}(X) \tag{2.31}
$$

由于不可约张量 D_{ij} 的对称性与无迹性，即 $D_{ij} = D_{ji}$，$D_{ij} = 0$，上式表明对于各向异性损伤状态的描述至少需要用 6 个标量变量（即 2 阶对称损伤张量）来描述。如果要提高描述的精度，就必须采用更高阶的损伤张量。而更高阶的损伤张量在实际工程应用和数学处理上很不方便，且一般情况下 2 阶张量已是较好的近似。所以，在实际应用中一般均采用 2 阶对称损伤张量来描述材料的各向异性损伤状态。

以上是根据材料损伤的细观几何来定义损伤，另一种方法是从唯象学角度来描述材料的损伤。此时，材料损伤后的有效弹性张量 $\widetilde{c}$ 可用来定义损伤张量。唯象的 4 阶损伤张量 D^* 的定义是

$$
D^* = I - \widetilde{c} : c \tag{2.32}
$$

式中，I 为 4 阶恒等张量；c 为材料无损时的弹性张量；":"表示张量的双点积（缩并）。式（2.32）表明唯象定义的 4 阶损伤张量的物理意义是描述材料的宏观损伤效应（即损伤对材料刚度的影响），并非描述损伤的细观几何分布。在各向同性损伤下，式（2.32）退化为式（2.14），即 D^* 中只有两个独立分量（各向同性双标量损伤变量）。一般情况下，由式（2.32）所定义的 4 阶损伤张量 D^* 是不对称的，共有 36 个独立分量。与 D^* 相对应的有效应力张量 $\widetilde{\sigma}$ 的定义为

$$
\widetilde{\sigma} = (I - D)^{-1} : \sigma \tag{2.33}
$$

由式（2.33）定义的有效应力张量 $\widetilde{\sigma}$ 同样也是不对称的。

综上所述，对于各向异性损伤，基于损伤细观几何定义的损伤变量为 2 阶对称损伤张

量；基于损伤材料的有效弹性张量唯象定义的损伤变量为4阶不对称损伤张量。而这两类损伤变量之间应该是有内在联系的。

另外，学者们还提出了描述各向异性损伤耦合本构关系及损伤演化方程的结构力学模型。对于初始各向同性材料而言，只需一组疲劳实验，就可以决定损伤演化方程中的材料参数。应用这种模型，可以使疲劳寿命预测的精度得到很大的改进。

2.3 材料服役的环境因素

2.3.1 温度对材料服役行为的影响

1. 高温对材料服役行为的影响

在航空航天、能源和化工等工业领域，许多器件是在高温下长期服役的，如发动机、锅炉、炼油设备等。它们对材料的高温力学性能提出了很高的要求，正确地评价材料、合理地使用材料、研究新的耐高温材料，成为上述工业发展和材料科学研究的主要任务之一。

温度对材料的力学性能影响很大，而且材料的力学性能随温度的变化规律各不相同。如随着温度的升高，金属材料的强度极限逐渐降低，断裂方式由穿晶断裂逐渐向沿晶断裂过渡。时间是影响材料高温力学性能的另一重要因素，在常温下，时间对材料的力学性能几乎没有影响，而在高温时力学性能就表现出了时间效应。所谓温度的高低，是相对于材料的熔点而言的，一般用"约比温度（T/T_m）"来描述，其中，T为试验温度，T_m为材料熔点，都采用热力学温度表示。当$T/T_m > 0.4 \sim 0.5$时为高温，反之则为低温。

材料在高温下力学行为的一个重要特点就是产生蠕变。所谓蠕变就是材料在长时间的恒温、恒载荷作用下缓慢地产生塑性变形的现象，由于这种变形而最后导致材料的断裂称为蠕变断裂。严格地讲，蠕变可以发生在任何温度，在低温时，蠕变效应不明显，可以不予考虑；当约比温度大于0.3时蠕变效应比较显著，此时必须考虑蠕变的影响，如碳钢超过300℃、合金钢超过400℃，就必须考虑蠕变效应。蠕变过程可以用蠕变曲线来描述。对于金属材料和陶瓷材料，典型的蠕变曲线如图2.11所示。Oa线段是施加载荷后，试样产生的初载荷应变ε_0，不属于蠕变。

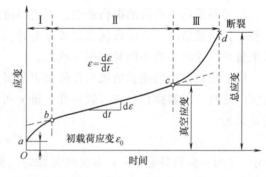

图2.11 金属、陶瓷的蠕变曲线

曲线上任一点的斜率，表示该点的蠕变速率（$\varepsilon = d\varepsilon/dt$）。按照蠕变速率的变化，可将蠕变过程分为3个阶段。

第Ⅰ阶段：ab段，称为减速蠕变阶段（又称为过渡蠕变阶段）。

第Ⅱ阶段：bc段，称为恒速蠕变阶段（又称为稳态蠕变阶段）。

第Ⅲ阶段：cd段，称为加速蠕变阶段（又称为失稳蠕变阶段）。

蠕变曲线随应力的大小和温度的高低而变化，如图2.12所示。在恒温下改变应力，或在恒定应力下改变温度，蠕变曲线都将发生变化。当减小应力或降低温度时，蠕变第Ⅱ阶段延长，甚至不出现第Ⅲ阶段。当增加应力或提高温度时，蠕变第Ⅱ阶段缩短，甚至消失，试样经过减速蠕变后很快进入第Ⅲ阶段而断裂。

高分子材料由于其黏弹性决定了与金属材料、陶瓷材料不同的蠕变特性，蠕变曲线也可分为3个阶段，如图2.13所示。

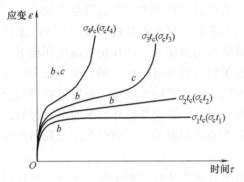

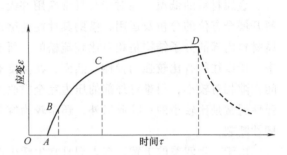

图2.12　金属、陶瓷的蠕变曲线随应力大小和温度高低的变化（$\sigma_4 > \sigma_3 > \sigma_2 > \sigma_1$，$t_4 > t_3 > t_2 > t_1$）

图2.13　高分子材料的蠕变曲线

第Ⅰ阶段：AB段，为可逆形变阶段，是普通的弹性变形，即应力和应变成正比。

第Ⅱ阶段：BC段，为推迟的弹性变形阶段，也称高弹性变形发展阶段。

第Ⅲ阶段：CD段，为不可逆变形阶段，是以较小的恒定应变速率产生变形，到后期会产生缩颈，发生蠕变断裂。

弹性变形引起的蠕变，当载荷去除后，可以发生回复，称为蠕变回复，这是高分子材料的蠕变与其他材料的不同之一。材料不同或试验条件不同时，蠕变曲线的3个阶段的相对比例会发生变化，但总的特征是相似的。

2. 超低温对材料服役行为的影响

超低温材料在深空探测、应用超导和气体工业领域有诸多应用。随着聚变反应堆领域和空间技术的进步，针对高性能低温材料的需求越来越迫切。相关试验表明，如果温度降低，金属材料就会变得更加脆。正常温度环境下，金属材料的脆性破坏与其冷脆断裂大致是相同的。在断裂以前，没有较为显著的塑性形变，断口呈平整状，突然发生，裂纹源自于组织缺陷或者应力集中处，同时迅速向周围延伸。部件的冷脆破坏有着非常大的危害，难以进行预测及调控，如果出现，该结构立即就会发生崩溃。低温环境下，并不是全部的金属都会出现冷脆情况，金属材料的冷脆性与其晶格种类密切相关。

经由低温环境下的拉伸试验可知，在温度降低时，金属材料的脆性就会发生明显的变化，此即低温环境下金属材料的冷脆性。与常温脆性损坏相同，金属材料冷脆断裂的机理与形式基本相似，在断裂出现以前均不会发生较为显著的形变，因此很难被发现，断裂是在瞬间出现的，裂口呈齐整状。之所以会发生冷脆断裂，主要是由于金属材料组织内发生了质量问题，通常均是从应力相对集中处出现断裂，同时会快速向周围扩展，直到完全断裂。但是并非全部的金属材料在低温环境下均具备冷脆性，其主要取决于物质的晶格种类与内部分子架构。

按照低温条件下金属材料特性的差异，能够将金属材料划分成冷脆性材料与非冷脆性材料两种类型。冷脆性金属材料的分子结构基本上都呈现为方晶格形态，如果温度降低，强度就会有相应幅度的提高，然而其塑性和韧性就会有不同程度的下降，从而反映出冷脆性。结构件当中的铁素体、马氏体以及珠光体等对于温度变化是十分敏感的，在低温环境下极易由此而出现断裂。但是，面心立方晶格则有着完全不同的结构和性能，并不会轻易受到低温造成的影响，因此属非冷脆材料范畴。例如，由铝制成的合金薄板，尽管是在 −120℃ 的环境下使用也不会形成冷脆性，其强度指标有所提高，塑性和韧性基本上不会发生变化。

金属材料的低温特性对于其日常应用并无较大的影响，仅需对低温服役环境下的金属材料开展全方位的分析及运用，借助其性能能够形成全新的金属材料。在正常温度环境下，金属材料内部的分子结构是相对比较疏松的，所有分子间的间隔可以将外部的压力完全吸收进来，所以往往有比较强的弹性。然而，在温度有不同程度降低的环境下，金属材料间的分子间空隙相对较小，很难将外部的压力完全吸收进来。因此，处于低温环境下的金属材料，其弹性通常是比较小的；除此以外，还是较为容易发生断裂现象的，正如以上所提到的脆性和韧性断裂。

由于一年四季的更替，在人们日常生活生产及建筑项目建设过程中所使用的金属材料应当具备可以抵御低温影响的性能。因此，低温材料的应用是未来金属材料发展的主要方向。如同桥梁类对于安全系数有着严格要求的建筑物，所选择的金属材料不仅可以在正常温度环境下充分发挥其性能，而且可以在低温环境下正常使用，避免出现安全问题。

在低温环境下，金属材料性能通常会出现较大的改变，此类改变会严重影响金属材料的正常应用。根据以上分析可知：低温对于金属材料性能造成的影响主要表现在脆度和韧性两个方面。所以，需要根据金属材料的脆性断裂特点，对其采用相对应的加工工艺，从而确保金属材料有正常的使用寿命。

2.3.2 腐蚀对材料服役行为的影响

环境介质作用下的失效是相当广泛的概念。应当说，一切机电产品都处于一定的环境中，一切机电产品的失效也都与环境有关，只不过有时环境的影响不是主要因素。"环境"是指机电产品工作现场的气氛、介质和温度等外界条件。金属构件或整个机械产品的环境失效主要模式是常说的腐蚀，当然包括"环境"与应力共同作用下的破坏，如应力腐蚀、氢脆、腐蚀疲劳及液态金属致脆等。腐蚀破坏是机电装备失效的三大模式之一。

金属的腐蚀失效形式主要有点蚀、大气腐蚀、接触腐蚀、缝隙腐蚀、应力腐蚀与氢脆、液态金属致脆等。金属零件的腐蚀损伤是指金属材料与周围介质发生化学及电化学作用而遭受的变质和破坏。因此，金属零件的腐蚀损伤多数情况下是一个化学过程，是金属原子从金属状态转化为化合物的非金属状态造成的，是一个界面的反应过程。由于一切机械产品或多或少均与"环境"相作用，因而金属材料或构件的腐蚀问题遍及国民经济和国防建设的各个部门，也与人们的日常生活息息相关。据不完全统计，每年由于腐蚀而报废的金属构件和材料，约相当于金属年产量的 20%~40%，而由腐蚀造成的经济损失，约占年国民经济总产值的 4%。因此研究腐蚀发生的原因和条件，寻找腐蚀损伤的特征及其规律，找出防止的对策，对于国民经济的可持续发展，以及提高国防设备的质量与可靠性，均具有十分重要的意义。

按照腐蚀发生的机理，腐蚀基本上可分为两大类：化学腐蚀和电化学腐蚀。两者的差别仅在于前者是金属表面与介质只发生化学反应，在腐蚀过程中没有电流产生，而后者在腐蚀进行的过程中有电流产生。

（1）化学腐蚀 由于化学腐蚀与电化学腐蚀的区别仅在于化学腐蚀过程中没有电流产生，因而金属与不导电的介质发生的反应属于化学腐蚀。相对于电化学腐蚀而言，发生纯化学腐蚀的情况较少，它可分为两类：

1）气体腐蚀，是金属在干燥气体中（表面上没有湿气冷凝）发生的腐蚀。气体腐蚀一般情况下为金属在高温时的氧化或腐蚀。发动机涡轮叶片常发生这一类损伤。

2）在非电解质溶液中的腐蚀，一般指金属在不导电的溶液中发生的腐蚀，如金属在有机液体（如乙醇和石油等）中的腐蚀。

（2）电化学腐蚀 电化学腐蚀的特点是在腐蚀的过程中有电流产生。按照所接触的环境不同，电化学腐蚀可分为：

1）大气腐蚀，是指金属的腐蚀在潮湿的气体中进行，如水蒸气、二氧化碳、氧等气相与金属均会形成化合物。

2）土壤腐蚀，埋设在地下的金属结构件发生的腐蚀。如金属结构件在天然水中和酸、碱、盐等的水溶液中所发生的腐蚀属于这一类。实际上，金属在熔融盐中的腐蚀也可视为这一类。

3）接触腐蚀（电偶腐蚀）。

4）在电解质溶液中的腐蚀。两种电极电位不同的金属互相接触时发生的腐蚀。两种金属电极电位不同，组成一电偶，因此也称为电偶腐蚀。

5）缝隙腐蚀，在两个零件或构件的连接缝隙处产生的腐蚀。

6）应力腐蚀和腐蚀疲劳，在应力（外加应力或内应力）和腐蚀介质共同作用下的腐蚀称为应力腐蚀，当应力为交变应力时，一般发生腐蚀疲劳。

除上述几种环境外，生物腐蚀、杂散电流的腐蚀、摩擦腐蚀、液态金属中的腐蚀都属于化学腐蚀。对航空航天结构件而言，发生电化学腐蚀的情况远多于发生化学腐蚀的情况。而在电化学腐蚀中，最常见的腐蚀形式当属大气腐蚀、接触腐蚀、缝隙腐蚀、应力腐蚀和腐蚀疲劳。

按照破坏的方式，腐蚀可分为三类：均匀腐蚀（全面腐蚀）、局部腐蚀及腐蚀断裂。其中，均匀腐蚀作用在整个金属表面上，腐蚀速率大体相同；局部腐蚀是其腐蚀作用仅限于一定的区域内，它包括斑点腐蚀、脓疮腐蚀（金属被腐蚀破坏的情形类似于人身上的脓疮，被破坏的部分较深、面积较大）、点蚀（孔蚀）、晶间腐蚀、穿晶腐蚀、选择腐蚀、剥蚀；而腐蚀断裂则是在应力（外加应力或内应力）和腐蚀介质共同作用下导致零件或构件的最终断裂。

2.3.3 辐照对材料服役行为的影响

1. 辐照损伤简介

辐照损伤的概念：严格来讲，辐照损伤是由于中子、带电粒子或电磁波等和固体材料的点阵原子发生一系列碰撞，引起材料内部出现大量原子尺度的缺陷的过程，这个过程在很短的时间内就会发生。这些缺陷经过长时间的迁移、聚集和复合等形成缺陷团簇、空洞等，引起材料微观组织变化，使材料的宏观力学、热学等性能退化，如肿胀、脆化等，这就是辐照效应。辐照损伤和辐照效应都可以从材料学的角度进行理解，且这两个过程密切联系、难以分割，故通常说的辐照损伤也包括辐照效应。

晶体中的缺陷有点缺陷、线缺陷、面缺陷等。而辐照损伤造成的缺陷只有点缺陷，包括空位（晶格中原子被移除形成的空缺）和填隙原子（正常排序的点阵中插入的多余原子）。粒子辐照在晶体材料上时，与晶体中的原子发生碰撞，把能量传递给原子。如果原子得到的能量足够大（数十电子伏以上），就会从正常的晶格位置被弹击出来而成为填隙原子，原来的晶格位置就会出现一个空位，在这一过程中生成的填隙原子和空位总是成对出现，称为弗仑克尔（Frenkel）缺陷对，这是对辐照缺陷形成的最简单的描述，实际情况却相当复杂。被高能射线辐射出晶格位置的原子如果带有很高的能量，又会作为入射粒子去碰撞其他原子，从而使缺陷扩散引起二次缺陷：空位聚集形成位错环、层错四面体、空洞等；填隙原子聚集形成位错环。这些缺陷还会和材料中原有缺陷，如晶界、析出物等继续相互作用而出现一系列变化，最终对材料的宏观性能造成影响。

2. 辐照效应

按照辐照对材料作用时间的长短，辐照效应可分为三种：①过渡效应，指高能粒子在材料中产生的离子化和电子激发等现象，对金属材料，一般会转化成热量释放；②可逆效应，材料受到辐照损伤产生某些缺陷，可以通过退火使材料在高温时效中发生回复来消除，故称可逆效应；③永久效应，辐照粒子能量超过 MeV 量级，可使材料的原子核发生核嬗变，形成新的原子核，使材料的合金成分发生变化，不可能通过热处理等方法消除，故称为永久效应。辐照效应包括辐照析出、辐照肿胀、辐照蠕变、辐照硬化、辐照脆化、辐照疲劳、核嬗变反应等。

（1）辐照析出 "辐照析出"（Irradiation Precipitation）通常指的是材料科学领域中的一个过程，当材料受到粒子（如中子、电子、离子等）辐照时，会在材料内部产生缺陷。这些缺陷可以是空位、间隙原子或其他类型的点缺陷，并且它们可能会聚集形成更大的结构，比如位错环、微粒沉淀等。

（2）辐照肿胀 辐照时，空位达到一定浓度之后，就会聚集在一起，形成三维晶体缺陷空洞，空洞尺寸通常为 2nm 到几十纳米。随着空洞的出现，宏观上材料密度降低，体积膨胀，造成材料断裂韧性下降。

（3）辐照蠕变 蠕变指在应力作用下材料滑移发生塑性变形的现象。在辐照作用下，材料的蠕变会更容易发生。辐照蠕变分两类：

1）辐照增强蠕变。通常，高温无辐照时材料的蠕变被第二相粒子阻碍时，位错通常会以攀移运动绕过去，这部分攀移运动主要依靠热平衡浓度的空位来完成。而辐照产生的点缺陷会促进攀移运动过程发生，从而形成辐照增强蠕变。

2）辐照诱发蠕变。因为辐照产生的点缺陷和空位数量增加，那些柏氏矢量与应力平行的位错更容易吸收填隙原子，出现了所谓"应力诱发优先吸收"现象，不同方向的位错吸收的填隙原子数量不同，造成了材料变形的各向异性，因此出现了辐照蠕变量。

（4）辐照硬化 辐照下，点缺陷与空位的存在将影响晶体中位错的运动，使金属材料发生硬化。如图 2.14 所示，材料的屈服强度（A 点纵坐标）上升，加工硬化量（应力 B-A

的值）减少，并使韧性（C 点横坐标）减少。

（5）辐照脆化　金属材料的断裂形式与温度有密切关系，低温时一般是脆性断裂，高温时则是韧性断裂。除了 FCC，其他金属在某一特定温度附近会发生由韧性断裂向脆性断裂的突然变化，该温度被称为材料的韧脆转变温度。韧脆转变温度在工程上意义重大，如果材料的服役温度低于韧脆转变温度，则很可有能在没有先兆的情况下瞬间发生断裂，造成灾难性事故。铁素体钢材经过中子辐照后，它的韧脆转变温度将向高温方向移动，表明材料经过辐照后出现了高温脆化，称为辐照脆性。研究表明，通常是 Cu 等杂质原子受到

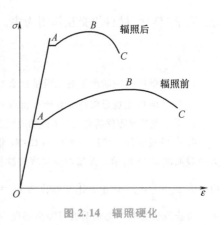

图 2.14　辐照硬化

辐照后从晶体结构中析出长大造成的。因此可以通过减少 Cu 等杂质原子含量和寻找抑制 Cu 析出来减轻材料的辐照脆化影响。

（6）辐照疲劳　金属材料受到周期性应力作用时，材料中会产生微裂纹。这些裂纹逐渐扩展，最终导致材料断裂，这就是疲劳。辐照疲劳主要是辐照对疲劳过程的影响，现有的试验结果表明辐照后材料的疲劳寿命明显降低，其原因可能与辐照引起的材料脆化有关。

（7）核嬗变反应　核嬗变是一种化学元素转化成另外一种元素，或一种化学元素的某种同位素转化为另一种同位素的过程。能够引发核嬗变的核反应包括一个或多个粒子（如质子、中子及原子核）与原子核发生碰撞后引发的反应，也包括原子核的自发衰变。

2.3.4　多环境因素对材料服役行为的影响

对材料的工作环境进行了概括性介绍，见表 2.1。但是，这些环境因素并不是独立存在的，工程结构的实际工作环境往往是这些环境的共存或叠加，称之为复杂服役环境。

表 2.1　材料的工作环境概括

能量条件			物质条件	
热能	机械能	其他能量	浓度	时间
物理量	力学	物理	化学	物理
1. 温度高低 2. 温度分布 3. 温度梯度 4. 温度波动	1. 载荷类型 2. 加载速度 3. 加载量大小 4. 载荷形式 5. 载荷分布	1. 电场、磁场 2. 电磁波 3. 电子束、激光辐照 4. 高能粒子作用	1. 固体介质 2. 液体介质 3. 气体介质	1. 短期 2. 长期 3. 脉动 4. 周期

复杂服役环境是各种单纯环境的复合和叠加，复杂服役环境使材料的环境行为异常复杂。如材料及结构在腐蚀性介质中的电化学和化学腐蚀，在大气、海洋及土壤介质中的腐蚀，在使用过程中的高温氧化、脆化、蠕变、腐蚀疲劳、腐蚀磨损等都属于非单纯环境下的材料行为。石油、化工、能源、电力行业材料和结构工作环境都是如此。

动力机械与设备一般都是在高温、高压、高速和腐蚀介质环境条件下工作的，工作环境异常恶劣。环境因素与材料交互作用呈现非线性耦合关系，这种交互作用环境行为具有非线性、开放性的特征，必须使用现代基础科学的新成就加以研究与描述，其环境行为大多以力

学/化学/热学/材料的交互作用为主。

思 考 题

1. 金属低应力脆断产生的原因是什么？断裂韧度 K_{IC} 有何实用意义？

2. 脆性断口微观形貌特征有什么特点？

3. 什么是机械零件的失效？失效的表现形式有哪些？简述在设备使用过程中，金属零件断裂的定义及分类。

4. 一厚板零件，使用 0.45C-Ni-Cr-Mo 钢制造。其断裂韧性-工作应力曲线如图 2.15 所示。无损检测发现裂纹长度在 4mm 以上，设计工作应力为 $\sigma_d = \frac{1}{2}\sigma_b$。讨论：①工作应力 $\sigma_d = 750MPa$ 时，检测手段能否保证防止发生脆断？②企图通过提高强度以减轻零件重量，若 σ_b 提高到 1900MPa 是否合适？③如果 σ_b 提高到 1900MPa，则零件的允许工作应力是多少？

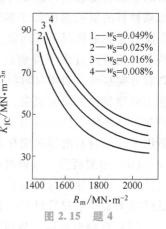

图 2.15　题 4

曲线标注：
1—w_S=0.049%
2—w_S=0.025%
3—w_S=0.016%
4—w_S=0.008%

纵轴：K_{IC}/MN·m^{-3n}
横轴：R_m/MN·m^{-2}

5. 描述延性和脆性断裂过程中发生的微观过程，这些断口的形貌差别是什么？

6. 概述强度设计和断裂设计的区别，并谈谈如何防止脆性断裂。

7. 哪些参数可以用来表征材料的韧性？

8. 材料服役过程中的表面失效有哪些形式？

9. 名词解释：腐蚀失效、磨损失效、疲劳失效、断裂失效。

10. 试述应力腐蚀开裂撕口的宏观、微观特征。

11. 疲劳断口的宏观形貌有什么特点？

12. 疲劳失效的内在机制和疲劳断口的特征是什么？

13. 金属零件的腐蚀形式有哪几种？如何防止和减轻机械设备中零件的腐蚀？

14. 影响黏着磨损和微动磨损的因素各有哪些？

15. 试述低应力脆断的机理及防止措施。

16. 概述一下失效分析的基本特点。

17. 失效分析的作用和意义有哪些？

18. 简述损伤模型的基本概念。

19. 举例说明损伤变量、实际应力和应变等价原理等概念。

20. 简述采用损伤理论分析问题的步骤。

21. 请简述能量损伤和几何损伤理论及其应用。

22. 求出平面应变状态下裂纹尖端塑性区边界曲线方程，并解释为什么裂纹尖端塑性区尺寸在平面应变状态比平面应力状态小？

23. 蠕变和疲劳交互作用有什么特征？

24. 根据失效的诱发因素，失效可分为力学因素、环境因素及时间因素等三种类型的失效，请详细说明其特点。

25. 试描述蠕变的复杂服役环境及其影响。

26. 试描述应力腐蚀开裂的复杂环境行为。

27. 为什么说高温氧化也是电化学腐蚀过程？

28. 试描述材料的耐蚀性能指标及其评定方法。

29. 试描述磨损环境行为及磨损的三个阶段。

第 3 章
材料服役行为的数值模拟

3.1 材料服役行为的计算模型

近年来，随着计算机、大数据和人工智能技术的发展，以损伤力学模型、数据驱动模型、多尺度计算模型等手段为代表的材料服役行为的计算研究方法初步形成，材料服役行为的研究已逐步从经验科学走向理论科学。材料计算通过建立物理模型引导材料成分及结构设计，依靠多尺度模拟计算预测材料设计对其性能和可靠性的影响，优化工艺模型以获得微观结构等制造工艺参数，最后通过数据分析处理实现材料的并行设计和快速开发。随着计算机技术的发展和计算能力的提升，这些模型在材料科学和工程领域的应用越来越广泛。

3.1.1 基于唯象学理论的模型

唯象学理论是一种在解释物理现象时，不深入其内在原因，而是通过概括试验事实得到物理规律的理论，在材料服役行为的研究中，唯象学理论可以用于描述材料在使用状态下的表现，包括其疲劳、老化、腐蚀等服役行为。

唯象学理论只有转换成数学模型才能有实用价值。基于唯象学理论的模型首先需要对所研究的对象进行试验观察，通过定义或选择恰当的自变量和因变量，建立运动方程、状态方程和演化方程，基于这些选好的变量和所建立的一系列方程，把这些方程变为差分方程的形式，并确定出求解问题的物理参量、初始条件和边界条件，从而使模型变成严格的数学表述形式。在材料科学中对基于唯象学理论的模型进行公式化的基本步骤如下：

1）定义自变量，例如时间和空间。

2）定义因变量，亦即强度和广延因变量或隐含和显含因变量，如温度、位错密度、位移及浓度等。

3）建立运动学方程，亦即在不考虑实际作用力时，确定描述质点坐标变化的函数关系。例如，在一定约束条件下，建立根据位移梯度计算应变和转动的方程。

4）确立状态方程，亦即从因变量的取值出发，确定描述材料实际状态且与路径无关的函数。

5）演化方程，亦即根据因变量值的变化，给出描述微结构演化的且与路径有关的函数关系。

6）相关物理参数的确定。

7）边界条件和初值条件。

8）确定用于求解由步骤1）～7）建立的联立方程组的数值算法或解析方法。

基于唯象学理论的计算模型为材料服役行为的研究提供了一种有效的方法，通过构建合适的计算模型，可以深入理解材料的服役行为，为材料的优化设计和长期使用提供理论依据和技术支持。表3.1给出了计算材料学中基于唯象学理论构造的状态方程的典型例子。

表 3.1　计算材料学中基于唯象学理论构造的状态方程的典型例子

状态参数	状态变量	状态方程
屈服应力	均匀位错密度，Taylor 因子	Kocks Mecking 模型中的 Taylor 方程
应力	应变或位移	胡克定律
屈服应力	在元胞壁和元胞内的位错密度	高级双参数和三参数塑性统计模型
互作用原子势	互作用原子间距	球对称互作用原子对势函数
互作用原子势	原子间距和角位置	紧束缚势
亥姆霍兹自由能	原子或玻色子浓度	Ginzburg-Landau 模型中的 Landau 型式亥姆霍兹自由能

唯象学理论关注宏观行为，在试验的基础上，利用其提出的基本假设和规律，构建用于描述材料服役行为的计算模型。例如，宏观唯象循环本构模型就是在宏观试验的基础上提出的，通过加入一些变量来预测材料复杂的变形行为。将合理的循环本构模型与有限元法相结合，可以获取结构部件在循环加载和稳态服役过程中的变形行为及其演化过程，为完整性评价提供输入和前处理条件，可以预测和优化材料的服役性能，减少因材料服役问题造成的经济损失。

3.1.2　多尺度计算模型

随着科技的飞速发展，材料科学领域的研究已经深入到微观、介观和宏观各个尺度。材料在服役过程中，性能受到多种因素的影响，如微观结构、介观相变和宏观应力等。因此，对材料服役行为的研究需要采用多尺度计算模型，更全面、准确地理解和预测材料的性能变化。

多尺度计算是一种将不同物理尺度下的计算模型进行有效衔接和整合的方法，通过精确测量和计算目标物体或过程在不同尺度下的特征参数及相互作用获得不同参数之间的联系和相互影响，从而更全面地理解现象的本质和特性。

在材料科学中，尺度通常可以分为纳观、微观、介观，以及宏观尺度。宏观尺度关注材料的整体性能，如强度、韧性等；介观尺度则关注材料的细观结构，如晶界、相界等；而微观尺度则深入到材料的原子、分子层面，研究其电子结构、化学键等。通过多尺度计算，可以从原子、分子层面到宏观尺度全面研究材料的缺陷和失效机理。例如，利用原子尺度计算模拟材料的微观结构和缺陷形成过程，结合微观尺度计算揭示缺陷在材料中的分布和演化规律，最终通过宏观尺度计算预测材料的整体性能和失效行为。在不同尺度下模拟材料的结构和性能，找到影响材料性能的关键因素，调整这些因素来优化材料的性能，用于优化或预测材料的性能。同时，还可以利用多尺度计算预测材料的服役寿命和可靠性，为材料的实际应用提供指导。

1. 微观尺度的计算模型

微观尺度对应于小于晶粒尺寸的晶格缺陷系综的尺度范畴，或对应于包括显微组织在内的尺度范畴及对应于材料具有明显量子效应的尺度范畴等。微观尺度注重对于材料化学性质的研究，常用的计算模型包括量子力学方法蒙特卡罗方法、分子动力学等。

（1）量子力学方法 量子力学方法（Quantum Mechanics Methods）是在量子力学的基础上，通过波函数研究微观粒子的运动状态。量子力学是现代物理学的基石，揭示了原子及更小尺度物质粒子的行为，探究微观世界的各种神奇现象，为进一步研究微观世界提供了理论及方法。材料领域离不开量子力学，量子力学的框架是当今世界物理的基础，无论是设计新材料还是解析或应用材料，都离不开材料的物理性能，进而离不开量子力学。

量子力学的基础原理包括有波粒二象性、量子叠加态、不确定性原理等，为研究材料的各项性能提供了重要的理论依据。薛定谔方程作为量子力学的核心方程之一，描述了一个量子系统随着时间的演化过程，海森堡表示法与薛定谔表示法不同，是量子力学中的另一种表示方法，关注算符随时间的变化。量子力学方法如密度泛函理论（DFT）、量子蒙特卡罗方法（QMC）、量子分子动力学模拟（ab initio MD）等，在计算材料中发挥着重要作用。通过对构成材料的离子、原子、凝聚态物质进行研究，模拟材料的电子结构和传输性能等，能够提供材料在原子和电子尺度下的详细信息。

（2）蒙特卡罗方法 蒙特卡罗方法（Monte Carlo，MC）也被称为随机模拟，是以概率论中的中心极限定理为基础理论，采用大量无相关关系的随机数进行计算机实验，其发展与计算机技术的进步有着密不可分的联系。蒙特卡罗方法主要运用直接方法和间接方法建立模拟模型，分别被用来模拟能够分解成独立过程的随机事件及对多维定积分进行数值求解。具体来说，可以通过以下步骤建立蒙特卡罗模型：首先，将所要研究的具体问题归纳演绎为相应的概率或统计模型；接着，通过大量实验对所获得的模型进行理论求解，在求解过程中要确保所选择的数据具有随机性；最后对获得的试验结果进行归纳分析，获得相应结论。普遍认为蒙特卡罗方法的诞生是以 Metropolis 和 Ulam 在 1949 年的发表论文为标志。图 3.1 所示为通过使用蒙特卡罗方法对碳纳米材料由纳米金刚石结构转变为类富勒烯结构的过程进行模拟，以及相对应的能量变化。

蒙特卡罗模拟按照抽样技术可分为以下几种：空间晶格模型、自旋模型、在能量算符中含有各种相关参数的能量算符方法等。其优势在于若有方差存在，收敛速度不会被问题的维数影响，只影响方差。同时，蒙特卡罗方法不会因问题几何形状的复杂性而发生较大改变，不要求一定对问题进行离散化处理，通常情况下可进行连续处理。而且其程序结构简单，相对于其他数值方法而言在计算机中所占用的存储单元更小，在处理高维问题时与其他处理方法有着明显差异。但是，蒙特卡罗方法的误差是概率误差，在处理维数少的问题时，优势要低于其他数值方法。

蒙特卡罗方法在计算材料学领域中发挥着重要作用，为材料设计和性能优化提供了有力

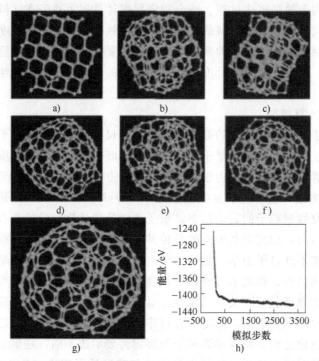

图 3.1 应用蒙特卡罗方法模拟碳纳米材料从纳米金刚石结构转变为类富勒烯结构

方法，通过计算模拟能够预测和分析材料在实际应用中的具体行为，对材料的服役性能做出更好的判断。例如，使用蒙特卡罗方法模拟时间和环境因素对材料性能的影响，预测材料性能衰减的趋势和概率；通过大量随机抽样来模拟材料内部微观结构的变化，如晶粒生长、位错运动等，分析微观结构变化对材料宏观性能的影响，分析失效机制，对材料的服役寿命做出更好地预测；在工程应用中，材料的服役可靠性是至关重要的一环，蒙特卡罗方法可以模拟材料在不同服役条件下的性能表现，对材料的可靠性做出具体判断，为工程设计和风险评估提供依据；通过对不同设计和工艺条件下材料的性能进行模拟，找到最佳参数，用于优化材料及制备工艺。

（3）分子动力学 除蒙特卡罗方法外，由 Alder 和 Wainwright 在 1959 年提出的分子动力学（molecular dynamics，MD）也是解决多体问题的一种重要求解手段。分子动力学是通过对经典牛顿运动方程进行求解，得到各个粒子的运动轨迹。与蒙特卡罗方法不同，分子动力学能够跟踪粒子的个体运动，从而对粒子随时间在空间中的运动轨迹进行直接模拟，是一种确定性方法，对材料体系的动力学问题进行直观处理并对材料的各种与动力学相关的性质进行预测。

在进行分子动力学模拟时，首先应确定起始构型，对体系的边界、体系中分子的数量与种类、分子的初始坐标等进行定义，这是分子模拟的基础，这些定义通常基于实验数据或量子化学计算；接着根据玻尔兹曼分布随机赋予原子速度，确保体系温度恒定；由所确定的分子组建平衡相，监控构型、温度等参数，确保体系处于稳定态；在体系平衡的基础上，原子和分子按照给定的初始速度运动，相互作用产生吸引、排斥或碰撞；最后进行结果计算，对体系的各个状态进行抽样处理，计算势能从而计算构型积分。不同作用势的选择会影响体系的势能面和分子运动轨迹，从而对动力学计算产生影响，对模拟结果的可信度和合理性产生直接影响，常用的作用势包括钢球模型的二体势、Lennard-Jones、morse 势等双体势模型、EAM 等多体势模型。时间步长的选取对模拟精度和效率也有着重要影响，一般以十分之一的最短运动周期为时间步长。经典的 MD 模拟中，粒子间的相互作用一般采取势函数，在一定的初始条件下，体系按照牛顿运动方程在已知的相互作用下随时间演化。经典 MD 模拟的系统规模可达数万个原子，模拟时间可达纳秒量级。对于平衡的 MD 模拟，体系的宏观物理量是一切可能的微观系综平均。若体系在达到平衡态后继续演化并演化足够长的时间，则体系将经历所有可能的微观态，能够用时间平均来代替系综平均。

分子动力学能够模拟原子的运动轨迹，观察微观细节，是理论计算和实验的有力补充，广泛应用于物理、化学、生物、材料等领域中。在研究材料的服役行为中，分子动力学能够模拟材料在特定服役场所下的物理老化性能，对材料的使用寿命和耐久性进行预测，探究分子链微观结构和动态行为的变化，揭示材料失效的微观机理，对材料的设计和优化进行指导，提高材料的可靠性和安全性。近年来，MD 模拟随着计算机计算能力的提高得到迅速发展，超大规模 MD 模拟成为可能，但是固态材料尤其是具有强关联体系的材料，难以得到精确合理的势函数，因此，需要将分子动力学与第一性原理相结合，使得分子动力学模拟结果的准确性得到大幅度提升。

2. 介观尺度的计算模型

介观尺度介于微观和宏观之间，通常认为尺度在纳米（nm）和毫米（mm）之间，在这个尺度上，材料既表现出微观世界的量子力学特性，又有宏观世界的某些物理性质。与微观尺度不同，介观尺度中的结构演化主要由动力学控制，是典型的热力学非平衡过程，即微结构演化的基本方向由热力学所规定，而动力学控制结构演化的途径。正是由于这种非平衡特性，从而出现了各种各样的晶格缺陷结构及其相互作用机制。为了对材料的宏观性质做出预测，在介观尺度中研究微结构问题时，由于体系中包括大量原子，在进行模拟时应建立能够覆盖较大尺度范围、合适的介观尺度方法，而不能简单通过唯象原子论方法或严格求解薛定谔方程来完成，在大部分情况下需引入连续体模型，得到原子运动方程的严格解或近似解。但由于大量不同的介观机理及可能的本征结构定律的存在，在介观尺度上建立各种计算模型的方法并不是唯一的。

（1）相场模型　相场模型是一种连续介质模型，通过引入一个连续的"相场"变量来描述材料的微观结构。随着计算机技术的不断提高，对材料性能、优化材料制备技术及工艺的研究不仅仅限制于经验方法，而是能够在考虑结构场、化学场和晶体场的时间及空间变化的条件下，数值编码以基本理论的态变量方法为依据，通过离散化的形式解决固态和液态相变动力学问题。相场变量其实就是这些态变量，并依此建立相场模型。建立相场模型不仅能够对最终的热力学平衡做出预测，还可以在考虑各种化学、弹性、电磁以及热因素对所含晶格缺陷的热力学势函数及其动力学影响的条件下对微结构进行实际预测，得到在不同的物理机制作用下的微观结构变化、元素扩散等动力学演化行为，为合金凝固、多相材料的相变等过程的研究中提供了一种重要且有效的方法。

相场模型以扩散界面模型为基础，常见的相场模型采用了复杂的参序量和梯度向量，是基于 20 世纪 50 年代 Ginzburg 和 Landau 提出的用于处理超导性的模型，现在普遍使用的瞬态微观结构演化模型是在热力学方程的基础上，通过非均匀性体系中扩散界面的引入所构造的。相场模型被细化为微观相场和连续相场两大流派，它们共同起源于 Onsager 和 Ginzburg-Landau 理论在冶金学领域的深度应用，其核心差异在于如何定义和选择场变量。微观相场模型主要聚焦于材料微观层面的原子排列，借助占位概率等参数，精确地描绘出原子在晶格上的布局情况，并深入研究合金元素如何在这样的微观环境中进行扩散和界面迁移。这一模型不仅能够揭示原子层面的配置信息，还能够清晰展现出材料的微观组织结构。而连续相场模型则采用了另一种思路，它基于局域平衡近似的理论，将材料中的每一个局部小区域视作一个具有统一物理特性的单元。通过设定不同的序参数，连续相场模型能够准确地反映材料微观组织的晶体取向、磁畴方向以及液-固两相之间的转变。目前，这一模型在液-固相变和固态相变的研究中已展现出极高的成熟度。更进一步的研究表明，通过在亥姆霍兹自由能密度泛函中引入弹塑力场、电场、磁场等多种作用力，连续相场模型还能模拟在多场耦合作用下材料的微观组织演化过程，提供更为全面和深入的材料性能分析。

相场模型与微观和宏观尺度模拟密切相关，是一种多尺度模拟的关键工具。在进行特定体系的相场模拟时，需要输入大量相对应的材料热力学数据和结构参数。过去，这些参数的获取主要依赖于实验，但受限于实验技术手段有限等因素，参数的获取过程较为烦琐且困难较多。然而随着科技的进步，可以利用前沿的微观模拟技术，如第一性原理、蒙特卡罗方法和分子动力学来获得进行相场模拟所需要的参数，不需要依赖任何经验值。对于更为复杂的多元合金体系，在现有热力学数据库的基础上利用 CALPHAD 相图计算方法来进行相场模拟。与此同时，相场模拟得到的结果即微观组织结构，能够作为重要的输入参数，用于有限元模拟等宏观模拟中，从而对材料的服役性能进行预测。此外，结合相场模拟的微观组织演变与计算性能，解释材料性能随时间变化的规律，为材料设计和优化提供有力支持。时至今日，随着科学技术的不断进步，材料热力学数据与动力学理论得到进一步发展完善，相场法得到飞速发展，并被广泛应用于多晶晶粒粗化、裂纹扩展、晶粒旋转、位错反应等多个研究领域，相场模型也已成为一种被用于界面问题数值模拟的有效方法。Ginzburg-Landau 型扩散相场预测二维晶粒生长的应用如图 3.2 所示。

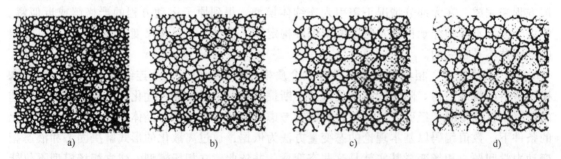

图 3.2 利用 Ginzburg-Landau 扩散相场方法对晶粒生长进行的二维模拟

（2）介观尺度动力学蒙特卡罗和波茨模型 蒙特卡罗方法在微结构模拟中具有广阔的应用前景，将关于磁自旋系统模型化的伊辛晶格模型扩展为动力学波茨晶格模型，得到了进一步发展。在伊辛模型中，将附着于规则晶格结点的原子或分子之间按成对相互作用能的总和作为磁性系统的内能，以准热力学为基础，未考虑时间问题对局部磁性相互作用进行处理。广义波茨模型与伊辛模型的主要不同之处在于波茨模型中的布尔自旋变量被广义自旋变量 S_i 所代替，且并未考虑"不同类"近邻之间的相互作用。作为自旋可能取值的离散谱被引入后，畴能够被相同自旋的区域所代表。"畴"是晶体材料中具有相似取向的区域，由相等自旋或相同状态的畴所组成的晶格区域被称为晶粒，如图3.3所示。波茨模型中的哈密顿量由态变量的取值所组成，在结点自旋相同时，这一能量算符的相互作用能将被定义为"0"，否则则定义为"1"。根据这一特点能够进行界面识别，并对界面能进行定量计算。传统的蒙特卡罗方法局限于对态函数值的时间不相关预测，动力学多态波茨模型的引入，相当于是N个格座在取向的同时抽样步，步数能够作为一个与时间成比例的"单位使用"。畴的大小和形状随时间的变化可以用于表征微结构的演化，使蒙特卡罗方法变得更加便捷。

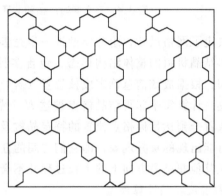

图3.3 波茨晶格模型中对应于格座的广义自旋数示意图

在计算材料学领域中，波茨模型广泛应用于模拟多相材料的微观结构、相变过程及材料性能等方面，能够处理多相材料中的复杂相互作用和相变过程。通过调整模型参数来模拟不同类型的材料和工艺条件，适用于模拟大规模系统的微观结构演变。

（3）几何及组分模型 几何模型的建立能够帮助模拟再结晶和晶粒生长过程。第一类模型是由Mahin、Hanson和Morris Jr及Frost等人提出的用于薄膜结构模拟的几何模型，包含成核、生长、碰撞等要素，可以对晶粒结构进行预测。第二类模型是一种更多功能的组分（元）方法，在1992年由Juul Jensen建立，是几何模型的推广扩展，能够进行再结晶预测。

几何模型作为一种连续体方法，主要包括成核、晶粒生长到碰撞发生，或在特殊情况下继续发生的晶粒粗化这三个阶段。根据饱和结合方式是一种常见的晶核初始分布模型，它假在一定的空间范围内，晶核的数量达到饱和状态，即每个可能的成核位置都被占据。根据饱和结合的方式得到晶核最初的分布状态，体积分数随着时间的增大而线性减小，存在的晶核按照恒定的速度长大为相等的球体，直至长大到碰撞接触。如图3.4所示，晶粒最终结构形态可以通过几何模型建立，两相邻晶粒在径向按照相同的生长速度同时成核长大，将会形成一直线界面作为原始成核位置的垂直平分线；若是三个晶核同时成核，结构拓扑是由成核位置连线三角形边的垂直平分线交点；若非同时成核，则会形成具有双曲线形状的界面线，最终位置根据$r_1+Gt_1=r_2+Gt_2=r_3+Gt_3$确定。$r_i$是晶粒$i$的成核位置到三角点的距离，$G$为各向同性生长速率，$t_i$是晶粒$i$对应的成核时间。

组分模型是几何模型的扩展，是一种再结晶预测的模拟方法，这种模拟是在"计算机样品"的三维空间立方网格上进行的。在计算机样品的三维空间网格进行，晶核密度和晶

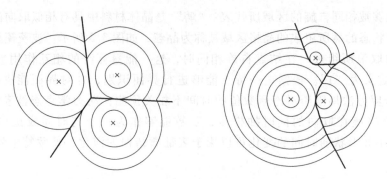

图 3.4   三个同时成核和非同时成核的晶粒形成界面示意图

粒数目决定了网格尺寸，组分模型进一步完善了经典理论的生长解析表达式。能够得到部分或全部再结晶材料的整体结构形态，包含多种实验信息。具体步骤如下：首先明确 N 个晶核的分布，根据成核信息确定成核位置（x_1、x_2、x_3）以及成核时间 t_0；随后在有限差分格栅中，逐一计算每个非再结晶格点被这 N 个晶核覆盖所需的时间。基于这些时间数据，追踪并记录首个到达目标格点位置的特定晶粒及其到达时间。这种方法有效地避免了新形成晶粒之间可能出现的重叠现象，即它们之间的任何碰撞都不会导致生长停止；最后，发生碰撞的晶粒在其他非结晶方向上的生长过程并不会受到限制。

3. 宏观尺度的计算模型

宏观尺度的计算模型主要指有限元模型（Finite Element Method，FEM）。有限元方法是一种数值求解方法，最早源于应用弹性理论的结构分析，现多用于求解偏微分方程边值问题的近似解。连续函数的使用和偏微分方程的求解具有普遍性，是基于场是一个被广泛使用的最基本假设。使用有限元方法对物理问题进行求解时，首先要根据所要求解的物理问题确定控制方程，根据特定的变分形式建立弱形式，使求解过程得到简化。再根据弱形式进行包括网格的形状和划分、形函数的选择的离散化。最后确定求解算法获得近似解。由于偏微分方程的形式对其约束较小，且离散化的网格能够灵活处理多种复杂的几何形状，再加上线性代数问题求解技术的成熟，使得有限元方法成为了解决各种物理场问题的通用且有效的工具。历经数十年的不断演进，有限元方法现今已在工程技术的各个领域，包括结构分析、流体力学、热传导，以及电磁场分析等中，成为最为广泛采纳且技术最为成熟的数值计算方法。

有限元模拟将连续体分割成离散的小单元，并在每个小单元上建立动力学方程，能够模拟材料的宏观行为，如材料的应力分布、应变分布等，通过将微观尺度的信息转化为宏观尺度的信息，预测材料在不同加载情况下的行为。有限元模拟能够有效处理连续介质的场效应问题，对模型的每个细节场分布进行具体求解，在一些动态变化的物理模型中，无法使用解析方法具体分析，此时有限元模拟的优势得到进一步发挥。通过模拟不同物理场之间的相互作用，进一步理解材料在复杂服役环境下的行为，从而预测材料的服役寿命，为材料的维护和更换提供科学依据。同时，基于模拟的结果，对材料的组成、结构及加工过程进行优化，提高材料的服役性能。

4. 跨尺度计算模型

在物质世界、科学技术和工程的众多领域中，多尺度的概念无处不在：从宇宙形成的宏大视角，到生命现象的微观层面；从大气环流的广阔空间，到材料成形与应用的精细工艺；甚至深入至物理和化学领域中的量子效应。这些跨空间和时间的尺度与层次现象，以及它们之间的多尺度耦合，共同揭示了物质世界构造的本质和基本性质。多尺度的研究不仅提供了理解世界的全新视角，也为科学技术和工程的发展带来了深刻的启示和广泛的应用前景。

多尺度耦合模型（Multi-scale Coupling Models）是一种将不同尺度的计算模型进行耦合，实现跨尺度的模拟和分析的计算模型，能够综合考虑不同尺度下的材料行为，提供更全面的材料性能分析。在微观尺度上，可以使用分子动力学方法和离散元方法进行研究；在宏观尺度上，可以使用连续介质力学模型和材料强度学模型进行研究。就整体来看，纳米结构作为一个能够被分为不同层次的系统，其尺寸远大于原子、分子尺度，从原子、分子尺度逐步进入介观层次，在不同的空间和时间尺度上运用的理论模型和方法也各不相同，进一步建立和发展原子水平上的理论模型与计算方法，提高从第一原理出发的计算能力。加强算法研究，改善计算量与粒子数 N 的比例关系，进而发展多种模拟计算技术，并开发相应的有知识产权的软件。

总体而言，材料服役行为中的多尺度计算模型包括微观尺度计算模型、介观尺度计算模型、宏观尺度计算模型和跨尺度计算模型。这些模型能够从不同的尺度上模拟和分析材料的性能变化，为材料科学的研究和应用提供有力支持。在实际应用中，根据具体的研究对象和需求选择合适的计算模型，对材料的可靠性做出更好地预测。

3.1.3　数据驱动的服役行为预测

1. 数据驱动

大数据和人工智能技术的快速发展推动数据驱动的材料研发快速发展，成为变革传统试错法的新模式，即所谓的材料研发第四范式。新模式将大幅度提升材料研发效率和工程化应用水平，推动新材料快速发展。

数据驱动是机器学习的核心理念之一，它强调通过大量数据来训练和验证机器学习模型。数据驱动的方法使得机器学习模型能够在没有人工干预的情况下不断改进，从而提高其预测和决策能力。在数据驱动的机器学习中，数据是最重要的资源。数据通常以表格或向量形式存储，包含多个特征和一个目标变量。特征可以是数字、文本、图像等形式的数据，目标变量是需要预测或决定的变量。

数据驱动模型则是基于数据分析和机器学习技术建立的模型。这种模型利用大量数据来训练和优化，能够挖掘出数据中的隐藏规律和模式，从而对物理系统进行建模和预测。数据驱动模型的优点是可以利用大量的实际数据来提高模型的精度和泛化能力，但是需要对数据进行充分的处理和分析。

基于数据驱动技术由于其具有无须知道其具体失效机理、预测结果准确等优点，且伴随机器学习、深度学习等技术的迅速发展，使得其成为材料服役行为预测研究的热点。

2. 基于统计学的服役行为预测

统计学是一门研究收集数据、表现数据、分析数据、解释数据，得出反映现象本质数量规律性的结果，从而认识现象数量规律的方法论科学。经过多年的研究与探索，统计学由于具有能解决随机问题等优点而被广泛应用于各大领域研究，也受到了材料寿命预测领域研究者的关注。有学者基于统计数据驱动方法建立退化模型，获得剩余寿命密度函数，实现剩余寿命的预测，如图 3.5 所示。

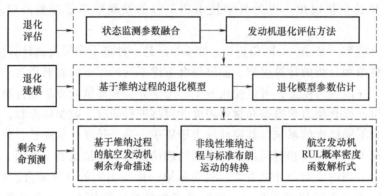

图 3.5　多源统计数据驱动的航空发动机剩余寿命流程

3.2　材料服役行为的多尺度计算方法

将材料高效计算和高通量实验相结合，可以快速筛选新材料并积累实验和计算数据。应用大数据和人工智能技术，则可以实现材料成分和工艺的全局优化，提升材料性能等。通过应用材料基因工程中的关键技术，将材料研发方式变革为全过程关联并行的新模式，不再是传统的顺序迭代的试错法研发模式，如图 3.6 所示，全面加速材料发现、研究、生产、应用的全过程。

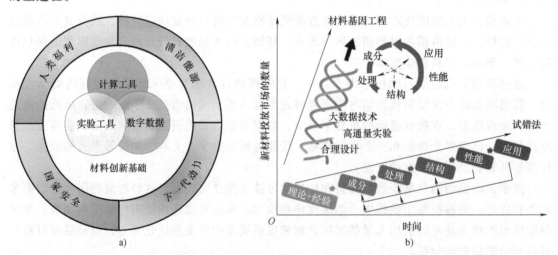

图 3.6　材料基因组计划与材料基因工程发展策略对比
a）材料基因组计划中的材料创新基础设施　b）材料基因工程变革研发模式

材料的多尺度计算模拟是指将材料原子尺度-介观尺度-宏观尺度等多尺度的方法和模型集成起来，包括热力学相图计算、第一性原理计算、分子动力学、蒙特卡罗方法等微观尺度的模拟方法以及相场方法、有限元方法等宏、介观尺度的模拟方法。

3.2.1　热力学相图计算

1. 热力学相图计算发展简史

热力学是一门研究系统与周围环境相互作用时的状态的科学，包括稳定、亚稳态或不稳定状态。这种相互作用可能涉及系统与周围环境之间的热量、功和质量的任何组合交换，这些交换由边界条件定义。典型的功包括来自外部机械、电场和磁场的贡献。热力学通常被分为四个分支，即经典的吉布斯热力学、统计热力学、量子热力学和不可逆热力学

热力学基础的核心是热力学第一和第二定律，以及由它们组合成的热力学组合定律。由于热力学第一和第二定律分别用等式和不等式表示，因此它们一直保持独立。19世纪70年代，吉布斯（Gibbs）将它们组合起来，创造了热力学组合定律，并将其称为热力学基本方程。热力学第一定律描述了系统与周围环境之间的相互作用，并规定系统与周围环境之间的能量交换由系统内部的能量变化来平衡。而热力学第二定律则支配着这些相互作用下系统内部的过程，并指出任何自发的内部过程都是不可逆的，必然产生熵。吉布斯提出的热力学组合定律奠定了热力学的基础。吉布斯组合定律不考虑内部过程引起的熵产生，因此第二定律实际上被从吉布斯组合定律中剔除，所以它只适用于平衡态系统，因此通常称为平衡态或吉布斯热力学。吉布斯在19世纪后期到20世纪初期进一步根据系统中构型的概率推导出了经典统计热力学。随着20世纪20年代量子力学的发展，基于量子力学的统计热力学得以建立，并在经典极限下与经典统计热力学相联系。统计热力学可以将状态的热力学建模为外部和内部变量的函数，并根据能量的一阶和二阶导数对多组分系统的广泛性质进行定量计算，不仅包括没有任何内部过程驱动力的平衡状态，也包括具有内部过程驱动力的非平衡状态。

相图，亦被称为相平衡图，是描述体系在热力学平衡状态下相平衡关系的直观几何图示。它以温度、压力、成分等关键要素为变量，通过图形的方式展现了体系内相的存在、相的组成，以及相之间的转变关系。相图中的相点、相区和相界均是平衡条件下目标体系中相态、相组成和相变过程的直观表达。作为材料设计的重要基石，相图融合了多门学科的知识，其重要性不言而喻。根据体系中所含组元的数量，相图可细分为二元系、三元系、四元系，以及更高组元系相图，每种相图都对应着特定体系下的相平衡关系。

材料热力学是在经典热力学和统计热力学理论的背景下发展起来的，在材料设计中可以揭示材料中相和组织形成规律。相图计算是材料热力学计算最主要的核心应用，相图计算方法一般包含三个关键要素，分别为热力学数据库、热力学模型以及计算软件。相图热力学计算的核心是获得在一定的温度、压力条件下，目标体系达到平衡后的相平衡成分。如图3.7所示，系统展示了相图热力学计算的发展历程。根据可靠的实验信息，通过相图计算方法可以构建相图，并且可以反映目标体系的热力学性质。伴随着热力学、统计力学、溶液理论及计算机技术等各类学科技术的快速发展，相图热力学计算逐步发展成为一门关于相图和热化学相耦合的多学科交叉分支，即CALPHAD（Calculation of Phase Diagram）。CALPHAD基于严格的热力学原理，目标体系在恒温恒压下达到相平衡的基本依据是体系的总吉布斯自由能最小。CALPHAD方法是一种以实验数据为基础，关键在于构建平衡共存时各相的吉布斯自由能的表达式，具体的计算流程如图3.8所示。各相的吉布斯自由能需要基于准确可靠的热

力学和相平衡实验数据，以此选择合适的热力学模型来进行热力学描述，建立起低组元系的计算相图，然后从低组元系相图外推得到更高组元系相图。

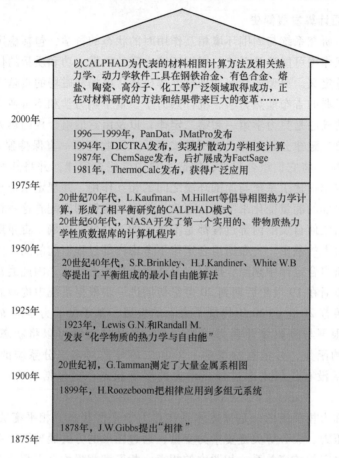

图 3.7　相图热力学计算的发展史

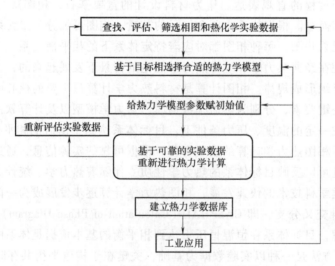

图 3.8　相图热力学计算的基本流程

目前 CALPHAD 基础相数据库系统（现称为材料基因组）已实现成熟的计算材料设计和鉴定技术，该技术已达到国家材料基因组计划的加速目标。图 3.9 所示为 CALPHAD 基因组材料技术跨越三个时间段的发展历程。

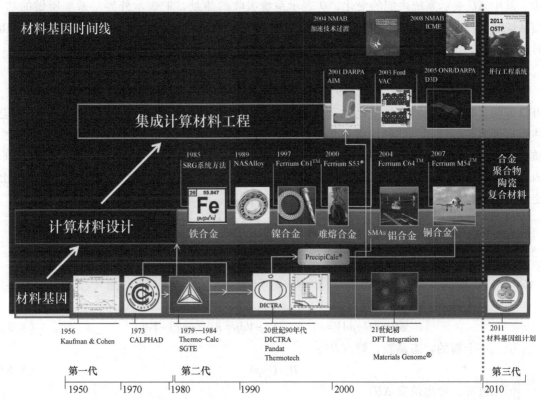

图 3.9　材料基因组相图计算技术跨越三个时间段的发展历程

2. 热力学第一定律

热力学理论是普遍性的理论，对一切物质都适用，这是它的特点。在涉及某种特殊物质的具体性质时，需要把热力学的一般关系与相应的特殊规律结合起来。平衡态的热力学理论已经相当完善，并且得到了广泛的应用。热力学第一定律在日常生活和工程实践中有着广泛的应用。例如，在热机中，燃料燃烧释放的热量一部分转化为机械能，另一部分则散失到环境中。根据能量守恒定律，可以计算出热机的效率，即转化为机械能的热量与总热量的比值。热力学第一定律，也被称为能量守恒定律，是自然界中最基本的定律之一。它指出在一个封闭系统中，能量既不能被创造也不能被消灭，只能从一种形式转换为另一种形式。这一原理在热力学中表现为系统内部能量的变化等于外界对系统所做的功与系统从外界吸收的热量之和。在相图的背景下，这意味着在相变过程中，能量的变化（如潜热）必须得到平衡。

热力学第一定律的数学表达式为

$$\Delta U = Q + W \tag{3.1}$$

热 Q 和功 W 都是非状态函数，不仅与体系的初始状态和最终状态有关，更与过程途径相关。只有在特定限制的条件下，Q、W 与某些状态函数变量相关联时，体系内能的变化仅决定于初始状态和最终状态。按定义，封闭体系与环境之间只有能量的交换发生。在实践中，发现可以将体系与环境之间能量传递的形式区别为"热"和"功"两类。经典热力学中把由于体系和环境之间存在着温差而传递的能量称为"热"（以 Q 表示），而把除了热以外其他各种能量传递形式统称为"功"（以 W 表示）。该式表明热力学体系遵循能量守恒定律。其中 ΔU 表示系统内能的变化，Q 表示系统吸收的热量，W 表示外界对系统所做的功。当系统从外界吸收热量时，Q 为正；当系统对外界放出热量时，Q 为负。当外界对系统做功时，W 为正；当系统对外界做功时，W 为负。热力学第一定律的微分形式可以表示为

$$dU = \delta Q + \delta W \tag{3.2}$$

内能 U 是体系的状态性质，即只取决于体系的状态，而与达到这种状态的过程无关。可以证明，只有具备状态性质的物理量才有数学上的全微分性质（所谓状态性质，即决定体系所处状态的性质，这种性质确立之后，体系的状态也随之确定）；而 W 和 Q 不是状态性质，体系由始态到终态有无数的 Q、W 途径可走，每一个途径的积分值也不一样。当体系的内能确定，即状态确定，可以有多种 Q、W 值，与过程经过的途径有关。但是当过程途径指定后，则 Q、W 只由始态、终态决定，这时可以用 dQ、dW 表示。

恒压 p 条件下，系统体积膨胀 dV 而做功，上式改写为

$$dU = \delta Q - pdV \tag{3.3}$$

或者

$$dU + pdV = \delta Q \tag{3.4}$$

则可以推导出：

$$\delta Q = dU + pdV = dU + d(pV) - Vdp = d(U + pV) - Vdp \tag{3.5}$$

引入一个新的状态函数，焓（H）：

$$H = U + pV \tag{3.6}$$

恒压过程，导出焓变 ΔH：

$$\Delta H = \Delta U + pdV \tag{3.7}$$

可得：

$$\delta Q = dH - Vdp \tag{3.8}$$

等压过程中：

$$\delta Q = dH \tag{3.9}$$

两边积分可得：

$$\Delta H = \delta Q_p \tag{3.10}$$

这表示恒压过程中体系从环境中吸收或释放的热量等于焓变。

热容的引入，热容（Heat Capacity）是一个物体在给定温度变化下吸收或释放热量的能力，即 $C = \dfrac{\Delta Q}{\Delta T}$。它通常定义为在没有相变和没有做功的情况下，单位质量的某种物质温度升高（或降低）1K（或 1℃）所吸收（或放出）的热量。热容的单位是焦耳每开尔文（J/K）或焦耳每摄氏度（J/℃）。注意，由于 1℃ 等于 1K，所以这两个单位在数值上是相等的，但它们的物理意义不同。热容分为两种类型：

比定容热容（C_V）：在体积不变的情况下，单位质量的物质温度升高（或降低）1K 所吸收（或放出）的热量，其计算式为

$$C_V = \left(\frac{\delta Q}{dT}\right)_V = \left(\frac{\partial U}{\partial T}\right)_V \tag{3.11}$$

比定压热容（C_p）：在压力不变的情况下，单位质量的物质温度升高（或降低）1K 所吸收（或放出）的热量，其计算式为

$$C_p = \left(\frac{\delta Q}{dT}\right)_p = \left(\frac{\partial H}{\partial T}\right)_p \tag{3.12}$$

在实际应用中，经常使用的热容值是"摩尔热容"（Molar Heat Capacity），它是每摩尔物质升高（或降低）1 K 所吸收（或放出）的热量，单位是焦耳每摩尔开尔文 [J/(mol·K)]。

热容是物质的一个基本物理属性，它取决于物质的种类、温度、压力、体积和相态（如固态、液态、气态）。由于这种性质，热容在热力学、化学、物理和材料科学等领域中都有广泛的应用。比定压热容常表示成与温度相关的函数多项式，并指定一个适用的温度范围，即：

$$C_p = a + bT + cT^{-2} + dT^2 \tag{3.13}$$

式中，T 为热力学温度；a，b，c，d 为与物质相关的系数。

3. 热力学第二定律

热力学第一定律只说明了封闭体系能量守恒的规律，却不能给出过程变化的方向和限度，因此提出了热力学第二定律。热力学第二定律是热力学的基本定律之一，它描述了热量传递的方向性和与熵增加的关系。热力学第二定律是关于热量传递和熵增的定律。它表明，在孤立系统中，热量总是自发地从高温物体传递到低温物体，而不可能自发地从低温物体传递到高温物体而不引起其他变化。同时，它也表明，一个孤立系统的熵（表示系统混乱程度的物理量）总是自发地增加，而不会自发地减少。以下是热力学第二定律的几种表述方式：

克劳修斯表述（Clausius Statement）：热量不能自发地从低温物体传递到高温物体，而不引起其他变化。这说明如果要使热量从低温物体流向高温物体，必须消耗其他形式的能量（如机械能）或者通过某种外部干预（如制冷系统）。

开尔文-普朗克表述（Kelvin-Planck Statement）：不可能从单一热源吸热使之完全转换为有用的功而不产生其他影响（即不引起其他变化）。这意味着，热机（如蒸汽机、内燃机等）的效率不可能达到 100%，因为总有一部分热量会散失到环境中。

熵增表述（Entropy Statement）：在孤立系统中，一个自发进行的过程总是朝着熵增加的方向进行，即系统的总熵（S）永不减少：$\Delta S \geqslant 0$。熵是一个衡量系统无序程度的物理量，熵增加意味着系统的无序程度增加，或者说系统变得更加混乱。熵是用来量度体系发生自发过程的不可逆程度的热力学参数，用于判断过程的性质和方向，设 A 和 B 分别为始态和终态，数学表达式为

$$S_B - S_A = \int_A^B \frac{\delta Q}{T} \tag{3.14}$$

其微分形式为：

$$dS = \frac{dQ}{T} \tag{3.15}$$

$\mathrm{d}S = \dfrac{\mathrm{d}Q}{T}$ 为可逆过程，$\mathrm{d}S > \dfrac{\mathrm{d}Q}{T}$ 为不可逆过程。

结合热力学第一定律和第二定律，综合表达式为

$$\mathrm{d}S = \frac{\mathrm{d}U + p\,\mathrm{d}V}{T} \tag{3.16}$$

可写为

$$\mathrm{d}U = T\,\mathrm{d}S - p\,\mathrm{d}V \tag{3.17}$$

热力学第二定律揭示了自然界中热量传递的方向性和不可逆性，它对于理解许多自然现象（如热传导、热辐射、热对流等）及工程应用（如热机、制冷系统、热电偶等）具有重要意义。此外，热力学第二定律还引出了卡诺定理、卡诺循环等重要的热力学概念和原理。需要注意的是，虽然热力学第二定律描述了热量传递的方向性和不可逆性，但它并不排除在特定条件下实现热量从低温到高温传递的可能性（如热泵、制冷系统等）。这些系统之所以能够实现热量的反向传递，是因为它们消耗了其他形式的能量（如电能、机械能等）或者通过外部干预（如改变系统的边界条件）来克服热力学第二定律的限制。熵增原理揭示了自然界中不可逆过程的存在。例如，一杯热水放在室温下会逐渐变凉，但凉水却不会自动变热。这是因为热量从高温物体传递到低温物体是一个自发的、不可逆的过程。热力学第二定律在工程技术、环境保护和能源利用等方面具有重要的指导意义。例如，在制冷技术中，需要消耗一定的能量来逆转热量传递的方向，实现低温制冷。同时，在能源利用过程中，也需要注意减少能量的损失和浪费，提高能源利用效率。

4. 亥姆霍兹自由能与吉布斯自由能

在相图热力学计算中，亥姆霍兹自由能和吉布斯自由能（Gibbs Free Energy）是分析相平衡和相稳定性的关键工具。例如，在二元相图中，可以通过计算不同组成和温度下的吉布斯自由能来确定液相线和固相线的位置。通过比较不同相的亥姆霍兹自由能或吉布斯自由能，可以确定在特定温度和压力条件下，哪些相是稳定的。如图 3.10 所示，如果金属在温

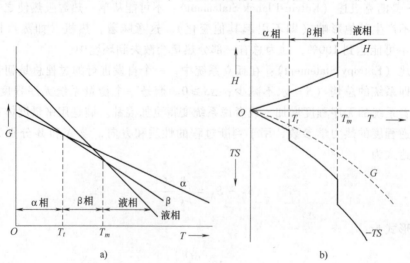

图 3.10　α、β 相和液相的亥姆霍兹自由能温度曲线

度 T_t 时经历从 α 相到 β 相的结构变化，那么这是因为在此温度以上，β 相的亥姆霍兹自由能 $G_β$ 变得低于 α 相的亥姆霍兹自由能 $G_α$。要发生这种情况，亥姆霍兹自由能曲线必须按照图 3.10a 所示的方式随温度变化。可以看出，在 T_t 时，α 相的亥姆霍兹自由能等于 β 相的亥姆霍兹自由能，因此 ΔG 为零；因此，T_t 是平衡转变点。图 3.10a 还表明，在给定的温度范围内会发生连续转变。图 3.10b 显示了晶体亥姆霍兹自由能绝对值随温度变化的方式，其中 H 和 TS 被绘制为温度函数。在转变温度 T_t 下，热含量变化 ΔH 等于潜热 L，ΔS 等于 L/T_t。因此，$G = H - TS$ 在 T_t（因为 $ΔH = T_tΔS$）或 T_m 处没有明显的不连续性，而只是斜率不连续。然后，对于所考虑的三个相（α、β 和液体）中的每一个 G 与温度的关系图将如图 3.10a 所示。在任何温度范围内，亥姆霍兹自由能最低的相是稳定相。

此外，亥姆霍兹自由能和吉布斯自由能的概念也广泛应用于化学反应的热力学分析、材料的合成和加工，以及生物系统中能量转换过程的研究。通过这些概念，科学家和工程师能够预测和控制各种物理和化学过程，从而优化材料的性能和生产过程的效率。吉布斯自由能表示为温度、压力参量的函数，被广泛应用于相图分析和计算中。亥姆霍兹自由能是热力学中用来描述系统在一定条件下进行化学反应或物理过程的能力的物理量。它包括了系统的内能和系统与外界相互作用的部分。吉布斯自由能是亥姆霍兹自由能的一种特殊形式，它考虑了系统的熵变和温度的影响。在恒温恒压条件下，吉布斯自由能的变化可以用来判断一个化学反应是否能够自发进行。当吉布斯自由能变化小于零时，反应能够自发进行；当吉布斯自由能变化大于零时，反应不能自发进行；当吉布斯自由能变化等于零时，反应处于平衡状态。

吉布斯自由能在化学、生物和工程等领域有着广泛的应用。例如，在化学反应中，可以通过计算吉布斯自由能的变化来预测反应的方向和限度；在生物体内，细胞通过调节吉布斯自由能的变化来维持生命活动的正常进行；在工程设计中，也需要考虑吉布斯自由能的变化来优化工艺流程和设备设计。

5. 化学势和相平衡

化学势（Chemical Potential）是描述物质迁移趋势的物理量，而相平衡（Phase Equilibrium）是描述多相体系中物质分布达到平衡的状态，这两个概念是相互关联的。当体系达到相平衡时，各相之间的化学势相等。这是因为当化学势不相等时，物质会在各相之间迁移，直到化学势相等为止。因此，通过计算和分析化学势，可以预测和判断多相体系是否达到相平衡状态，以及如何通过改变条件使体系达到平衡。化学势和相平衡是化学热力学中非常重要的概念，它们不仅有助于理解物质在多相体系中的迁移和分布规律，还为化工、冶金、材料科学等领域的实践提供了重要的理论基础和指导。

多元体系在恒温恒压条件下，相平衡的基本依据是体系的吉布斯自由能达到最小值，其表达式为

$$G = \sum_{i=1}^{\tau} n^{\tau} G_m^{\tau} = \min \tag{3.18}$$

式中，G 为总的吉布斯自由能；$\tau = α，β，\cdots，\gamma$ 分别为平衡共存时的相；n^{τ} 为 τ 相的摩尔数；G_m^{τ} 为 τ 相的摩尔吉布斯自由能。

在给定温度、压力、成分条件下，热力学平衡状态时吉布斯自由能最小，平衡相中任一

组元的化学势都相等。

$$\begin{cases} \mu_1^\alpha = \mu_1^\beta = \cdots = \mu_1^\gamma \\ \mu_2^\alpha = \mu_2^\beta = \cdots = \mu_2^\gamma \\ \mu_i^\alpha = \mu_i^\beta = \cdots = \mu_i^\gamma \end{cases} \qquad (3.19)$$

式中，μ_i^α，μ_i^β，μ_i^γ 分别代表组元 i 在热力学平衡时 α 相，β 相，γ 相的化学势。

化学势的定义基于热力学的基本定律，通常与吉布斯自由能（Gibbs Free Energy）或偏摩尔量（Partial Molar Quantity）有关。在一个含有 n 组元的热力学平衡体系中，平衡相的吉布斯自由能与组元 i 化学势的关系为：

$$G = \sum_{i=1}^{n} \mu_i x_i \qquad (3.20)$$

式中，μ_i 为组元 i 的化学势；x_i 为组元 i 的摩尔分数。

相平衡描述的是在一个多相体系中，各相之间达到热力学平衡的状态。在这种状态下，物质在各相之间的迁移停止，体系的状态不随时间改变。相平衡的条件是各相之间的化学势相等。这是因为当化学势不相等时，物质会从化学势较高的相迁移到化学势较低的相，直到各相的化学势相等为止。相平衡的类型包括气-液平衡、液-液平衡、固-液平衡等。这些平衡状态在化工、冶金、材料科学等领域中具有重要的应用价值。例如，在化学工程中，需要通过控制反应条件和操作参数来实现产品的分离和提纯；在材料科学中，可以通过研究材料的相变行为来优化材料的性能；在地质学中，可以通过研究岩石和矿物的相平衡关系来了解地球内部的结构和演化过程。

吉布斯相律是一个关于多相平衡的基本规律，用于描述在特定条件下，一个多组分多相系统中独立变量的数量，对于理解和分析多相体系中的相平衡提供了重要的理论基础。吉布斯相律用公式表示为

$$f = C - P + 2 \qquad (3.21)$$

式中，f 为自由度；C 为组元的数量；P 为相的数量。若体系在恒温或恒压条件下可表示为 $f = C - P + 1$。

图 3.11 所示为求解 A-B 二元系中平衡共存两相的平衡成分的公切线法则，就是一个已知恒温恒压下吉布斯自由能与成分的关系，通过绘图的方法直观求解平衡相相成分的例子。图中 G_m^α 和 G_m^γ 分别是某一温度下，α 相和 γ 相中的摩尔吉布斯自由能与成分的关系。在该温度下达到平衡时，平衡共存的两相 α 相和 γ 相的成分可以通过绘制 G_m^α 和 G_m^γ 的公切线得到。公切线与 G_m^α 和 G_m^γ 线的切点分别对应的是两相平衡时，α 相的成分和 γ 相的成分。此时，同一组元不同相之间的化学势两两相等，$\mu_A^\alpha = \mu_A^\gamma$，

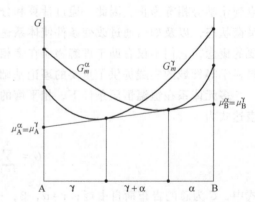

图 3.11　A-B 二元系中平衡共存两相的平衡成分的公切线法则

$\mu_B^\alpha = \mu_B^\gamma$。相图热力学计算的基本内容可以归纳为两个部分：一是确定体系在各个温度下吉布斯自由能对成分变化的表达式；二是借助计算机，直接求出体系总的吉布斯自由能达到最小值时平衡共存的各相成分，从而得到平衡共存的各相成分。

6. 基本热力学模型

一般有两种方法去描述各相的吉布斯自由能，其一是直接提出目标体系吉布斯自由能的函数表达式；其二是通过数学运算，拟合实验数据得到相应的数学表达式。热力学模型经常用到的有理想溶体模型、正规溶体模型、亚正规溶体模型和亚点阵模型等。热力学计算中必须选择适合目标体系的模型，这有助于准确地找到相应的热力学参数，构建热力学数据库。其中，亚点阵模型在描述化学计量比相、置换固溶体等相中被广泛采用。

在恒定的压力下，多组元体系溶体相的吉布斯自由能与温度和组成变量的关系常用一个多项式来表示：

$$G = G^{\text{ref}} + \Delta G^{\text{id}}_{\text{mix}} + G^{\text{ex}} + G^{\text{mag}} \tag{3.22}$$

式中，等式右边第一项 G^{ref} 为纯组元对溶体相吉布斯自由能的简单机械叠加，第二项 $\Delta G^{\text{id}}_{\text{mix}}$ 是理想混合熵对吉布斯自由能的贡献；G^{ex} 是超额吉布斯自由能，表示目标体系偏离理想溶液模型的大小，用 Redlich-Kister 多项式来表示；最后一项 G^{mag} 是磁性对吉布斯自由能的贡献。如 A-B 二元体系的吉布斯自由能表达式如下：

$$G_m^\varphi = \sum_{i=A,B} {}^0 G_i^\varphi x_i + RT \sum_{i=A,B} x_i \ln x_i + x_A x_B \sum_{n=0}^n L_{A,B}^\varphi (x_A - x_B)^n + {}^{\text{mag}} G_m^\varphi \tag{3.23}$$

$$ {}^0 G_i^\varphi (T) = G_i^\varphi(T) - H_i^{\text{SER}} = a + bT + cT\ln T + dT^2 + eT^3 + fT^{-1} + gT^7 + hT^{-9} \tag{3.24}$$

$$ {}^n L_{A,B}^\varphi = E_n + F_n T \tag{3.25}$$

$$ {}^{\text{mag}} G_m^\varphi = RT \ln(\beta_0 + 1) g(\tau) \tag{3.26}$$

式中，${}^0 G_i^\varphi(T)$ 为元素 i 在 φ 相中在标准状态（298.15 K，1bar，1bar = 10^5 Pa）下的吉布斯自由能随温度 T 的多项式表达式，源自 1991 年 SGTE 公布的纯组元热力学数据库；其中，各字母（$a \sim h$）为修正常数；H_i^{SER} 为元素 i 在标准状态下的摩尔焓；R 为气体常数；T 为热力学温度（K）；${}^n L_{A,B}^\varphi$ 以温度为自变量来表示 A 和 B 组元之间的相互作用，且 E_n 和 F_n 为相图计算当中要优化的参数；另外 ${}^{\text{mag}} G_m^\varphi$ 为 φ 相对吉布斯自由能的磁贡献。$\tau = T/T_C^\varphi$，T_C^φ 是 φ 相的居里温度；根据 Hillert 和 Jarl 提出的方程，β_0 为磁矩，$g(\tau)$ 可以表示为

$$g(\tau) = \begin{cases} 1 - \dfrac{1}{M}\left[\dfrac{79\tau^{-1}}{140p} + \dfrac{474}{497}\left(\dfrac{1}{p} - 1\right)\left(\dfrac{\tau^3}{6} + \dfrac{\tau^9}{135} + \dfrac{\tau^{15}}{600}\right)\right] & (\tau > 1) \\[2mm] -\dfrac{1}{M}\left[\dfrac{\tau^{-5}}{10} + \dfrac{\tau^{-15}}{315} + \dfrac{\tau^{-25}}{1500}\right] & (\tau < 1) \end{cases} \tag{3.27}$$

$$M = \frac{518}{1125} + \frac{11692}{15975}\left(\frac{1}{p} - 1\right) \tag{3.28}$$

式中，p 为相 φ 结构决定的值（BCC 相为 0.4，其他相为 0.28）。

热力学模型的描述都需要大量的化学和热力学数据，精确的热力学数据才能让热力学软

件更好地发挥作用。在一定程度上，数据库的规模、准确性和更新速率等要素可以作为判断一个热力学模拟软件是否成熟的标志。理论热力学模型的提出和求解方案的探究、构建热力学数据库，再到相应计算软件系统的开发和推广，以上这些构成了发展材料热力学计算技术的基本流程。

CALPHAD 方法发展了"估定（Assessment）"的方法来完成简单体系到多元体系的外推和构建，如对于一个多元体系的估定步骤如图 3.12 所示。首先建立起组成该多元系的每个二元体系的热力学描述，然后利用上述的外推法，将热力学函数从二元系推广到三元系或更高元的体系中。

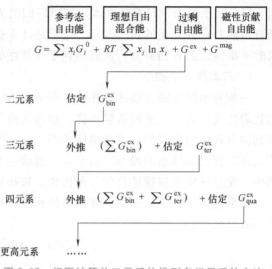

图 3.12　相图计算从二元系外推到多组元系的方法

最后根据外推结果设计严格的实验，比较实验结果和外推结果。如果发现两者偏差较大，则在体系的热力学方程中可以添加高阶的相互作用函数。一般对于一个 n 元体系，重复进行以上过程，可依次对组成它的二元、三元等更高元体系进行估定，直到 n 元体系被估定。

3.2.2　第一性原理

基于密度泛函理论（Density Functional Theory，DFT）的第一性原理计算（First-principles Calculations），凭借其仅依赖于原子种类和晶体结构信息的特性，展现出卓越的预测能力。在材料科学领域，这些计算方法被广泛应用，其中最为知名的包括全势线性化增强平面波（FLAPW）方法和维也纳从头算模拟包（VASP）。FLAPW 方法以其高精度而著称，被视为 DFT 方法中的"基准"，而 VASP 则以其高效性在模拟计算中占据重要地位。第一性原理计算能够精确计算给定系统的电子结构和总能量，进而准确预测化合物在绝对零度（0K）下的相稳定性。通过结合冻结声子或线性响应技术，这些计算方法还能进一步探索有限温度下的振动效应，为理解材料的热力学性质提供重要依据。值得注意的是，第一性原理计算不仅适用于平衡相的研究，还能有效应用于非平衡相和亚稳相的分析。这一特性使得研究人员能够深入探索那些对材料力学性能（如强化析出物）至关重要的亚稳相，而这些相在实验条件下往往难以直接观测和研究。第一性原理计算不仅可以提供与 CALPHAD 相结合的亥姆霍兹自由能、熵等热力学性质，亦可进行扩散系数等动力学性质及弹性常数等力学性质的计算，如图 3.13 所示。

这些参数对于理解材料的热稳定性和界面行为至关重要，对于新型材料的设计和性能优化具有重要意义。例如，Wang 等人研究并发展了数据驱动下 ICME（集成计算材料工程）的最新框架，提出将高通量多尺度计算与快速实验及制造相结合，完善了材料设计策略，现已应用于镁合金、钛合金的研究中。在本节中，将对有限温度、无序相和界面能的第一性原理计算进行简要综述，以展示这些计算方法在材料科学领域中的广泛应用和重要作用。其中，Wang 等人开发的极端材料专业平台（ProME）可以实现多尺度的第一性原理计算，如

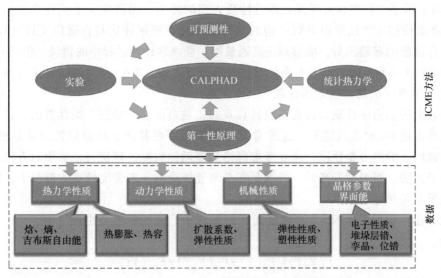

图 3.13　第一性原理计算和相图计算相结合的方法

图 3.14 和图 3.15 所示。其中，相似原子环境（SAE）工具和基于 AI 的晶体搜索工具（ABC）被设计用于构建有序/无序晶体结构，通过经典第一性原理计算可以精确预测其原子和电子结构以及一些物理性质。通过利用第二版平均场势能（MFP^2）工具和自动热力学计算工具（Auto-Calphad）等进一步分析工具，可获得极端条件下的热力学性质。HTEM 和

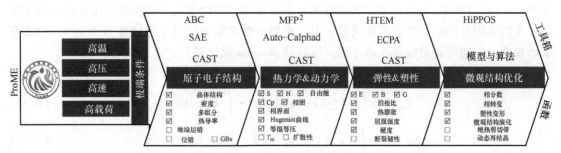

图 3.14　内嵌于 ProME 平台的各种工具包及其功能

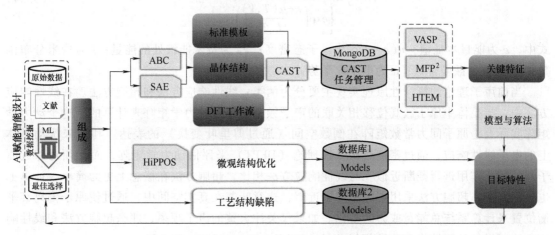

图 3.15　通过 ProME 工具包进行智能设计的流程图

ECPA 工具展示了它们在预测弹性和塑性性质方面的能力，而高应变率塑性相场模型（HiP-POS）与集成模型和算法模拟微观结构的演化和优化。校正评估与自适应工具（CAST）作为组织工作流程的基础工具，能够纠正高通量第一性原理计算过程中的错误。值得一提的是，所有这些单独工具和集成 ProME 平台均已通过第三方测试，并在各种材料中进行了验证。

1. 有限温度下的第一性原理计算

对于合金的热力学性质，目前需要计算亥姆霍兹自由能中的三个加性贡献。首先，第一个贡献是冷能或 0K 时的总能量，这通常是在原子保持在其静态晶格位置时计算的。其次，对于有限温度下的热力学性质，需要考虑晶格热振动的贡献。理论上，常用的方法是晶格动力学或声子方法。当温度升高时，特别是在费米能级处电子态密度较高的情况下，需要包括的第三个贡献是热电子贡献。

因此，在一个原子体积为 V、温度为 T 的系统中，亥姆霍兹自由能 $F(V, T)$ 可以近似地表示为

$$F(V,T) = E_0(V) + F_{el}(V,T) + F_{vib}(V,T) \tag{3.29}$$

式中，$E_0(V)$ 为 0K 下的基态能量，可通过第一性原理计算体系的静态能量并通过状态方程（Equation Of State，EOS）拟合得到；第二项 $F_{el}(V, T)$ 为热电子贡献；$F_{vib}(V, T)$ 为离子振动对亥姆霍兹自由能的贡献，写做：

$$F_{vib}(V,T) = k_B T \sum_q \sum_j \ln 2 \sinh\left[\frac{\hbar \omega_j(\boldsymbol{q}, V)}{2 k_B T}\right] \tag{3.30}$$

其中，$\omega_j(\boldsymbol{q}, V)$ 表示 j^{th} 声子模式在波矢 $\boldsymbol{q}$ 下的频率。热电子对亥姆霍兹自由能的贡献主要由费米能级附近的形状和态密度决定。由于金属中费米能级的电子态密度为不为 0，故其在亥姆霍兹自由能中起着很重要的作用。可通过 Mermin 统计得到，如下所示：

$$F_{el}(V,T) = E_{el} - T S_{el} \tag{3.31}$$

$$E_{el} = \int n(\varepsilon, V) f(\varepsilon, V, T) \varepsilon d\varepsilon - \int^{\varepsilon_F} n(\varepsilon, V) \varepsilon d\varepsilon \tag{3.32}$$

$$S_{el} = -k_B \int n(\varepsilon, V) \{f \ln f + [1 - f] \ln[1 - f]\} d\varepsilon \tag{3.33}$$

$$f = \frac{1}{\left\{\exp\left(\frac{\varepsilon - \mu(T, V)}{k_B T}\right) + 1\right\}} \tag{3.34}$$

式中，ε 为能量本征值；$n(\varepsilon, V)$ 为电子态密度；ε_F 为费米能级处的能量；f 为费米分布函数；k_B 为玻尔兹曼常数；μ 为电子化学势。

当前声子理论的第一性原理实现主要分为两类：线性响应方法和超胞方法。在线性响应方法中，与晶体中原子微观位移相关联的声子频率是通过动力学矩阵来计算的。这个动力学矩阵实际上是原子间力常数矩阵在倒数空间（通过傅里叶变换）的表达。利用未扰动晶体上的电子线性响应，通过密度泛函微扰理论（DFPT）来评估动力学矩阵，而无须对邻近原子间的相互作用进行截断近似。与线性响应方法相比，超胞方法在概念上更为简单，计算上也更为直接。超胞方法采用了冻结声子近似，这意味着在真实空间中，通过使原子偏离其平衡位置来计算系统总能量或力的变化。如果仅关注大致的声子频率，那么超胞方法和线性响应方法所得的计算结果会非常相似。

2. 第一性原理计算界面

众多研究表明，界面工程已成为发展先进材料的重要策略之一。事实上，材料中的界面/缺陷不仅影响原子尺度的局部键合环境/强度，而且很有可能通过相变对宏观弹塑性性质起主要调节作用。研究表明界面对于合金的力学性能以及断裂都有着至关重要的影响。另外，根据不同的性能需求，现在可以将两种或两种以上不同成分合金通过特殊加工工艺结合起来，其结合界面的研究也就显得尤为重要。大量研究通过揭示材料使役性能的缺陷本质表明，通过调控合金元素的种类和含量可以优化界面结构，改善合金的宏观性能。

在界面能的第一性原理计算中，通常遵循以下步骤来估算界面能量：

（1）定义界面超胞　这一步涉及确定界面的具体结构，包括如何"切割"两个相位的晶体、如何"连接"它们——即界面的取向、终端、对齐方式和原子配置。界面超胞的大小和形状需要足够大以包含足够的原子来模拟界面的真实性质，同时又要足够小以保持计算效率。

（2）计算超胞的总能量（e_{tot}）　在定义了界面超胞之后，使用第一性原理计算方法（如密度泛函理论 DFT）来计算超胞的总能量。在这个过程中，允许超胞中的所有原子进行充分的弛豫，以找到能量最低的稳定结构。

（3）计算每个相的总能量（e_1 和 e_2）　为了计算界面能，需要知道每个单独相的能量作为参考。这通常是通过在相同的超胞大小下，固定界面区域的晶格参数，并允许垂直于界面的第三个晶格参数进行弛豫来完成的。这样，可以计算出两个相（分别标记为相 1 和相 2）在相同条件下的总能量 E_1 和 E_2。

界面能 γ 的计算通常基于以下公式：

$$\gamma = \frac{(E_{tot} - E_1 - E_2)}{2A} \tag{3.35}$$

式中，E_{tot} 为界面超胞的总能量；E_1 和 E_2 分别是两个单独相在相同超胞大小下的总能量；A 是界面的面积。这个公式基于这样一个假设：界面能是单位面积上由于界面存在而增加的能量。

在界面稳定性的研究中，界面能 γ_{int} 被定义为形成界面时单位面积产生的额外能量，其本质上是由界面原子间化学键变化和晶格错配引起的结构应变引起的。通常，当形成界面的两部分基体结构完全不相同时，γ_{int} 最小且大于 0 的界面在热力学上最稳定，与能量最低原理一致。Zou 等人以 γ-TiAl 和 Ti_2AlNb 间不同相界面模型为例，基于第一性原理计算分析不同界面类型的基本物性关系，如界面能、费米能、键合电子密度、态密度和电子局域函数等。从电子结构性质和能量变化两种角度定量和定性地研究了高强钛合金扩散连接件中的相界面原子/电子结构、取向关系对界面结合强度及其稳定性的影响，并通过电子背散射衍射的实验结果进行了对比验证，在微观尺度上为揭示 TiAl/Ti_2AlNb 异质界面的结合和强化机制提供原子和电子的基础的理论依据。

此外，堆垛层错是一种既可以出现在晶体生长过程中，也可以出现在变形过程中的典型面缺陷，也是界面工程中的重要环节，其与合金的位错行为及其相关力学性能有着紧密联系。其中层错能是基于层错宽度并根据位错理论推导公式计算的单位面积能量增加值，可以反映层错引起的应变能与合金元素偏聚引起的铃木效应，与材料的塑性变形和力学性能也有着密切关系。层错能的大小与 Shockley 不全位错宽度成反比关系，层错能越大时发生层错的倾向也越小，使得合金的塑性降低。层错能较小时会增加位错间的解离距离，位错的进一步运动受到抑制，而较大的层错能则可以通过影响位错攀移和交滑移过程降低蠕变抗力，从而提升合金的稳态蠕变速率。因此，在新型合金成分设计时可以通过合金元素调控层错能大小进而优化力学性能。Wang 等人使用第一性原理计算，从原子和电子角研究了 Ti-7333 和 Ti-5553 中主要溶质原子（X = Al、Cr、Nb、V、Mo）对 HCP-Ti 堆垛层错能与键合结构的影响，借助非层错层与层错层键合电子密度的差异揭示了局域 HCP→FCC 型相变的发生。

大量研究表明，减小位错宽度可以提高位错密度，从而提高合金的强度和塑性。Guo 等人系统研究了纯钛和 Ti-Al 合金中层错能与稳态蠕变速率的内在关联，相关结论表明层错能与溶质元素含量有关，铝含量的增加会降低合金的层错能并有利于形成短程有序结构，进而增强钛合金的抗蠕变性能。

3.2.3 分子动力学

1. 分子动力学概述

分子动力学（Molecular Dynamics，MD）是一种用于分析原子、分子物理运动的多体模拟方法。该方法通过数值求解相互作用的粒子所构成的多体系统运动方程，模拟粒子在一定时间内的运动状态，以动态的方式研究系统随时间演化的行为。具体来说，分子动力学模拟将每一个粒子视为在由其他粒子构成的势场中运动，在经典或量子方法的指导下，求解系统中各粒子在某一时刻的位置和速度，以确定粒子的运动状态，并分析系统中各粒子所受的力情况，从而计算系统的结构和性质。与静力学模拟主要研究体系构型不同，分子动力学的目标是研究与时间和温度等有关的性质。

分子动力学模拟对多体系统的时间演化研究可以追溯到 17 世纪，当时主要集中在天体力学和太阳系稳定性等问题上。在那个时期，许多计算方法被开发出来，这些方法被用于进行数值计算，可以被认为是"纯手工"的分子动力学模拟，早于计算机的使用。随着对微观粒子的认识与计算机技术的发展，人们的兴趣从引力系统扩展到物质的统计特性。为了更好地理解不可逆过程的本质，1953 年，恩里科·费米（Enrico Fermi）利用 Los Alamos 国家实验室早期的计算机 MANIAC I，求解受多种力学定律影响的多体系统的运动方程，从而实现了时间演化的模拟。这一开创性研究如今被称为 Fermi-Pasta-Ulam-Tsingou 问题。

1957 年，Alder 等人首次使用分子动力学方法在硬球模型下研究气体和液体的状态方程，这开创了用分子动力学模拟方法研究物质宏观性质的先例。随后，人们对这一方法进行了多次改进，并广泛应用于固体及其缺陷以及液体的研究。例如，1960 年，J. B. Gibson 等人使用 Born-Mayer 类型的排斥相互作用和内聚表面力成功模拟了固体铜的辐射损伤。1972年，Less 等人进一步发展了该方法，并将其应用于非平衡系统中存在速度梯度的情况。1980年，Andersen 等人提出了恒压分子动力学方法。随后，1983 年，Gillan 等人将该方法推广到具有温度梯度的非平衡系统，从而形成了非平衡系统分子动力学方法体系。此外，1984 年，Nose 等人完成了恒温分子动力学方法的创建。为了解决势函数模型化较困难的半导体和金属等问题，1985 年，Car 等人提出了第一性原理分子动力学方法，将电子论与分子动力学方法有机地结合在一起。

但由于受计算机速度及内存的限制，早期模拟的空间尺度和时间尺度都受到很大限制。20 世纪年 80 代后期，由于计算机技术的飞速发展，加上多体势函数的提出与发展，为分子动力学模拟技术注入了新的活力。许多在实际实验中无法获得的微观细节，在分子动力学模拟中都可以方便地观察到。材料的力学性质主要取决于材料变形过程中结构内部萌生缺陷的微观机制，而分子动力学方法能够描述真实原子的动力学行为，从原子尺度精准地捕捉到材料的变形机制。这种优点使分子动力学在材料科学领域研究中显得非常有吸引力。目前，该技术已成功地用于研究晶格畸变、晶粒生长、拉压应力-应变关系、蠕变行为、高温变形行为、扩散、沉积、烧结、固结、纳米摩擦、原子操纵、微流体和微传热等方面。

值得注意的是，对于大量粒子组成系统，不可能以解析的方式确定这种复杂系统的性质。分子动力学模拟通过使用数值方法规避了这个问题。然而，长时间的分子动力学模拟在数值积分中会产生累积误差，这些误差可以通过正确选择算法和参数来最小化，但不能消除。由于这种时空尺度上的局限性，通过分子动力学模拟得到的力学性能数值往往无法完全代表材料真实的宏观力学性能。但是，这并不妨碍运用分子动力学方法对材料的微观力学行为展开系统性的研究。大量研究表明，分子动力学方法的模拟结果能够清晰地阐明材料的变形和破坏机制，为跨尺度力学分析奠定重要的物理基础。随着计算机运算能力的飞速提升，分子动力学方法的研究体系也在向更大的时空尺度迈进。

2. 平衡分子动力学与非平衡分子动力学

根据模拟对象的不同，分子动力学模拟分为平衡分子动力学模拟（EMD）和非平衡分子动力学模拟（NEMD）。平衡系统与非平衡系统的主要差别在于边界条件和物理量的时间关联性。平衡分子动力学模拟中，模拟系统处于热力学平衡状态，即系统的宏观性质在长时间内保持不变。因此通常使用周期性边界条件，以模拟无限大的系统，并在给定部分提供恒定的属性分布，无论是密度、温度还是压力，以便整个系统协同作用。在这种模拟中，统计力学在微观平衡和热力学之间建立了牢固的联系，线性响应理论提供了一条推导线性宏观定律和进入本构关系的输运特性的微观表达式的途径，因此提取的物理量（如能量、压力、密度等）与时间无关。

平衡分子动力学模拟的步骤包括：①确定起始构型；②进入平衡相；③进入生产相；④数据采集。一个能量较低的起始构型是进行分子模拟的基础，一般分子的起始构型主要来自实验数据或量子化学计算。在确定起始构型之后要根据研究对象所处的环境构建模拟体系。然后要赋予构成分子的各个原子速度，这一速度是根据玻尔兹曼分布随机生成的，由于速度的分布符合玻尔兹曼统计，因此在这个阶段，体系的温度是恒定的。另外，在随机生成各个原子的运动速度之后须进行调整，使得体系总体在各个方向上的动量之和为零，即保证体系没有平动位移。在这一过程中需要对体系的能量、温度、压强、密度等进行监控，看是否收敛，直至体系达到平衡。进入生产相之后体系中的粒子开始根据初始速度运动，可以想象其间会发生吸引、排斥乃至碰撞，这时就根据牛顿力学和预先给定的粒子间相互作用势来对各个粒子的运动轨迹进行计算。在这个过程中，体系总能量不变，但分子内部势能和动能不断相互转化，从而体系的温度也不断变化。在整个过程中，体系会遍历势能面上的各个点（理论上，如果模拟时间无限）。在这个过程中用抽样所得体系的各个状态计算当时体系的势能，进而计算构型积分。

平衡条件可以定义为系统的原子振动遵循系统中的声子模式。因此，如果达到能量均分所需的时间（即在热平衡下每个能量状态下的能量相等）快于声子模式的寿命，则系统被视为处于非平衡状态。此时偏离平衡状态是通过扰动（由外部环境引起的偏差）发生的，这些扰动可以受到限制，并分为线性和非线性。通过将扰动限制在特定条件下，使分子动力学能够适应处理非平衡系统。非平衡分子动力学同样基于时间可逆运动方程，但是，它与传统力学原理的不同之处在于，它使用微观环境来计算宏观热力学第二定律。

非平衡分子动力学模拟通常需要施加外部力或梯度来维持系统的非平衡状态，从而实现微观层面的动力学与宏观层面发生的非平衡特性之间的联系。此时单个变量和局部区域可以通过定义的值进行更改，如果系统需要，可以更改另一个区域以不同的量进行更改。如图3.16所示，Kadau通过数百万原子的非平衡分子动力学模拟研究单晶铁和多晶铁的寸贡纽曲线。此外，并在300 Gap范围内获得了单晶铁和多晶铁的雨贡纽曲线。此外，在相变阈值以上，发现了体心立方紧密堆积颗粒的均匀形核对激波前沿后剪应力的弛豫作用。并且发现随着冲击强度的增加，结构相变的驱动力增加，从而通过均匀形核更快地产生形核中心，并导致了更平滑的相变前沿的产生。

图 3.16　体心立方铁沿 [001] 方向上四种不同冲击强度的非平衡分子动力学模拟

3. 经典分子动力学与从头算分子动力学

分子动力学模拟的关键问题是确定原子间作用势，因此必须知道相应的电子基态。而电子基态的计算是一个非常复杂的量子多体问题，即解多体薛定谔方程。事实上求解薛定谔方程是非常困难的，因此通常是通过实验拟合或半经验解法得到原子间作用势，然后求得系统能量。对于不同的应用对象，原子间势函数的势参数互不相同。势参数的确定一般有3种方法：① 通过实验值（如晶格常数、弹性常数、内聚能和空位形成能等）拟合势参数；② 通过蒙特卡罗方法确定势参数；③通过基于量子力学得到的各种微观信息来确定势参数。根据对原子间作用势不同的简化处理方法，分子动力学可划分为经典分子动力学和从头算分子动力学。

经典分子动力学通过实验结果或经验模型确定原子间作用势，通过牺牲一部分量子力学的准确性换取原子和分子层面经典力学的简单性。其计算量较小，可以解决较大规模的问题（例如固体和液体的热力学、传输特性、相变、微观尺度的机械和热机械特性），目前已经非常成功地描述了晶体中多达数万亿个原子的大型系统的行为。经典分子动力学中原子尺度的轨迹是通过求解原子"粒子"的经典动力学运动方程（即牛顿第二定律）来演化的。除了准确描述系统演化动力学和非平衡动力学之外，源自统计力学的广泛理论形式允许从粒子轨迹确定一组详细的属性，包括热力学、传输系数、机械响应、热导率和电化学过程等。

经典分子动力学模拟的主要挑战是选择和推导合适的原子间相互作用势，并将势函数参数化。目前已经发展出了多种原子间势函数形式，其精度、复杂性和计算成本各不相同。在20世纪80年代以前分子动力学模拟一般都采用对势模型（Pair Potential），该模型仅考虑近邻原子间的库仑作用力和短程相互作用并认为系统能量为各粒子能量总和。对势可以比较好地描述除金属和半导体以外的几乎所有无机化合物。比较常用的对势有硬球势、Lennard-Jones（LJ）势、Morse势、Johnson势等，它们在特定的问题中均有各自的优越性。实际上，在多原子体系中一个原子的位置不同将影响空间一定范围内的电子云分布，从而影响其他原子之间的有效相互作用，因此人们开始考虑粒子间的多体作用，构造出多体势结构。Daw等在1984年首次提出了嵌入原子法（Embedded-Atom-Method，EAM）。EAM势很好地描述了金属原子之间的相互作用，是描述金属体系最常用的一种势函数，但对于由共价键结合的有机分子及半导体材料并不适用。为了更好地描述各种含有共价键作用的物质，人们考虑了电子云的非球形对称，将EAM势推广到共价键材料。为此Baskes等提出了半经验的修正嵌入原子核法（MEAM）。这是由于它从局域电子密度观点出发解决全部问题，使用的参数即包括从实验中获得的数据（如晶格常数、转变能、体积模量、弹性模量等），又包括从理论计算获得的数据。

Hou等人通过分子动力学系统模拟了体心立方金属中（100）[001]典型刃位错核处纳米氢化物的生长过程，如图3.17所示。结果发现这种位错核处在热力学角度上形成氢团簇的可能性，即这两种位错核是氢团簇的有效形核位置。当氢浓度或化学势超过某一临界值

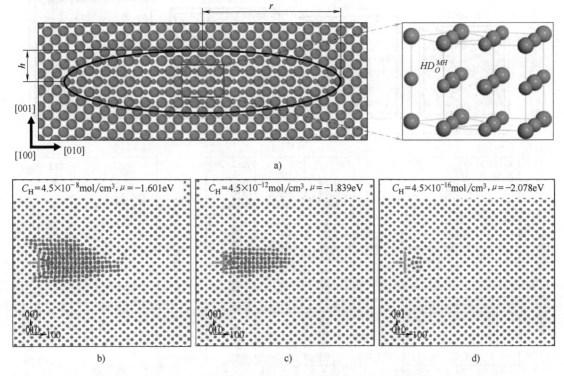

图3.17　体心立方金属中球形纳米氢化物颗粒横截面和300K温度下含不同
氢浓度的W中（100）[001]刃位错周围的氢分布

a）球形纳米氢化物颗粒横截面　b）~d）300K温度下含不同氢浓度的W中（100）[001]刃位错周围的氢分布

时，纳米氢化物便可以在位错核处形核。这种纳米氢化物在能量上是有利的，并且以薄片状结构的形式生长，这可最大限度地提高<001>方向上的张力。纳米氢化物形态的应力各向异性说明氢团簇形成过程会受到各向异性应力场的影响，这与最近的实验观察结果非常一致。这项工作明确阐明了应力对氢团簇行为的各向异性影响，为理解氢诱导的金属损伤提供了关键的力学见解。

但是经典分子动力学可移植性差。一般来说，针对不同的材料成分、服役条件都需要确定不同的经验参数。并且模拟通常一次涉及不超过两到三种化学元素。为了克服这一缺陷，研究人员考虑直接从量子力学轨道理论出发获取原子间作用势。这种基于量子力学的分子动力学称之为从头算分子动力学。密度泛函分子动力学和第一原理分子动力学是比较常用的从头算分子动力学。密度泛函分子动力学是在量子理论基础上建立起来的，从波函数出发定义电子的密度，赋予波函数确切的物理意义，通过求解 Schrodinger 方程确定电子的密度，再根据能量与密度的关系给出系统的能量。第一原理分子动力学是利用第一原理法对电子结构进行计算，解决材料中各元素间的成键、结合和相稳定性，材料的力学行为与电子结构和成键性质、电荷分布的主要方向等。

Liang 等人进行了基于密度泛函理论（DFT）的从头算分子动力学（AIMD）模拟和基于轨道的成键分析，以评估 $Ge_2Sb_2Te_5$、$Ge_2Sb_1Te_2$、$Ge_4Sb_1Te_2$ 和 $Ge_7Sb_1Te_2$ 一系列富 Ge 非晶态 Ge-Sb-Te 相的结构特征和成键性质。如图 3.18 所示，随着 Ge 浓度增加，Ge-Ge 和 Ge-Sb 键

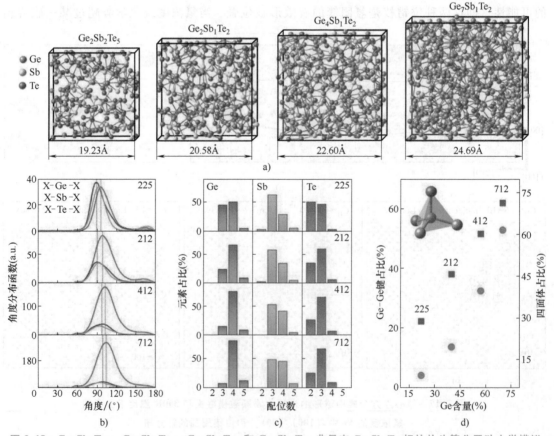

图 3.18　$Ge_2Sb_2Te_5$、$Ge_2Sb_1Te_2$、$Ge_4Sb_1Te_2$ 和 $Ge_7Sb_1Te_2$ 非晶态 Ge-Sb-Te 相的从头算分子动力学模拟

的径向分布函数峰将变得更加明显。即使在非晶态 $Ge_7Sb_1Te_2$ 中，Ge-Te 键仍然是主要的结构特征，而在较小的原子间距离处并不存在 Te-Te 原子键。通过与纯非晶态 Ge、GeTe 和几种化学计量比的 Ge-Sb-Te 合金进行比较，阐明了过量 Ge 含量对提高非晶态稳定性的作用。此外，他们还使用晶体轨道重叠布居（COOP）方法和局部原子中心轨道投影对富 Ge 非晶态 Ge-Sb-Te 的弛豫结构进行了化学键合分析，结果表明，$Ge_2Sb_2Te_5$、$Ge_2Sb_1Te_2$ 在费米能级上均不存在强反键相互作用，这表明非晶态模型具有合理的化学稳定性。尽管成分不同，但所有四种非晶态合金都显示出从键合到反键合相互作用。

4. 机器学习立场

从头算分子动力学针对任意化学成分的材料提供了一种准确的、高度可移植的方法。但由于需要近似求解复杂的多体薛定谔方程，这无疑需要承担昂贵的计算开销。因此目前的从头算分子动力学模拟仅限于数百个原子，而经典分子动力学模拟已用于多达十亿个原子的系统。当然，随着计算机算力的提高和软件效率的创新（如可扩展性、并行化），从头算分子动力学模拟的原子数量会进一步增加。另一方面，另一种加速分子动力学模拟的策略是拟合一个机器学习模型，也就是所谓的机器学习力场。该方法根据原子坐标预测原子级别的力和能量，然后使用学习到的力场来模拟分子动力学，以替代获取能量和力的计算成本高昂的量子力学计算。图 3.19 所示为机器学习力场模拟分子动力学轨迹的流程。

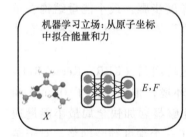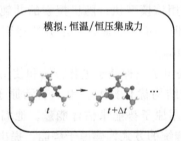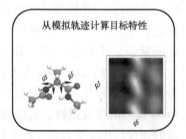

图 3.19 机器学习力场模拟分子动力学轨迹的流程

神经网络是首个被应用于构建势能面的机器学习方法。早在 1992 年，Sumper 等人使用神经网络将聚乙烯分子的振动光谱与其势能表面相关联。然而，由于所需的大量输入数据和架构优化，这种方法变得烦琐且难以应用于其他分子系统。Blank 等人在 1995 年的工作中真正展示了机器学习力场的潜力，他们将系统的能量映射到其结构上，主要包括质心的横向位置、分子轴相对于表面法线的角度以及质心的位置。训练集是从电子结构计算中获得的，没有使用进一步的近似值。他们的开创性研究证明了神经网络在准确有效地预测具有多个自由度系统的势能表面方面的潜力。

机器学习在建立势能面上最成功的应用之一是 Behler-Parrinelo 方法。在 Behler-Parrinelo 方法中，使用多层感知器前馈神经网络，将每个原子映射到其对能量的贡献上。系统的每个原子都由一组对称函数描述，这些函数作为该元素的神经网络的输入。元素周期表中的每个元素都以不同的网络为特征。基于神经网络模拟的能量，相对于原子位置或应变的微分分别建立了力和应力的预测模型。这种方法最初应用于块状硅，与第一性原理计算的能量的误差仅 5meV/原子。此外，利用这种原子间势的分子动力学模拟能够重现 3000K 下硅熔体的径向分布函数。从那时起，这种方法在材料科学领域的许多应用已经出现，例如，碳、钠、氧化锌、二氧化钛、碲化锗、铜、金和 Al-Mg-Si 合金。

自 2007 年发布以来，Behler 和 Parrinelo 方法进行了多项改进。2015 年，Ghasemi 等人提出了一种基于神经网络的电荷平衡技术，获得与环境相关的原子电负性，并通过电荷平衡方法计算总能量。该技术成功地再现了 CaF_2 的几个体特性。2011 年，Witkoskie 等人提出，由 Pukrittayakamee 等人扩展和推广，力学项被考虑在内。这些工作表明在训练中包含梯度大大提高了力场的准确性，一方面是由于训练集大小的增加，而另一方面则是由于训练中的额外限制。Hajinazar 等人设计了一种训练分层多组分系统的策略，从元素物质开始，一直到二元、三元等。然后，他们将该技术应用于 Cu、Pd 和 Ag 系统的缺陷和形成能的计算，并且获得了出色的声子色散再现。

另一个极其成功的机器学习势族是高斯近似势（Gaussian Approximation Potential，GAP）。该方法首次由 Bartók 等人引入，这些势在双谱空间使用高斯过程回归来插值原子能量。对半导体和铁的测试显示出对从头计算势能面的显著复现能力。该方法的进展包括用 SOAP 描述符取代双谱描述符，训练不仅涉及能量还涉及力和应力，通过加入二体和三体描述符将该方法推广至固体，并且具备比较多种化学种类结构的能力。Dragoni 等人将 GAP 应用于 BCC 铁磁铁，证明了这些势在 DFT 能量和热力学性质方面的准确性。特别是，能够正确复现体相缺陷、声子、Bain 路径和 Γ 面。Deringer 等人通过将单点 DFT 计算、GAPs 和随机结构搜索相结合，展示了一种能同时探索和拟合复杂势能面的方法。他们使用 500 个随机结构来训练 GAP 模型，然后使用该模型执行随机搜索的共轭梯度步骤。最小能量结构在重新进行单点 DFT 计算后添加到训练集中。通过这个方法得到的硼势能能够描述多种多态体的能量学，其中包括 αB_{12} 和 βB_{106}。

除此以外，Jacobsen 等人提出了一种基于进化算法和使用核岭回归（KRR，Kernel Ridge Regression）构建的原子势能的结构优化技术。为了表示原子环境，他们使用了 Oganov 和 Valle 提出的指纹函数。通过使用原子势能来估计能量，他们能够显著加快全局最小能量搜索的速度。Han 等人以一种非传统的方式构建原子势能，提出了一个深度神经网络，对于结构中的每个原子，输入是其与邻近原子之间距离的 N_c 个函数，其中 N_c 是考虑到的最大近邻数。因此，神经网络的某些输入必须为零。此外，如果该势能用于具有比训练集中考虑的较小原子间距的结构，可能存在可传递性问题。然而，他们的势能在铜和锆的能量预测中表现出良好的准确性。Zhang 等人通过将损失函数推广至包括力和应力，改进了这个方法。

3.2.4　蒙特卡罗方法

集成计算材料工程（ICME）的基本技术挑战是材料的响应和行为涉及大量的物理现象，在模型中准确捕获这些现象需要跨越多个数量级的长度和时间。材料响应的长度尺度从纳米级原子到厘米级和米级制成品。同样，时间尺度的范围从原子振动的皮秒到部件服役的几十年。从根本上说，性能源于纳米原子尺度上的电子分布和成键，但存在于多个长度尺度上的缺陷，从纳米到厘米，实际上可能主导性能。没有一种单一的建模方法可以描述如此多的现象或涉及的范围，这应该不足为奇。虽然已经开发了许多计算材料方法，但每种方法都侧重于一组特定的问题，并适用于给定的长度和时间范围。

考虑从 1Å（1Å = 0.1nm）到 $100\mu m$ 的长度尺度。在最小的尺度上，科学家使用电子结构方法来预测不同构型原子的成键、磁矩和输运性质。随着模拟单元变大，时间尺度变长，经验原子相互作用势被用来近似这些相互作用。利用共轭梯度、分子动力学和蒙特卡罗技术实现了电子结构和原子方法的优化和时间演化。在更大的尺度上，模拟单元的信息内容会减少，直到用在该长度尺度上占主导地位的缺陷来描述材料变得更有效为止。这些单位可能是晶格中的缺陷（如位错），内部界面（如晶界），或其他一些内部结构，并且模拟使用这些缺陷作为计算中的基本模拟单元。

所有蒙特卡罗方法的主要算法都基于随机分量。因此，以蒙特卡罗命名的算法种类繁多，用于从材料建模到金融风险评估等非常不同的应用。第一种蒙特卡罗方法归功于 Ulam 和 Metropolis，是在曼哈顿计划期间在洛斯阿拉莫斯国家实验室工作时开发的。在科学文献中，一般有两大类用于研究材料中离子扩散和传导的第一性原理计算技术：过渡态方法（如裸弹带和动力学蒙特卡罗）和分子动力学模拟。蒙特卡罗（Monte Carlo）方法，又称随机抽样或统计试验方法，属于计算数学的一个分支，它是在 20 世纪 40 年代中期为了适应当时原子能事业的发展而发展起来的。传统的经验方法由于不能逼近真实的物理过程，很难得到满意的结果，而蒙特卡罗方法由于能够真实地模拟实际物理过程，故解决问题与实际非常符合，可以得到很圆满的结果。

蒙特卡罗方法从微观尺度出发，采用随机的方式模拟系统中微粒的运动，通过微观物质量的变化体现系统的宏观性质，为宏观模拟提供重要的数据信息。根据为数值积分实验选择随机数的分布，可以区分为简单抽样和重要性抽样蒙特卡罗方法。前一种方法（简单抽样）使用随机数的均匀分布，后者（重要性抽样）采用与所调查的问题相适应的分布。因此，重要性抽样意味着在被积函数值较大的区域使用较大的权值，在被积函数值较小的区域使用较小的权值。图 3.20 所示强调表面科学实验、模拟或模型计算，以及材料固有特性之间的协同作用。这种协同作用的起源当然在于所有这三个"伙伴"都受相同的"粒子间相互作用"（即纯金属或合金原子间的原子间相互作用）的支配。

图 3.20　表面实验、模拟和材料特性之间的协同作用

一般算法如下：

第一步：选择初始配置：X_i

第二步：生成新配置：X_j

第三步：计算 $A(i{\rightarrow}j)$

如果 $A(i{\rightarrow}j)=1$，接受新的配置

如果 $A(i{\rightarrow}j)<1$，生成介于 0 和 1 之间的随机数（RN）

· 如果 $RN{\geqslant}A(i{\rightarrow}j)$，保留旧配置

· 如果 $RN<A(i{\rightarrow}j)$，接受新配置

第四步：建立 $X_j = X_i$ 并且返回第二步

$A(i{\rightarrow}j)$ 是来自状态 i 时接受状态 j 的概率；高效的算法应该最大化接受概率，以尽快达到平衡。Metropol Metropolis 等人公布了一种高效算法。

$$A(i{\rightarrow}j) = 1 \quad 当 E_j - E_i \leq 0$$

$$A(i{\rightarrow}j) = e^{-\beta(E_i - E_j)} \quad 当 E_j - E_i > 0$$

对于巨正则系统，类似的推理得出：

$$A(i{\rightarrow}j) = 1 \quad 当 E_j - E_i - \Delta\mu \leq 0$$

$$A(i{\rightarrow}j) = e^{-\beta(E_i - E_j - \Delta\mu)} \quad 当 E_j - E_i - \Delta\mu > 0$$

已知 $\Delta\mu = \mu_j - \mu_i$，具体算法如图 3.21 所示。

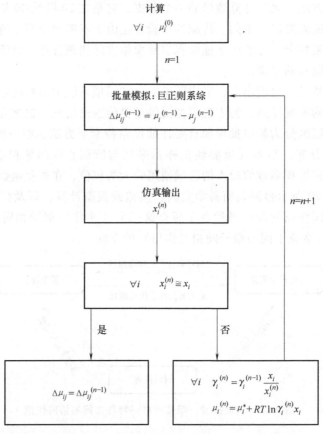

图 3.21 评估 $\Delta\mu$ 的算法

通常，蒙特卡罗建模可以分解为三个特征步骤（图 3.22）。在第一步中，所研究的物理问题被转换成类似的概率或统计模型。第二步，通过数值随机抽样实验求解概率模型，其中包含大量的算术和逻辑运算。第三步，使用统计方法对得到的数据进行分析。

由于随机抽样的广泛应用，蒙特卡罗方法的发展与计算机技术的进步密切相关。该方法的随机特性需要大量不相关的随机数序列。这种方法的有效性被概率论的中心极限定理所覆盖。为了通过随机抽样有效地对高斯型衰减对称函数进行积分，在其对称中心周围对被积值进行大权值采样是有用的，而不是在函数假设可忽略值的区域。图 3.23 清楚地表明，随机抽样的非加权积分比加权方案需要更大的实验次数来逼近真实积分。

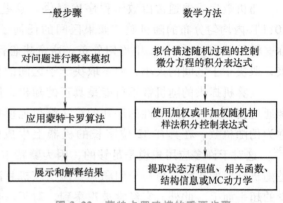

图 3.22　蒙特卡罗建模的重要步骤

1. 随机数

蒙特卡罗方法既可以用来模拟随机多体现象，也可以用形成马尔可夫链的大量不相关随机数随机抽样来积分函数。很明显，蒙特卡罗预测的可靠性取决于所使用的数字的随机性。

在计算机中，可以产生一个超过计算机内存保留部分的整数，并通过省略该整数的前导位或提取该整数的中间位来生成随机数。事实上，根据 Metropolis 和 von Neumann 最初的想法，所有伪随机数生成器都利用计算机中固定的单词长度。根据 Lehmer 的建议，可以通过模运算来生成伪随机序列，该运算切断大整数的前导位，该整数需要超过其保留字长的内存。这种产生随机数的方法被称为同余法。数学上可以用递归算法来描述

$$(aR+c) \bmod n \to R \tag{3.36}$$

式中，R 为一个随机数；a 为一个乘数；它的数字不应该显示一个规则的模式，c 是一个数字，它应该与 n 没有共同的非平凡因子。

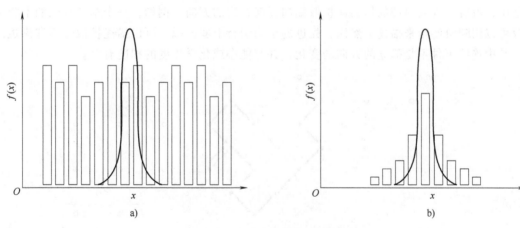

图 3.23　随机抽样方法的示意图
a) 非加权　b) 加权

该算法从一个所谓的"种子"数 R_0 开始，R_0 的值可以任意选择。如果程序运行不止一次，并且每次都需要不同的随机数来源，那么明智的做法是将种子号设置为 R 在前一个程序执行时获得的最后一个值，或者将其设置为当前机器时间。如果计划用相同的随机数序列重新运行模拟程序，则每次必须从相同的种子数开始。下一步 R 乘以 a，a 值的选择应符合三个规则：首先，如果 n 是 2 的幂，即如果使用二进制计算机，则应选择 a 使 $|a|=5$。其次，a 最好选择在 $0.01n$ 和 $0.99n$ 之间。第三，a 的数字不应该显示简单的规则模式。下一步，在 R 和 a 的乘积上加上一个数字 c。c 和 n 不能有相同的因数。例如，可以选择 $c=1$ 或 $c=a$。数字 m 应该是计算机单词长度的数量级，如 2^{30}。

随机数生成器通常由数学程序库提供。这些算法大多基于上述方法，通常提供在区间 [0,1] 内均匀分布的随机数。如果区间的任何子集所包含的数都不超过其所占的份额，则称这样的数列在 [0,1] 中均匀分布。这意味着落在 [0,1] 的某个子区间内元素的数量应该只取决于子区间的大小，而不取决于子区间的位置。

计算机提供的随机数不可能是真正的随机，因为它们产生的方式是完全确定的。随机元素通过提供具有大周期性的序列的算法简单地模拟。因此，计算机算法产生的随机数通常被称为伪随机数。在具有 32 位字长的机器上生成的大多数伪随机序列的周期性为 n 阶，即 2^{30}。这对于许多应用来说是足够的，因为蒙特卡罗模拟的误差与 $n^{-1/2}$ 成比例衰减，其中 n 是随机试验的次数。另一个问题是，由伪随机算法生成的 n 维空间中的坐标通常落在相对较少的超平面上。此外，它经常被观察到，对于一个真正的随机序列，某些连续两个数字成对出现的频率比预期的要高。通过组合不同的随机数生成器可以获得改进的结果。

2. 随机漫步模拟

蒙特卡罗方法最早的计算应用并不是对多维积分的数值逼近，而是对随机扩散型过程的模仿，这种过程可以分解为许多连续的、不相关的过程（图 3.24）。这种拓扑数值实验的第一个例子是 Ulam 和 von Neumann 在中子扩散领域模拟随机游走问题。利用蒙特卡罗方法，他们模拟了热中子在每次碰撞事件后随机改变飞行方向，通过可裂变材料周围的辐射屏蔽空间净扩散。这种方向的变化可以被理想化为相互不相关的事件，这种情况被称为"随机游走"问题。纯随机游走模拟是基于这样的假设：扩散是由一连串的纯随机事件进行的，也就是说，没有外部或内部的场会使扩散偏向任何特定的方向。例如，一个本征空位的不相关扩散可以用随机游走来描述。然而，先进的空间蒙特卡罗模拟也可以描述扩散过程和渗透问题，其中连续事件不是孤立的方向的变化，并与能垒或化学浓度的梯度有关。

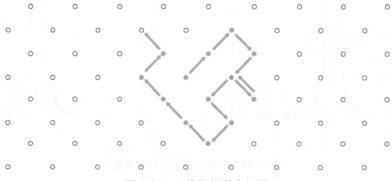

图 3.24　二维随机漫步问题

3. 随机抽样积分

偶发法是最古老、最简单的逼近定积分的蒙特卡罗方法。在一定范围内，它甚至可以在不使用计算机的情况下工作。不直接在随机选择的函数参数处计算和平均大量的被积值，命中或不命中方法通过随机生成任意维的坐标并研究相应的点是在给定的被积函数之上还是之下来进行。对于大量射击，命中数除以所有试验射击的总和近似于积分的相对值。

通过估算圆的积分的相对值（图 3.25），可以演示简单的蒙特卡罗采样不命中过程。在第一步中，一个半径为 $|r|=1$ 的圆嵌入到一个延伸到 $-1 < x < +1$ 和 $-1 < y < +1$ 的正方形中，这样两个区域完全重叠，即它们的中心坐标（0，0）是相同的。在第二步中，通过选择被解

释为上述字段中的坐标的随机数对来生成许多试验射击。

为了将实验射击限制在正方形规定的区域内，x 和 y 坐标都选择在 $(-1, +1)$ 范围内的均匀分布中。第三，考察随机选取的点是否在圆内。然后通过命中次数 $n_{命中}$ 除以所有试射次数 n_{all} 来计算积分的相对值：

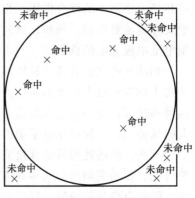

$$\frac{圆的面积}{正方形的面积} = \frac{n_{命中}}{n_{全部}} \qquad (3.37)$$

利用数值实验的对称性可以缩短积分时间。例如，在上面的例子中，使用均匀间隔 $(0, 1)$ 从总面积的四分之一中选择随机 x 和 y 试验值就足够了。积分的相对值为

图 3.25　用不命中技术来确定圆的积分

$$\frac{圆的面积}{正方形的面积} = \frac{n'_{命中}}{n'_{全部}} \qquad (3.38)$$

其中 $n'_{命中}$ 和 $n'_{全部}$ 为在缩小区域内的命中次数和所有试射次数。很明显，这个数值近似的精度取决于试验的次数。

当积分一个更复杂的函数时，简单的抽样命中方法显然是不切实际的（图 3.26）。例如，狄利克雷（delta）型（图 3.26a）或玻尔兹曼（boltzmann）型函数（图 3.26b）的近似积分是低效的，因为人们在整个区域（外部积分）上选择随机坐标，而不是从相对较小的感兴趣的域（内部积分）中选择它们。在这种情况下，只有极小部分的试射位于函数对积分有很大贡献的区域内。

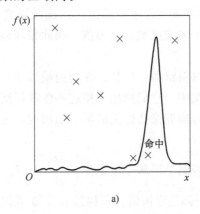
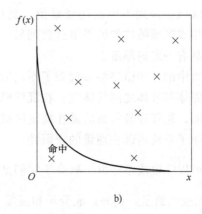

a)　　　　　　　　　　　b)

图 3.26　确定函数的积分的成败技术

a）狄利克雷（delta）型函数　b）玻尔兹曼（boltzmann）型函数

因此，随机抽样的效率可以通过从一个与待积分函数形状相似但不一定相等的域中选择随机数来提高。

3.2.5　相场方法

1. 相场方法的基本原理

相场方法（Phase Field Method）是一种用于描述物质相变的数值计算方法，它以 Ginzburg-Landau 理论为物理基础，通过微分方程来体现具有特定物理机制的扩散、有序化

势和热力学驱动的综合作用。相场模型是描述多相系统演化的连续体方法，在计算材料设计中发挥着重要作用，例如，研究合金成分对高温合金中析出相形态和粗化速率的影响，或控制电池电极放电的机制。

相场建模在材料科学领域的广泛应用源于三大关键要素。首先，相场模型能够有效描述从几十纳米到更大尺度的系统，其中材料的原子结构在连续体描述中被视为"粗粒度"的。这种描述方式使得研究人员能够探索比原子尺度方法（如密度泛函理论和分子动力学）更大的域体积，并模拟比分子动力学更长的时间尺度，从几分之一秒到数年不等。

其次，相场建模具备直接关联被研究材料系统底层物理特性的能力。在后续章节中将详细讨论，相场模型的公式构建基于系统的亥姆霍兹自由能。因此，广泛的驱动力，包括热流、弹性应变及磁场等，都可以整合到相场框架中。由于这种与材料系统总亥姆霍兹自由能的紧密联系，相场模型的输入参数通常是可以通过实验测量或借助其他模拟方法计算的物理属性。这种与底层物理的紧密联系使得相场模拟得以实现。

最后，相场建模具有通过平滑变阶参数描述界面的显著优势，能够在不显示追踪移动界面的情况下模拟复杂微观结构的演变。这一特性允许研究人员在固定的、统一的计算网格上对各种结构进行高效计算。这一优势尤为显著，因此相场技术经常作为跟踪界面运动的纯数值工具来使用。

2. 相场模型的构建

在相场模型中，微观结构用一个或多个平滑变化的有序参数场来描述。这些有序参数场在远离相界面的区域内保持均匀，同一相或相同类型的区域具有相同的场变量值。为了区分不同的相或区域，采用不同的场变量值，例如 0 和 1。在相界面上，这些场变量会连续变化，从一个相或区域的均匀值平滑过渡到另一个相或区域的均匀值，因此相场模型中的界面是弥散的，具有一定的厚度。

相场模型中的非守恒序参数代表了不同的材料结构。例如，在凝固模型中，非守恒序参数可以表示固体和液体之间的转变；在沉淀模型中，它们则用于描述基体和沉淀物之间的区别。另一方面，保守序参数指的是在特定区域内需要保持恒定的量，如浓度。这些参数在模拟过程中确保了系统内部物理量的守恒性。

场变量可以守恒或不守恒，取决于它们是否满足局部守恒定律，$\frac{\partial \phi}{\partial t} = -\nabla J$，其中 ϕ 是场变量，J 是相应的通量。例如，成分场和温度场都是守恒的，而描述有序域结构的远程有序参数场是非守恒的。单组分液体凝固模型中的人工相场是不守恒的，因为它的值在整个系统中可以从 0 到 1 变化。

引入人工场的唯一目的是避免跟踪界面。基本上，所有的凝固相场模型都采用一个称为"相场"的人工场。人工场描述的界面宽度与实际界面的物理宽度没有方向关系。通过对锐界面或薄界面的分析，选择相场方程中的热力学和动力学系数与传统锐界面方程中的相应参数相匹配。物理场是指可以通过实验测量的定义良好的有序参数场。物理场描述的界面宽度也期望反映实际的界面宽度。在相变的现象学理论中，序参量场用于表征产生微观结构的相变的性质和临界温度。一个众所周知的例子是有序-无序转换的远程有序参数。相应的序参量域可以用来描述由反相畴结构产生的有序。另一个例子是成分场，它描述了相分离过程中的形态演变，无论是通过成核和生长或棘体分解，还是在沉淀物粗化过程中。

在相场方法中，用 Cahn 和 Hilliard 的扩散界面理论描述了非均匀微观结构的热力学。对于更一般的非齐次系统，由守恒场 C_i 和一组非守恒场 η_i，总亥姆霍兹自由能可以写成：

$$F = \int \left[f(c_1, c_2, \cdots, \eta_1, \cdots, \eta_n) + \sum_{i=1}^{n} \alpha_i (\nabla c_i)^2 + \sum_{i=1}^{3} \sum_{j=1}^{3} \sum_{k=1}^{p} \beta_{ij} \nabla_i \eta_k \nabla_j \eta_k \right] \mathrm{d}^3 r + \tag{3.39}$$

$$\iint G(r - r') \mathrm{d}^3 r \mathrm{d}^3 r'$$

式中，f 为通常的局部亥姆霍兹自由能密度作为所有场变量的函数；α_i 和 β_{ij} 为梯度能量系数。第二个二重积分代表了体积元 $\mathrm{d}^3 r$ 和 $\mathrm{d}^3 r'$ 之间的弹性、静电和磁性相互作用（$G(r-r')$）等成对、非局部、远程相互作用的贡献。

不同相场模型的主要区别在于 f 作为场变量的函数的构造。一个简单而熟悉的系统是用物理组成场描述的两相二元系统。对于二元液体等温凝固的情况，除了物理场成分 c 外，还引入了人工场 ϕ。人工场也称为相场，用于区分固相和液相，并自动考虑界面处的边界条件。局部亥姆霍兹自由能作为组分 c 和 ϕ 的函数可以表示为

$$f(c, \phi) = h(\phi) f^S(c) + [1 - h(\phi)] f^L(c) + w g(\phi) \tag{3.40}$$

式中，$f^S(c)$ 和 $f^L(c)$ 分别为给定温度下固体和液体的亥姆霍兹自由能密度作为组成的函数；$g(\phi)$ 是双阱势，它只是人工场的函数。g 可能的函数形式是：

$$g(\phi) = 16 w \phi^2 (\phi - 1)^2 \tag{3.41}$$

它在 $\phi = 0$ 和 $\phi = 1$ 处有最小值。式（3.41）中的 w 表示在 $\phi = 0$ 和 $\phi = 1$ 处的两个阱的深度相对于 $\phi = \dfrac{1}{2}$ 处的局部最大值。式（3.40）中的函数 $h(\phi)$ 要求具有以下性质：

$$h(0) = 0, h(1) = 1, \mathrm{d}h/\mathrm{d}\phi|_{\phi=0} = \mathrm{d}h/\mathrm{d}\phi|_{\phi=1} = 0 \tag{3.42}$$

这些性质保证了双阱势相场的平衡值 0 和 1 不受化学试剂的影响能量 f^S 和 f^L。满足式（3.42）给出的条件的一个例子是：

$$h(\phi) = \phi^3 (6\phi^2 - 15\phi + 10) \tag{3.43}$$

因此，在本模型中，$\phi = 0$ 表示 $h(0) = 0$ 和 $f(c, 0) = f^L(c)$ 时的液相。同样地，$\phi = 1$ 描述了 $h(1) = 1$ 和 $f(c, 1) = f^S(c)$ 的固相。在界面上，局部亥姆霍兹自由能既有来自液体和固体化学亥姆霍兹自由能的贡献，也有来自双阱势的贡献。

最近 Kim 等人根据 Steinbach 等人的早期工作，提出了上述模型的一种变体（他们称之为 WBM 模型），他们认为界面区域是固体和液体相的混合物，具有组分 c_S 和 c_L，并且具有相同的化学势，即 c_S 和 c_L 满足以下一组二元系统方程：

$$c = [1 - h(\phi)] c_L + h(\phi) c_S \tag{3.44}$$

$$\frac{\partial f^L(c_L)}{\partial c_L} = \frac{\partial f^S(c_S)}{\partial c_S} \tag{3.45}$$

与 WBM 模型相比，Kim 方法（以下称为 KKS 模型）的主要优点是：对于处于平衡状态的界面，实际化学亥姆霍兹自由能 f^S 和 f^L 对总界面能没有贡献，即由于条件式（3.44）和式（3.45），在平衡状态下消除了 Δf。界面能和界面宽度完全由人工相场中的双阱势和梯度能量系数决定。因此，可以采用更大的界面宽度来拟合相同的界面能，从而增加相场模拟的长度尺度，即使使用通常的均匀网格数值方法。此外，在相场模拟过程中，与实际的化学驱动力（由 f^S 和 f^L 描述）相比，双阱势的深度（w）不能太小，因此可以使用的界面宽度

也受到限制。否则，在相场模拟中可能出现数值不稳定，导致微观结构演化路径不正确。

对于许多固态相变，由于场变量对应于定义良好的物理有序参数，因此局部亥姆霍兹自由能可以用常规朗道展开形式表示为有序参数的多项式。对于高温相的不对称操作，膨胀中的所有项都必须是不变的。例如，对于二元合金中无序面心立方（FCC）矩阵中有序相（LI2）的析出，其展开项高达四阶，局部亥姆霍兹自由能函数式（3.46）给出：

$$f(c,\eta_1,\eta_2,\eta_3) = f_d(c,T) + \frac{1}{2}A_2(c,T)(\eta_1^2+\eta_2^2+\eta_3^2) + \frac{1}{3}A_3(c,T)\eta_1\eta_2\eta_3 +$$

$$\frac{1}{4}A_{41}(c,T)(\eta_1^4+\eta_2^4+\eta_3^4) + \frac{1}{4}A_{42}(c,T)(\eta_1^2\eta_2^2+\eta_2^2\eta_3^2+\eta_1^2\eta_3^2) \tag{3.46}$$

式中，$f_d(c,T)$ 为无序相在 $\eta_i=0$ 处的亥姆霍兹自由能；A_2、A_3、A_{41} 和 A_{42} 为膨胀系数，是温度和组分的函数。亥姆霍兹自由能函数式（3.46）相对于序参数有四个退化极小值。当 $A_3(c,T)<0$ 时，亥姆霍兹自由能最小值位于：

$$(\eta_0,\eta_0,\eta_0),(\eta_0,-\eta_0,-\eta_0),(-\eta_0,\eta_0,-\eta_0),(-\eta_0,-\eta_0,\eta_0) \tag{3.47}$$

式中，η_0 为在给定组分和温度下的远程参数的平衡值。式（3.47）中给出的四组远程有序参数描述了由无序 FCC 相的原始晶格平移所关联的 LI2 有序相的四个能量等效反相域。

如上所述，在扩散界面描述中，非均匀系统（如微观结构）的亥姆霍兹自由能也取决于场变量的梯度。表征界面处场不均匀性造成的能量损失的梯度能量系数，即界面能对总亥姆霍兹自由能的贡献。对于给定的亥姆霍兹自由能模型和一组给定的梯度能系数，可以计算出平衡界面的比界面能（单位面积的界面能）。用亥姆霍兹自由能参数和梯度能系数表示界面能的解析表达式只能用于非常简单的情况，即可以推导出界面上场变量的平衡剖面的解析解。对于更一般的情况，必须用数值方法计算界面能。

方程（3.39）中的第二个积分表示远程相互作用（如弹性相互作用、电偶极子-偶极子相互作用和静电相互作用）对总亥姆霍兹自由能的非局部贡献。这些远程相互作用通常是通过求解给定微观结构的相应力学和静电平衡方程得到的。例如，对于长程弹性相互作用，在给定的力学边界条件下，必须求解如下力学平衡方程：

$$\frac{\partial \sigma_{ij}}{\partial r_j} = 0$$

$$\sigma_{ij}(r) = \lambda_{ijkl}(r)\left[\varepsilon_{kl}(r)-\varepsilon_{kl}^0(c,\phi,\eta_i,\cdots)\right] \tag{3.48}$$

式中，σ_{ij} 为局部弹性应力；r_j 为位置向量的第 j 阶分量，r；$\lambda_{ijkl}(r)$ 为随空间变化的弹性刚度张量；$\varepsilon_{kl}(r)$ 为微观结构中给定位置的总应变状态；ε_{kl}^0 为局部无应力应变或转换应变或特征应变，它也是位置的函数，通过它与场变量的依赖，得到的弹性能是相场变量的函数，因此是微观结构的函数。对于具有任意特征应变分布（即微观结构）的弹性方程（3.48），人们提出了各种近似和不同的求解方法。对于齐次近似和周期边界条件，Khachaturyan 证明了位移、应变和应变能的解析解可以在傅里叶空间中得到。因此，在齐次近似的情况下，弹性能的计算不需要进行大量的计算。对于弹性均匀性较小的系统，可以采用一阶近似。对于大弹性非均匀性的系统，一阶近似是不充分的，计算弹性能量贡献的数值成本更高。然而，最近已经提出了许多方法来获得弹性非均匀性大系统的弹性解。

在所有相场模型中，场变量的时间和空间演化遵循同一组动力学方程。所有的守恒场 c_i，根据 Cahn-Hilliard 方程随着时间演变，或者简单地根据扩散方程演化。而非守恒场 η_p，

在不引入梯度能的情况下，Allen-Cahn 方程进行演化并表达为

$$\frac{\partial c_i(r,t)}{\partial t} = \nabla\left[M_{ij}\,\nabla\frac{\Delta F}{\Delta c_j(r,t)}\right] \tag{3.49}$$

$$\frac{\partial \eta_{\mathrm{p}}(r,t)}{\partial t} = -L_{\mathrm{pq}}\frac{\Delta F}{\Delta \eta_{\mathrm{q}}(r,t)} \tag{3.50}$$

式中，M_{ij} 和 L_{pq} 与原子或界面迁移率有关；F 为系统的总亥姆霍兹自由能，它是由式（3.39）给出的所有相关的守恒场和非守恒场的泛函。

为了将相场参数与实验可测量的热力学和动力学性质联系起来，必须在锐界面或薄界面极限下检查相场方程。对于具有人工场变量的相场模型尤其如此，因为相应的动力学参数与可测量的物理性质没有直接关系。锐界面分析将零界面厚度极限处的相场参数与实验测量的热力学和动力学特性相匹配，而薄界面分析允许相场变量在界面的一定厚度上发生变化。Karma 研究表明，使用薄界面渐近的相场模拟允许使用更大的界面宽度，从而有更大的网格尺寸。

在适当的初始条件和边界条件下，通过数值求解 Cahn-Hilliard 扩散方程和 Allen-Cahn 弛豫方程，可以得到表征微观结构热力学特征的所有输入参数和进入演化方程的动力学系数。大多数相场模拟采用均匀网格的二阶有限差分空间离散和时间步进的正演欧拉法来求解相场方程。众所周知，在这种显示格式中，时间步长必须很小才能保持数值解的稳定。通过使用更先进的数值方法，如半隐式傅里叶谱方法和自适应网格有限元方法，可以显著节省计算时间并提高数值精度。

3.2.6　有限元模拟

有限元分析（Finite Element Analysis，FEA）作为一种强大的计算工具，已经在材料服役行为的研究中取得了革命性的进展，改变了工程师和科学家预测和分析材料在各种服役条件下性能的方式。该方法将复杂的物理系统划分为更小的、可管理的有限单元，允许详细检查材料对外部载荷、热条件和其他环境因素的响应。

FEA 在材料科学中具有多个重要价值。首先，它能够模拟材料在服役寿命中可能面临的真实环境条件，包括机械应力、热循环和腐蚀环境的暴露。这种预测能力对于设计能够承受特定操作条件的材料至关重要，从而提高它们的可靠性和耐久性。其次，FEA 允许在不同尺度上探索材料行为，从宏观的结构水平到微观的单个晶粒和相的水平。这种多尺度分析提供了微观结构特征如何影响整体材料性能的全面见解，帮助研究人员优化材料组成和加工技术。此外，FEA 支持新材料的开发，允许在创建物理原型之前进行虚拟测试和优化。这不仅加速了材料开发过程，还减少了与实验相关的成本。

近年来，计算能力和软件算法的进步进一步提高了 FEA 的准确性和效率，使其成为材料科学领域不可或缺的工具。通过将 FEA 与其他模拟技术和实验数据集成，研究人员可以更全面地理解材料行为，从而带来创新的解决方案和材料技术的进步。

本书聚焦于 FEA 在理解各种材料服役行为中的应用，旨在突出该方法的优势并识别需要进一步改进的领域，通过这样做，它为开发更具韧性和高性能材料的持续努力做出贡献。

1. 有限元方法的基本概念与原理

有限元法是一种结构分析的方法。分析的基本思想是将连续的求解区域离散为一组由有限个单元组成的并按一定方式相互连接在一起的单元组合体来加以分析。分析假想将物体划分为小的单元，然后对各个单元进行分析，最后再把单元分析结果组合得到整个对象的分析结果。

使用有限元方法（FEM）的过程涉及以某种方式执行一系列步骤。这些序列有两种典型的配置，这取决于使用 FEM 的环境和主要目标（基于模型的物理系统仿真），或数学问题的数值近似。下面将介绍两种模型，以引入后续使用的术语。

（1）物理有限元模型 有限元方法的一种典型应用是物理系统的仿真。这需要建立这些系统的模型。因此，这种方法通常被称为基于模型的仿真。这个流程在图 3.27 中进行了说明。流程的中心是将要建模的物理系统。因此，这种配置被称为物理有限元模型（Physical FEM）。理想化和离散化过程是同时进行的，以产生离散模型。求解步骤由一个通常为有限元方法定制的方程求解器处理，它提供离散解（或解集）。

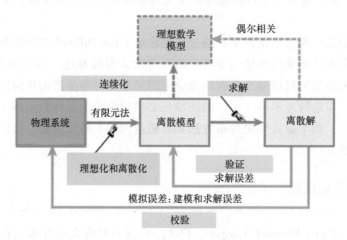

图 3.27 物理有限元模型示意图

在物理有限元模型中，误差的概念以两种方式出现，分别称为验证（Verification）和确认（Validation）。验证是通过将离散解代入离散模型来获得解误差的过程。这种误差通常不重要。原则上，将离散解代入理想的数学模型可以提供离散化误差。然而，在复杂的工程系统中，这一步很少用到，因为没有必要期望连续模型的存在，即使存在，也没有理由认为它比离散模型更具有物理相关性。确认则是通过计算仿真误差来尝试将离散解与观测结果进行比较，这个误差结合了建模误差和解误差。由于后者通常不重要，因此在实践中，仿真误差可以与建模误差等同。

一种调整离散模型以使其更好地代表物理特性的方法称为模型更新。离散模型被赋予了自由参数，这些参数是通过将离散解与实验结果进行比较来确定的，如图 3.28 所示。由于最小化条件通常是非线性的（即使模型本身是线性的），因此更新过程本质上是迭代的。

（2）数学有限元模型 另一种典型的使用有限元方法的方式侧重于数学。流程步骤在图 3.29 中进行了说明。这通常是一个常微分方程（ODE），或者是空间和时间中的偏微分方程（PDE）。离散有限元模型是从数学模型的变分形式或弱形式中生成的，这是离散化步骤。有限元方程的求解如物理有限元模型中所述。图 3.29 的左侧显示了一个理想的物理系

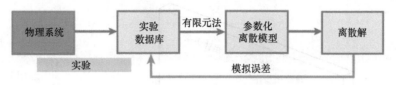

图 3.28　物理有限元模型中的模型更新过程

统，这可以被呈现为数学模型的实现。相反，数学模型被称为这个系统的一个理想化。例如，如果数学模型是泊松方程（Poisson's PDE），其实现可能是热传导或静电电荷分布问题。这一步是不重要的，可以省略。实际上，数学有限元法的离散化可能在不参考任何物理知识的情况下构建。

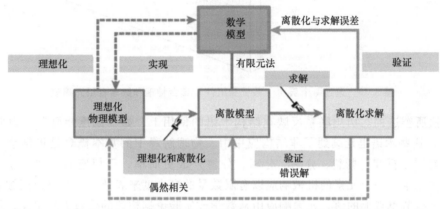

图 3.29　物理系统是仿真源头的理想数学有限元模型

当离散解被代入"模型"框时，误差的概念就产生了。这种替换通常被称为验证。与物理有限元模型一样，解误差是离散解未能满足离散方程的程度。在使用计算机，特别是直接使用线性方程求解器进行求解步骤时，这个误差相对不重要。更相关的是离散化误差，这是离散解未能满足数学模型的程度。将离散解代入理想的物理系统原则上可以量化建模误差。然而，在数学有限元法中，这在很大程度上是无关紧要的，因为理想的物理系统仅仅是一个想象的产物。

（3）物理和数学有限元模型的协同作用　上述典型的序列不是相互排斥的，而是互补的。这种协同作用是该方法强大和被接受的原因之一。历史上，物理有限元模型是首先被开发出来的，用于模拟飞机等复杂的物理系统。

数学有限元模型（Mathematical FEM）稍后出现，并且，除其他事项外，提供了必要的理论基础，以将有限元方法扩展到结构分析之外。系统模型是通过反向过程获得的：从组件方程到子结构方程，再从子结构方程到完整飞机的方程。这个系统组装过程遵循牛顿力学的经典原理，这些原理提供了必要的组件间"黏结剂"。多级分解过程在图 3.30 中进行了图解，为了简化，省略了中间层次。

（4）物理和数学有限元模型阐述　就像有限元方法有两种互补的使用方式一样，也有两种互补的解释方式来解释它。一种解释强调物理意义，并与物理有限元模型相一致。另一种则侧重于数学背景，并与数学有限元模型相一致。下面分别对这两种解释方式进行概述。

1）物理解释侧重于图 3.27 所示的流程图。这种解释是由在结构力学领域中发现和广泛

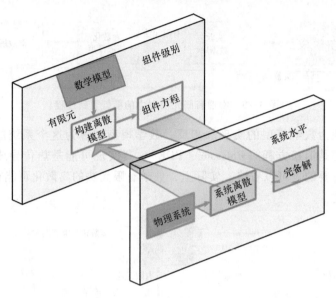

图 3.30 通过两个层次（系统和组件）结合物理和数学有限元建模

102

使用该方法所塑造的。历史联系反映在结构术语的使用上，如 "刚度矩阵" "力向量" 和 "自由度"，这些术语也延续到了非结构应用中。物理解释中的基本概念是将复杂的机械系统分解（等同于拆卸、撕裂、分割、分离、分解）成更简单、不相连的组件，称为有限元素，或简称元素。一个元素的机械响应以有限数量的自由度来表征，这些自由度被表示为未知函数在一组节点点上的值。元素响应由从数学或实验论据构建的代数方程定义，原始系统的响应被认为是通过连接或组装所有元素的集合构建的离散模型来近似的。当工程师考虑许多人工和自然系统时，分解-组装概念自然发生。例如，将发动机、桥梁、飞机或骨架想象成由更简单的部分组成是容易且自然的。如果一个系统的行为太复杂，解决方案是将其划分为更易于管理的子系统。如果这些子系统仍然太复杂，细分过程就会继续，直到每个子系统的行为足够简单，能够适应代表分析师感兴趣的知识水平的数学模型。在有限元方法中，这样的 "原始片段" 被称为元素。总系统的行为是各个元素的行为加上它们的相互作用。

2）数学模型解释与图 3.29 所示的流程图紧密对齐。有限元方法被视为一种程序，用于获得在域上提出的边界值问题（BVPs）的数值近似解。这个域被不相交子域的并集 U 所替代，称为有限元素。

未知函数（或函数）在每个元素上通过插值公式局部近似，该公式以函数在一组节点上取的值（可能还有它们的导数）表示，这些节点通常位于元素边界上。由单位节点值确定的假定未知函数的状态称为形状函数。形状函数的并集 "拼接" 在相邻元素上，形成了一个实验函数基，其中节点值代表广义坐标。实验函数空间可以插入到控制方程中，未知节点值可以通过 Ritz 方法确定（如果解使变分原理极值化），或者通过 Galerkin、最小二乘法或其他加权残差最小化方法，如果问题不能以标准变分形式表达，则需要解决收敛性、误差界限、实验和形状函数要求等问题，这些问题的物理方法没有给出答案。它还促进了有限元方法在一些不像结构那样容易进行物理可视化的问题类别中的应用，如电磁学和热传导。

2. 有限元建模准则及边界处理

有限元建模的总则是根据工程分析的精度要求，建立合适的、能模拟实际结构的有限元模型。为使分析结果有足够的精度，所建立的有限元模型必须在能量上与原连续系统等价。具体应满足下述准则：

1）有限元模型应满足平衡条件。即结构的整体和任意一单元在节点上都必须保持静力平衡。

2）满足变形协调条件。交汇于一个节点上的各单元在受力变形后也必须保持汇交于同一节点。

3）满足边界条件和材料的本构关系。边界条件包括整个结构的边界条件和单元间的边界条件。

4）认真选取单元，包括单元类型、形状、阶次，使之能够很好地模拟几何形状、反映受力和变形情况。单元类型如杆单元、梁单元、平面单元、板单元或空间单元等，空间块体又分为四面体块单元或六面体块单元，六面体块单元又分为八节点六面体或二十节点六面体等。选取单元时应综合考虑结构的类型、形状特征、应力和变形特点、精度要求和硬件条件等因素。

5）应根据结构特点、应力分布情况、单元的性质、精度要求及其计算量的大小等仔细划分计算网格。

边界条件的处理：对于基于位移模式的有限元法，在结构的边界上必须严格满足已知的位移约束条件。有时边界支撑不是沿坐标方向的，称为斜支撑。当边界与另一弹性体相连，构成弹性边界时，可分两种情况处理。当弹性体对边界点的支撑刚度已知时，则可将它的作用简化成弹簧，在此节点上加一弹簧单元。当弹性体对边界点的支撑刚度不清楚时，则可将此弹性体的一部分划出来和结构连在一起进行分析，所划区域的大小视其有影响的区域大小而定。当整个结构存在刚体位移时，就无法进行静力分析、动力分析。为此，必须根据实际结构的边界位移约束情况，对模型的某些节点施加约束，消除结构的刚体位移影响。

为了减少运算规模，通常采取以下一些方法：对称性和反对称性；周期性条件；降维处理和几何简化；子结构技术；线性近似化；多种载荷工况的合并处理；节点编号的优化。

3. 典型金属材料的有限元分析

随着科学技术的不断发展，材料科学与工程领域对于材料性能的要求也日益提高。有限元方法作为一种强大的数值计算技术，为研究人员提供了一种有效的工具，用于模拟和分析材料的力学性能、热传导行为、疲劳寿命等方面的问题。本章将介绍有限元在材料中的服役应用情况，并探讨其在材料科学中的重要性和未来发展方向。

金属材料的有限元分析是一种利用数值方法来模拟金属在受力、加热、冷加工等不同工况下的物理行为的技术。有限元分析能够帮助工程师预测材料在实际应用中的表现，优化设计，减少试验和材料成本。以下是金属材料有限元分析中的一些典型应用：

1）金属层状复合材料开发：有限元分析在金属层状复合材料的开发中发挥着重要作用，包括基础研究、性能研究及工艺研究等。通过模拟冷轧、热轧和爆炸复合过程，可以预测金属流动规律及应力、应变分布。

2）金属成形工艺分析：有限元模拟方法在金属材料成形工艺分析中广泛应用，用于预测材料的变形、应力和应变。

3）金属轧制过程模拟：塑性有限元在金属轧制过程中的应用进展显著，包括刚塑性有限元理论和弹塑性有限元的应用。快速有限元分析方法，如反向方法，能够定性地分析金属板料成形过程。

4）金属断裂和失效分析：基于分子动力学与有限元方法的多尺度模拟，可以研究金属材料的变形及失效机制。有限元分析有助于理解材料在多轴应力状态下的失效行为。

5）金属焊接和连接技术：有限元分析可以模拟焊接过程中的温度场、应力场和变形，优化焊接参数，预测焊接变形和残余应力。

6）金属热处理和相变模拟：通过有限元软件可以模拟金属在热处理过程中的温度分布、相变行为和微观组织演变。

7）金属疲劳和裂纹扩展分析：有限元方法可以预测金属材料在循环加载下的疲劳寿命和裂纹扩展路径。

8）金属超塑性成形模拟：利用有限元分析可以模拟金属在超塑性状态下的成形过程，优化成形条件。

9）金属切削过程模拟：有限元技术可以模拟金属切削过程，分析切削力、温度和刀具磨损。

10）金属结构的优化设计：有限元分析可以用于金属结构的优化设计，通过参数化建模和性能分析找到最佳设计方案。

以上展示了有限元分析在金属材料领域的广泛应用，它为材料设计、加工和性能预测提供了强有力的工具。随着计算能力的提高和软件技术的发展，有限元分析在金属材料研究和工程应用中的作用将越来越重要。

3.3 服役条件下材料性能的计算

以金属为主的材料及由其制成的零件、器件、部件、构件和装备，在使用服役过程中不可避免地受到载荷（静的或动的，机械的或热的）和环境的作用，导致其变形、损伤、退化，直至失效和破坏。为确保材料及其制品在使用服役中的长期稳定性、可靠性和耐久性，通过单纯的材料基本力学性能的研究是无法实现的，必须对材料在服役条件下的行为，即使用性能及其相关机制进行研究。

计算材料学结合了材料学、物理学、化学、计算机科学等多个学科的知识，可以从原子和分子层面揭示材料服役过程中的行为和机制，为实验结果提供深层次的理论解释。例如，《超高温结构复合材料服役行为模拟：理论与方法》（成来飞，2020 年，化学工业出版社）一书中就详细介绍了如何通过计算模拟来研究复合材料在航空发动机热端环境、火箭发动机热端环境等极端环境下的服役行为，计算模拟结果可以为实验设计提供指导，帮助科研人员更有针对性地开展实验，提高研究的效率。材料服役行为的数值模拟能够在确保材料性能和安全性、降低研发成本、加速材料创新等方面发挥重要作用，相关的研究不仅有重要的学科意义，而且有重大的社会和经济效益。

3.3.1 塑性变形

1. 分子动力学模拟塑性变形

在过去的几十年间，出现了不同的原子层面的模拟，包括晶格静力学、晶格动力学，以及蒙特卡洛、分子动力学,其中分子动力学已被证明是研究塑性变形比较有用的工具。对于分子动力学而言,系统中原子间的相互作用通过势函数来描述,然后通过求解牛顿运动方程得到原子在塑性变形过程中的实时运动信息。因此,分子动力学的一个显著优势就是通过原子间的相互作用力来操控变形机制而并非预先对模型设定相应的变形机制。而得益于这种特征,不仅可以通过分子动力学研究已知的变形机制,还可以通过分子动力学发现新的塑性变形机制。

然而分子动力学模拟也有其固有的局限性和约束性,所以对其模拟结果进行解释时必须始终考虑这些局限性和约束。这样的限制之一是其模拟尺寸相对较小,通常是纳米尺寸。小的模拟尺寸可能会引入尺寸效应并且增加边界条件对系统行为的干扰。另一个限制是其模拟时间较短,通常只有几纳秒的时间。而在这么短的时间内对模拟系统的动力学进行研究通常涉及极高的应变速率(通常大于 $10^7 s^{-1}$)。要在如此短的时间内观察到变形,就必须施加非常大的应力,大大超过实验中已知的屈服应力。

(1)分子动力学模拟的基本流程　经典分子动力学模拟的基本流程包括以下几个步骤:①根据研究对象和研究问题,建立恰当的理论模型体系;②确定模型体系的初始状态,包括体系粒子的坐标和速度,体系所处的环境等;③选定合适的力场函数形式和力场参数;④求解牛顿运动方程,直到体系达到平衡状态;⑤在体系达到平衡态后,继续积分牛顿运动方程,记录并统计体系的运动轨迹、热力学特征等信息。

(2)分子动力学模拟运动方程的求解　表示原子核运动的方程(3.51)可简化为牛顿运动方程:

$$m_i \frac{\mathrm{d}^2 X_i}{\mathrm{d}t^2} = F_i (i = 1, 2, \cdots, n) \tag{3.51}$$

或表达为

$$m\ddot{X} = F \tag{3.52}$$

式中, m_i 为原子 i 的质量; $\ddot{X}$ 为原子的加速度; F_i 为原子 i 所受到其他原子施加的总作用力,包括 x , y , z 三个方向的分量。通常采用数值积分算法求解以上表示原子核运动的二阶微分方程组。数值积分的方法有很多,最常用的是 Verlet 所发展的算法。

Verlet 算法中,把时间表达成等间隔的

$$t_n = nh \tag{3.53}$$

式中, t_n 是积分到达第 n 步的时间; h 是时间步长。定义

$$\dot{X}_n \approx \frac{(X_{n+1} - X_{n-1})}{2h} \tag{3.54}$$

进而有

$$\begin{aligned}
\ddot{X}_n &= \frac{(\dot{X}_{n+1} - \dot{X}_{n-1})}{2h} \\
&= \frac{(X_{n+2} - 2X_n + X_{n-2})}{4h^2} \\
&\approx \frac{(X_{n+1} - 2X_n + X_{n-1})}{h^2}
\end{aligned} \tag{3.55}$$

从而得到 Verlet 方程

$$(X_{n+1} = 2X_n - X_{n-1} + \ddot{X} h^2) \tag{3.56}$$

从式（3.56）可以看出，体系下一步的位置 X_{n+1}，可由体系当前时刻的原子位置 X_n、上一步的原子位置 X_{n-1}、当前原子所受的力（受力可由力场计算得到，进而得到 $\ddot{X}$），以及时间步长 h 直接求得。因此，只要确定了体系的初始状态和势能面，基于 Verlet 算法可以从体系在零时刻的状态，以时间步长 h 计算出任意时刻后体系的状态。

（3）初始化条件　由上可知，体系任意时刻后的状态实际上是由体系的初始状态和势函数所决定的。如果模拟时间无限长，使得体系遍历所有的相空间，则不同的初始状态得到的模拟结果是一致的。但实际模拟中模拟时间不可能无限长，这样就会导致不同初始状态得到的模拟结果是不一样的。为了避免这个问题，就需要合理设定体系的初始状态，使得体系在 $t = 0$ 时刻就处于较稳定的平衡态。通过设置较为稳定的平衡态，使得体系能在尽量短的模拟时间内遍历相空间中大部分重要的状态，从而获得比较可靠的结果。

合理的初始状态包括两个方面，一个是体系粒子的初始坐标，另一个是每个粒子的初始速度。初始坐标可以通过实验数据或理论模型建立，并且在模拟之前通常要进行一次"能量最小化"，使得体系处于平衡态附近。体系粒子的初始速度则是根据设定的模拟温度，按照 Maxwell-Boltzmann 分布给出每个粒子的初始速度。

（4）模型系综　分子动力学模拟得到的直接结果是体系中所有粒子的坐标、速度、加速度等原子水平的信息。体系的宏观特性，类似温度、压强等能够与实验直接比较的信息，则需要借助统计力学来获得。任何宏观可测量都可以看作时间平均，而分子动力学模拟中是采用系综平均来代替时间平均，来获得各态历经的结果。因此，体系的宏观特性是通过系综平均的方法来获得的。常用的统计系综实现方法包括以下几种：

1）微正则系综用于模拟一个绝热过程，所模拟的体系与环境没有热交换。体系的粒子数 N、体积 V 及内能 E 保持不变，因此微正则系综常用 NVE 来表示。

2）正则系综用来模拟一个恒温体系，体系中的粒子数 N、体积 V 及温度 T 在模拟中保持不变，因此正则系综常用 NVT 来表示。体系的恒温控制是通过体系与一个热浴环境进行能量交换来实现的。

3）恒温恒压系综模拟一个粒子数 N、压强 P 和温度 T 均保持恒定的体系，简称 NPT 系综。体系的恒温控制也是通过热浴来实现的，体系的恒压控制则是通过允许体系的体积发生改变来实现的。

4）恒温恒压系综模拟一个粒子数 N、压强 P 和体系的焓 H 均保持恒定的体系，简称 NPH 系综。

（5）体系边界条件　分子动力学模拟能够模拟从几十个原子到几十亿个原子的体系。但哪怕是能够模拟几十亿个原子，体系的实际尺寸也只有数十个纳米而已，与宏观结构相比还是很小的。如果仅仅孤立地模拟几十个到几十亿个原子，体系的边界条件与宏观结构的边界条件将有显著区别，不具有代表性。因此，模拟中经常采用"周期性边界条件"（Periodic Boundary Condition，PBC）来解决这个问题。

1）周期性边界条件，相当于在模拟体系周围放置无限多个跟该体系相同的"虚拟盒子"（Imagine Cubic Box），如图 3.31 所示。对于中心的模拟体系，前后左右上下都有相同的体系，并且以相同的周期无限复制下去。对于中心模拟体系中的每个原子，通过检查并计算处于相互作用的距离内的其他原子的相互作用，使得中心的模拟体系处在一个无限大的本体作用中。在实际计算过程中，只明确计算模拟体系中的粒子的受力和运动，处于周期性边界的粒子则通过简单的投影复制而不进行实际计算。当一个粒子位置超出中心的模型体系时，这个粒子的投影会从相反的方向以同样的速度进入中心模拟体系中。

2）有的模拟体系在特定的方向并不需要使用周期边界，此时可以采用非周期边界，如图 3.32 所示，阴影部分即是体系的边界区域。可以固定边界区域的粒子的位置，其他部分的粒子可以自由移动。

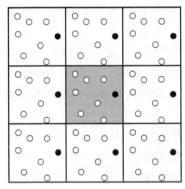

图 3.31　周期边界示意图

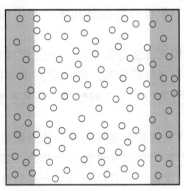

图 3.32　非周期边界示意图

（6）镍基单晶高温合金低周疲劳分子动力学模拟　镍基单晶高温合金作为航空航天工程中的关键材料，在发动机起动和关闭过程中一直承受着热循环应力。这意味着其在服役过程中不仅要承受高温和应力，而且还要承受振动。而镍基单晶高温合金会在不同温度下表现出不同的滑移方式以及变形机制。为了研究温度对低周疲劳变形机制的影响，建立了 Ni/Ni$_3$Al/Ni 的夹层模型。低周疲劳加载方式如图 3.33 所示，其中应变幅值为 0.03，应变比为 -1，疲劳加载方向沿 Z 方向也是 [001] 晶体学方向。疲劳过程所采用的应变速率均为 $v = 1 \times 10^8 s^{-1}$，模拟所采用的温度区间为 300～1300K。

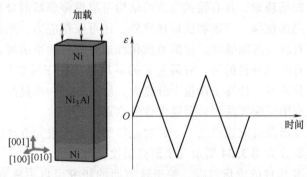

图 3.33　单向拉压疲劳模拟方式

2. 有限元方法

当金属材料受到外载荷时，由此而产生的应力一旦超过屈服强度，便会发生塑性变形。20 世纪初，人们为构建及发展塑性材料的本构理论付出了很多努力。到了 20 世纪中叶，基于无穷小理论，这门学科的基础已经建立。由于受限于其非线性这一固有特征，仅有少数的经典塑性简单问题可以通过解析法处理。此外，出于工程需要，例如金属成形，需要极大的简化假设，如刚塑性假设。但随着计算机的出现和有限元方法的发展，这一领域发生了革命性的转变，即在不引入多余的限制性假设的条件下，仅利用完整体系的塑性理论便可得到复杂模拟问题的数值解析结果。

结构材料在服役期间，难免会受到交变载荷的作用，经过一定时间后会发生疲劳失效。这是由于为了满足结构件的设计要求，结构件往往会存在几何不连续的部位，在服役时此部位有很大概率发生应力集中，即局部应力远高于整体的名义应力，当局部应力超过屈服强度，便会产生局部塑性变形，故这种疲劳失效也被称之为应变疲劳失效。由此可见，塑性变形与材料服役行为息息相关，利用相关计算模拟方法来分析材料的塑性变形就显得尤为重要。

有限元方法是常常被用来分析材料塑型变形的计算模拟方法之一。1960 年，Clough 在处理平面弹性问题时，第一次提出并使用了"有限元方法"名称。有限元方法的出现，被认为是计算力学建立的标志，其基本思想是用一个较简单问题代替复杂问题后再求解，具体体现如下：

1）求解数学表述的连续体问题的一种一般离散化方法。

2）把连续体分成有限个部分，其性态由有限个参数所规定。

3）求解作为其单元的集合体的整个系统时，所遵循的规则与适用于标准离散问题的规则完全相同。

有限元法是建立在传统的 Ritz 法的基础上，基于变分原理导出代数方程组来求解偏微分方程。通过连续体分成有限个单元来解决边界值问题，然后独立分析每一单元体。有限元法适合处理大量的物理问题，如弹性变形、塑性应变、温度场问题、流动问题等。对塑性加工问题的体积不变条件一般通过拉格朗日乘子法或罚函数法引入。

有限元法实现了计算模型、离散方法、数值求解和程序设计方法的统一，从而能广泛地适应求解复杂结构的力学问题，所以，该方法自问世至今已得到了迅猛发展。并且，随着计算机技术发展，有限元法从最初的用于结构和固体力学的计算分析开始向其他领域扩展，现已用于流体力学、电磁场理论、具有随机变化的结构可靠性等领域的分析。有限元在足够高的离散程度下，除了局部位移、变形和变形速度外，还可获得应力，原则上在一切复杂情况下都可使用，并且解有较高的准确性。根据离散化和边界条件的准确度，能计算连续体力学的所有局部参数和所有的积分目的量。有限元法的不足之处在于随着计算精度要求的提高，有限元网格的划分十分困难，计算工作量十分庞大。所以，进一步提高计算效率，降低计算机存储的要求仍然是有限元法算法今后研究工作的焦点。

晶体材料的塑性变形是研究重点之一。针对晶体塑性与有限元方法的研究层次，材料塑性变形行为的研究主要分为图 3.34 所示三个研究层次，即：

（1）宏观层次 如构件的成形过程，关于这方面的研究可以追溯到 19 世纪末和 20 世纪的 Saint-Venant、Levy、Von Mises、Hecky、Prandtl、Taylor 及 Hill 等，他们多年来在宏观塑性变形及其有限元研究方面取得了令人瞩目的成果，所关注的主要是构件内的应力应变情况。为了便于实验研究，通常通过从构件上取下具有代表性的一部分来进行各种力学性能测试（如单轴拉伸、双轴拉伸、扭转实验等），来研究材料的塑性变形行为。

（2）细观层次 多晶体材料是由很多因取向不同而表现出不同塑性各向异性性能的晶

粒组成，各晶粒对外加载荷的响应也就不相同，最直接的表现就是各种形变织构和显微组织的形成。

（3）微观层次　主要研究各种位错运动、位错密度和位错存在形式对塑性行为的影响。此层次的研究对于理解塑性行为的物理本质是非常有利的。目前的研究重点集中在各种形式的位错运动和"消长"规律对塑性行为的影响。

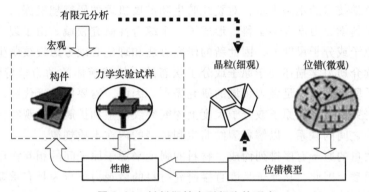

图 3.34　材料塑性变形行为的研究

为宏观层次的塑性变形行为研究所建立的模型大都是一些经验模型，有大量的参数需要通过力学实验来拟合得出而不管其物理基础，这些模型对实验和经验的依赖性比较大，以至于发展起了专门的实验力学。目前有很多的商业软件，如 ANSYS、ABAQUS 和 MARC 等都能解决大多数的塑性成形问题。

对于细观层次的塑性变形的本构关系的建立大多都是基于晶粒的塑性变形行为的研究（孔洞、微裂纹等相关的细观损伤力学不在本文研究的范围内），具有一定的物理基础，它们将多晶体中的各个晶粒看成一个个独立的单晶体，而整个多晶体性能是它们的平均效应。直接将有限元应用于这方面的研究成果主要有 K-B-H 自洽模型和晶体塑性有限元模型，由于它们具有一定的物理基础，其延伸到宏观方面的使用范围远比一些经验模型要广，更重要的是在细观层次的研究更具有优势。其中，应用得比较成功的是晶体塑性有限元模型。

3.3.2　裂纹萌生

1. 传统预测模型

Tanaka 和 Mura 于 1981 年首次提出疲劳微裂纹沿晶粒内某一滑移带萌生的理论计算模型。根据该理论，在疲劳载荷下某一滑移带裂纹萌生循环寿命为

$$N_c = \frac{8GW_c}{\pi(1-\nu)L(\Delta\tau-2k)^2} \tag{3.57}$$

式中，G 为材料剪切模量；W_c 为单位面积起裂能；ν 为泊松比；L 为滑移带长度；$\Delta\tau$ 为滑移带平均剪切应力范围；k 为位错滑移阻力；N_c 为疲劳裂纹萌生于某滑移带所需的应力循环次数。

Angelika 等人认为微裂纹发展成宏观裂纹的过程是：产生首条微裂纹→产生多条微裂纹→微裂纹合并聚集→微裂纹密度下降→产生宏观裂纹。牟园伟等基于 Tanaka-Mura 模型模

109

拟疲劳载荷下某马氏体型钢孔边疲劳裂纹萌生寿命。对于缺口半径 $\rho=0$ 的缺口，可以等效为一条裂纹，这样可以得出在一条已经起裂的裂纹处萌生另一条微裂纹的循环寿命。但是这种方法需要对每条裂纹进行循环寿命预测，出现一条新裂纹后应力重新分布，再次进行计算，直到多条微裂纹聚集形成宏观裂纹为止，计算过程较为烦琐。

2. 分子动力学模拟裂纹萌生

随着现代科学技术的不断进步，对裂纹萌生和扩展机理的研究越发深入。裂纹萌生和扩展的研究涉及材料学、力学等多学科，形成了一个综合性研究领域。由于裂纹的形成和扩展实际上发生在原子或分子尺度上，因此新的研究方法和理论必须考虑裂纹萌生和扩展的微观特性。采用连续介质力学描述处于原子或分子状态的固体或液体的动力学特性显然不合适，而传统的实验手段也无法满足微观领域的研究需求。因此，需要借助近代物理、化学、材料学等多学科的研究成果，在原子或分子尺度上探究裂纹萌生和扩展的微观特性，并建立微观特性与宏观行为之间的联系，以解释裂纹萌生和扩展的内在本质规律。

晶体是由大量的原子有序排列而成，材料的强度来源于原子间的相互作用，塑性来源于原子间的相互运动。因此，从原子尺度直接研究材料的微观力学行为具有重要意义。分子动力学模拟技术不仅可以追踪原子的运动轨迹，还可以类似于实验一样进行观察。对于平衡系统，可以通过在分子动力学观察时间内进行时间平均来计算物理量的统计平均值；对于非平衡系统，只要物理现象发生在分子动力学观察时间内（通常为 $1\sim10\mathrm{ps}$），就可以通过分子动力学计算进行直接模拟。特别是许多与原子相关的微观细节在实际实验中难以获取，而在计算机模拟中却可以轻松获得。这些优点使得分子动力学方法在材料科学与工程领域得到广泛应用，如在材料设计和断裂分析等方面。

由于裂纹萌生和扩展的可控性及观察测量技术的限制，使用实验分析手段面临诸多挑战。然而，采用分子动力学模拟方法有望克服这些难题。分子动力学模拟是一种用于计算单个分子在固体、液体和气体模型中的运动状态的方法，它是联系微观世界与宏观世界的强大计算机模拟工具。应用分子动力学模拟原理对裂纹萌生和扩展过程进行模拟，有助于深入理解裂纹形成和扩展的机理，从而推动相关领域的研究水平提升。

（1）分子间作用力的计算 分子动力学模拟的首要条件是要知道原子间的相互作用势。分子间作用力可通过对 Lennard Jones 势函数或 Morse 势函数等势函数的经验式采用求导方法计算得出。Morse 势函数是较常用的势函数，其表达式为：

$$u(r)=A\{\exp[-2\beta(r-R)]-2\exp[-\beta(r-R)]\} \tag{3.58}$$

式中，u 为势能；r 为粒子位置矢量；A 为结合能系数，对于不同的结构，A 取值不同；β 为势能曲线梯度系数；R 为 r 的最小值。势函数确定后，通过势函数对 r_{ij} 求导即可得出分子间作用力，即

$$F_{ij}=-\frac{\mathrm{d}u(r_{ij})}{\mathrm{d}r_{ij}} \tag{3.59}$$

式中，F_{ij} 为原子 j 对原子 i 的作用力；r 为原子 j 和原子 i 之间的距离。而作用在第 i 原子上的总原子力等于其周围所有其他原子对该原子作用力之和，即

$$F_i=\sum_j F_{ij}=\sum_j -\frac{\mathrm{d}u(r_{ij})}{\mathrm{d}r_{ij}} \tag{3.60}$$

（2）周期性边界条件 在分子动力学方法中，模拟实际晶体中原子的运动时，必须考

虑表面对体结构中原子运动的影响。为避免这种影响，通常采用周期性边界条件或者通过在模拟中固定距离来模拟原胞表面一定厚度范围内的若干原子。在建模时，应根据材料的晶体结构给出其原子的初始位置。为了减少因分子动力学模拟系统中粒子数少于真实系统中粒子数而引起的尺寸效应，分子动力学模拟采用了周期边界条件。周期边界条件指的是将一定数量的粒子 N 置于一定容积 V 内，此容积 V 称为原胞，其基本尺寸为 L。原胞周围的区域可视为原胞的复制，称为镜像细胞。这些镜像细胞的尺寸和形状与原胞完全相同，且每个镜像细胞中的 N 个粒子是原胞中相应粒子的镜像。因此，通过在各个方向上周期性复制原胞，形成宏观物质样本，使得仅需考虑原胞周围的边界条件即可计算原胞内粒子的运动，从而大大减少了工作量。

（3）最小镜像原理 在分子动力学模拟中，当 r_{ij} 超过一定范围时 $u(r)$ 趋近于 0，规定使 $u(r)=0$ 的原子 i 与原子 j 之间的距离为截断半径，用 r_c 表示，这样只需在 $r_{ij}<r_c$ 的范围内计算分子间作用力，就可使计算量大为减少。应使原胞边长 $L>2r_c$，以使 i 粒子不能同时与 j 粒子和它的镜像粒子 j' 相互作用。

（4）运动方程的建立和求解 忽略量子效应后，系统中粒子将遵循牛顿定律，分子运动方程为

$$\frac{d^2 r_i(t)}{dt^2} = \frac{1}{m_i} \sum_{i<j} F_i(r_{ij}) \tag{3.61}$$

在模拟开始阶段，通过周围边界条件推导出每个粒子的初始位置，并可利用所处温度下的麦克斯韦分布来提取初始速度。用于分子动力学模拟的算法包括 Euler 法、Gear 法、Beeman 法、Verlet 法和 Leap-frog 法等。尽管 Verlet 算法的精度略低于高阶 Gear 算法，但其简便易行、占用存储小、稳定性良好，因此应用范围较为广泛。获得计算结果后，可对裂纹萌生和扩展过程中的各种影响因素和参数进行定量分析和定性评估，亦可制作动画以观察裂纹萌生和扩展过程中的各种现象，并深入研究其形成机制。

20 世纪 80 年代以来，美国、日本先后应用分子动力学模拟技术，对 α-Fe 及复合材料的裂纹萌生过程进行研究，建立了裂纹萌生的分子动力学模型，初步探讨了裂纹萌生的微观机理。

日本学者 Inoue 等利用分子动力学技术模拟分析了裂纹尖部原子结构的变化。但是由于通常的分子动力学模拟系统中包含粒子数量少，与真实的物理系统所包含的微观粒子数量相差甚远，导致计算结果产生很大的误差。美国 Texas 大学的 D·Greenspan 早就针对这一缺点提出了准分子动力学模型，该模型将若干分子集合成一个颗粒，用数量较少的颗粒代替数量较大的分子，扩大了分子动力学模拟系统的粒子数。Ashurst 和 Hoover 利用该模型模拟分析了铜板的裂纹产生和扩展过程。韩国学者 Y S Kim 利用该模型研究了 α-Fe 在单向拉深和压缩条件下位错形成和运动的微观机理，并获得了位错滑移速度，并初步研究了弯曲变形时的裂纹萌生和扩展。捷克学者 A Machova 和 F Kroupa 应用两种不同势函数的原子模型研究裂纹萌生和扩展，模拟结果证实裂纹萌生位置受到三个因素影响：应力分布、剪切应力分布、位错发射前端的塑性区分布。但是模拟时采用不同的原子模型，得到的位错发射和裂纹萌生的应力条件也随之不同，作者在这一点上并没有给出合理的解释。

然而，上面所提及的绝大多数研究主要是研究规则晶体结构材料的裂纹萌生和扩展的微观行为，在现实中，绝大多数的金属材料有很多缺陷，如点缺陷、线缺陷、面缺陷和体缺陷

等。完全理解这些缺陷对裂纹萌生和扩展的微观行为影响非常重要，对于合理的设计材料抵抗断裂的参数也十分关键。目前在研究分子动力学模拟裂纹萌生中，很少有学者考虑这些缺陷的影响。

3. 有限元模拟裂纹萌生

晶体塑性理论从材料的晶体结构出发，认为晶体变形由晶格畸变和位错滑移完成，其中晶格畸变可视为弹性变形，位错滑移可视为塑性变形。晶体塑性理论与有限元方法相结合的晶体塑性有限元方法，通过获取晶体的滑移系、晶向和微观各向异性信息，将位错、滑移和相变的累积与宏观行为联系起来，已成为研究金属材料疲劳裂纹萌生和小裂纹扩展等问题的有力工具。相比于传统本构关系，晶体塑性力学模型与金属塑性变形的物理本质更加接近。鉴于晶体塑性有限元能够更全面地考虑材料的晶粒尺寸、晶体取向、微观缺陷等，这一方法可以更好地反映材料的微观结构对裂纹萌生的影响。

Yuan 等建立了如图 3.35 所示的晶体塑性模型来预测 GH4169 高温合金低循环疲劳过程中的循环塑性，并以累积塑性滑移和能量耗散作为疲劳指标参数，用于预测疲劳裂纹萌生和疲劳寿命。Liu 等引入位错偶极子，在晶体塑性有限元中结合单晶损伤，可以通过损伤参数大小判断裂纹萌生位点。Prithivirajan 等采用晶体塑性有限元方法研究孔隙附近裂纹萌生位置，发现其受孪晶等微观结构的显著影响。

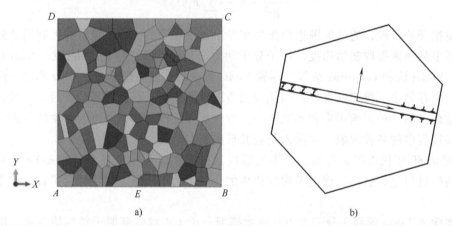

a)   b)

图 3.35 Yuan 等人建立的晶体塑性有限元模型

a）具有 150 种不同取向晶粒的 Voronoi 模型 b）晶粒尺度上的位错偶极子

有限元方法被广泛用于增材制造材料的裂纹萌生过程模拟。由于增材制造材料通常包含微观缺陷，如孔洞、裂纹和未熔合区，这些缺陷往往会产生应力集中，成为裂纹萌生点。因此，基于材料安全性设计，明确微观结构与裂纹萌生之间的关系至关重要。采用有限元方法模拟裂纹萌生过程、预测裂纹萌生寿命，可以为合理评价增材制造成型材料的结构完整性及服役可靠性提供理论基础。赵洋洋等人建立了跨尺度裂纹萌生有限元模型（图 3.36），量化研究了选区激光熔化成型 GH3536 合金的疲劳裂纹萌生寿命，分析了疲劳裂纹的表面和内部萌生的竞争机制与缺陷位置、尺寸和缺陷类型等之间的关系。

材料疲劳裂纹萌生行为并不简单受微观结构和缺陷的单独影响，微观结构和缺陷的综合作用导致材料疲劳裂纹萌生行为变得复杂。Du 等基于晶体塑性有限元方法，定量探究缺陷对 316L 不锈钢疲劳裂纹萌生行为的影响，发现微缺陷周围多个位点的裂纹萌生可能依赖于缺陷的几何形状及微观结构的异质性的综合影响。统计概率分析表明，与矩形缺陷和圆形缺陷相比，菱形缺陷导致更高的疲劳累积，疲劳裂纹易在此处萌生。

4. 机器学习预测裂纹萌生

机器学习是一门从数据中研究算法的科学学科，它是根据已有的数据进行算法选择，并基于算法和数据构建模型，最终对未来进行预测。例如，对于某给定的任务 T，在合理的性能度量方案 P 的前提下，某计算机程序可以自主学习任务 T 的经验 E，随着提供合适、优质、大量的经

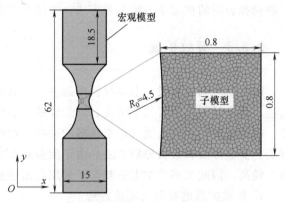

图 3.36　赵洋洋等人建立的跨尺度
有限元模型（单位：mm）

验 E，该程序对于任务 T 的性能逐步提高。机器学习的研究可以分为两大类，分别是以决策树、随机森林、支持向量机和贝叶斯学习为代表的传统机器学习的研究和以深度学习为代表的大数据背景下机器学习的研究。深度学习是机器学习的一个分支，其核心和计算基础是神经网络，它使用深度神经网络来处理大规模数据并解决复杂的问题。而神经网络又是复杂的非线性系统，具有实时、并行集体运算能力。它可以真实地反映复杂非线性体系，并可以取得较好的推广能力，其预测趋势也更加合理。

打印过程中或打印完成后制品中产生的裂纹，是限制金属 3D 打印技术广泛应用的一大难题。金属 3D 打印制品中裂纹的产生有多种机制，目前还没有通用有效的控制方法。为此，方楠等提出了一种物理信息机器学习模型，通过获取打印过程中零部件开裂相关的重要物理参数，能准确预测裂纹的萌生。实验选用了 6061、2024、AlSi10Mg 等多种铝合金进行模型计算和实验验证，并设计了一个关键参数——裂纹敏感性系数（CSI），用以判断金属 3D 打印中裂纹的萌生。研究发现，零部件裂纹的萌生与凝固应力、脆化与松弛时间之比、温度梯度与凝固速率之比，以及冷却速率直接相关，通过线性回归可确定裂纹敏感性系数与上述参数的关系式。设定 CSI 的阈值为 0.5，利用该机器学习模型能准确预测出 102 个样品中的 86 个试样的裂纹萌生情况，准确率高达 84.3%。这项研究为金属 3D 打印制品中裂纹的抑制提供了思路，还可用于新合金的设计及其他制造工艺的优化。

机器学习预测裂纹萌生的方法通常涉及以下几个步骤：

1）数据收集：收集有关材料特性和环境条件的数据，如材料的类型、形状、尺寸、应力状态等。

2）特征选择：从收集到的数据中选择有助于预测裂纹萌生的特征。

3）模型训练：使用选定的特征和已知的裂纹萌生数据来训练机器学习模型。

4）模型评估和优化：评估模型的性能，并根据需要对其进行优化以提高准确性。

5）预测和验证：使用训练好的模型来预测新材料或新条件下的裂纹萌生情况，并通过实验或其他方式进行验证。

综上所述，机器学习在裂纹萌生预测中的应用展示了其在解决复杂工程问题中的巨大潜力。它可以提高预测的精度和效率，帮助更好地理解裂纹萌生的行为。然而，需要注意的是，虽然机器学习是一个强大的工具，但它并不是万能的。在实际应用中，需要根据具体的

问题选择合适的机器学习模型和方法，并结合其他知识和经验来进行综合分析和判断。

3.3.3 裂纹扩展

经过长时间的服役，金属材料内部会产生微小裂纹。裂纹萌生至发生断裂是一个快速的过程，整个过程共分为三个阶段，即裂纹萌生、稳定扩展和快速断裂。由于疲劳破坏的严重性，疲劳裂纹的扩展也受到越来越多的关注。目前研究疲劳裂纹扩展的方法主要有理论分析方法、实验方法和数值分析方法。由于疲劳裂纹相关的实验难度较大，耗费时间较长，实验成本较高，因此大多数学者更倾向于采用数值模拟的方法研究疲劳行为。

1. 裂纹扩展的有限元模拟方法

有限元分析是利用数学近似的方法对真实物理系统（几何和载荷工况）进行模拟。利用简单而又相互作用的元素（即单元），就可以用有限数量的未知量去逼近无限未知量的真实系统。相对于其他计算方法，有限元分析具有分析精度高、能适应各种复杂形状、数学处理比较方便等特点。在服役可靠性的应用中，有限元分析可以评价结构性能和安全性，引导设计和优化过程，预测强度和稳定性，模拟动力响应，评估疲劳寿命和使用寿命，并优化材料特性和参数，以提高结构可靠性和经济效益。

有限元软件除了可以实现模拟由疲劳引起的裂纹扩展外，还可以实现对蠕变裂纹扩展和腐蚀裂纹扩展的模拟。目前，许多学者也做了大量研究。Giner 等人首次在有限元软件 ABAQUS 用户自定义模块中实现用扩展有限元法研究二维疲劳裂纹扩展问题，该程序展现出模拟计算微动疲劳寿命和应力强度因子的优势；Pathak 等人之后将 Singh 提出的方法推广到三维裂纹扩展问题，充分证明了扩展有限元法在模拟任意形状裂纹扩展问题时的优势；邓殿凯基于内聚力模型的牵引分离法则开发出三维零厚度内聚力单元，并证明了 PPR 内聚力模型用于模拟裂纹扩展的优势，所提出的基于 ABAQUS 二次开发模型可以用于研究更为复杂的复合材料结构的断裂机理；Busari 等人使用等参数裂纹面模型进行三维裂纹分析，提出基于 Paris 定律的 VCCT 方法模拟结构钢 S355 和 S960 的疲劳裂纹扩展行为，仿真结果表明虚拟裂纹闭合技术的数值计算能力适用于模拟常用结构钢的疲劳裂纹扩展。

利用有限元法进行疲劳分析的典型流程大致如图 3.37 所示。

由于疲劳试验成本较高，耗费时间长，疲劳试验机功能单一，很难做到在温度相关、承受多维交变应力等复合工况下的试验，并且试验中经常忽略材料形状相关性，使得获得的试验数据偏大，对于工程实际不具备指导意义。因此，人们开始运用有限元分析零部件并结合计算机强大的运算能力，得到寿命数据，这不仅使寿命结果更加接近工程实际，并且在很大程度上降低了成本。

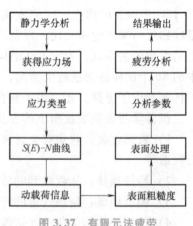

图 3.37　有限元法疲劳分析的典型流程

由于裂纹扩展速率大小取决于应力强度因子，裂纹扩展的同时，应力强度因子会逐渐增大，裂纹扩展速率迅速增大。

对于拉伸试样，各应力可统一表示为

$$\sigma_{i,j} = \frac{k_N}{\sqrt{2\pi r}} f_{i,j}(\theta) \tag{3.62}$$

式中，i、j 分别可取 1、2、3，分别对应 x、y、z 三个方向；k_N 的下标取 Ⅰ、Ⅱ、Ⅲ，对应不同类型裂纹的应力强度因子；$f_{i,j}(\theta)$ 是 θ 的函数。

疲劳试样的有限元分析首先要对试样进行模型建立，可通过一些软件建立标准试样以便边界条件及载荷的施加，随后对材料物性参数及边界条件进行设置，在网格划分后通过静力学分析得到试样的应力分布，最后对裂纹扩展过程进行相应分析。

2. 裂纹扩展的机器学习方法

机器学习应用以机理牵引、数据驱动的材料基因组计划为典型代表，其具有数据处理能力强、计算成本低、开发周期短等突出优势。基于大量试验，以数据为驱动的 ML 方法已在新材料性能预测、材料失效行为分析、工程部件故障诊断等方面发挥了重要作用。大量研究报道表明，支持随机森林（Random-Forest，RF）、向量机（Support Vector Machine，SVM）、高斯过程回归（Gaussian Process Regression，GPR）、浅层神经网络（Shallow Neural Network，SNN）、深层神经网络（Deep Neural Network，DNN）、线性回归（Linear Regression，LR）和人工神经网络（Artificial Neural Networks，ANN）都可以在一些金属、合金及非金属材料的相关疲劳测试数据基础上，做出准确的服役寿命及裂纹扩展预测。

当前盛行的集成学习方法是通过在数据集上构建多个模型并集成所有模型的建模结果，可获取比单个模型更好地回归或分类表现。随机森林算法作为经典的算法之一，具有灵活度高，有较强的泛化能力，应用前景广阔等优点。随机森林基于装袋法（Bagging），主要思想是构建几个相互独立的评估器，然后基于预测结果的平均值或多数表决原则确定集成评估器的结果，其基本单元是决策树。决策树是一种原理简单，应用广泛的模型，它可以被用于分类和回归问题。决策树的主要功能是从一张有特征和标签的表格中，通过对特定特征进行提问，进而总结出一系列决策规则，并用树状图来呈现这些决策规则，工作原理如图 3.38 所示。

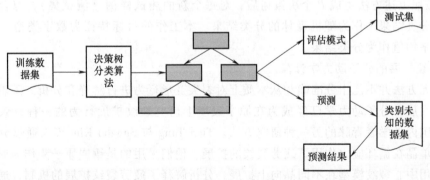

图 3.38　决策树模型的工作原理

随机森林算法中每棵决策树都是一个评估器，那么对于一个输入样本，N 棵树会有 N 个回归结果。而随机森林集成了所有的评估投票结果，将投票次数最多的类别指定为最终的输出，这就是一种最简单的 Bagging（Bootstrap aggregating，引导聚集算法）思想。模型的评价指标是相关系数 R^2，如下所示：

$$\begin{cases} u = \sum_{i=1}^{n} (f_i - y_i)^2 \\ v = \sum_{i=1}^{n} (y_i - \bar{y})^2 \\ R^2 = 1 - \dfrac{u}{v} \end{cases} \qquad (3.63)$$

式中，u 为残差平方和；v 为总平方和；n 为样本数量；i 为每一个数据样本；f_i 为模型回归出的数值；y_i 为样本点 i 实际的数值标签；$\bar{y}$ 为真实数值标签的平均数。R^2 可以为正或为负：如果模型的残差平方和远远大于模型的总平方和，模型非常糟糕，R^2 就会为负。

在裂纹扩展中采用 PyCharm 搭建编译环境，使用 sklearn 库构建随机森林算法模型。随机森林的构建生成规则大致如下：

1）随机划分训练集和测试集，以部分样品为训练集，另一部分为测试集。值得注意的是，机器学习方法受数据影响显著，不同训练集和测试集划分条件下模型效果可能存在显著差异。

2）为确保随机森林中各基评估器（决策树）各不相同，为各决策树分别建立不同的样本数据集。具体而言，采用有放回随机抽样方法，从训练样本中建立 P 个与总样本大小一致的自助集以对应 P 个基评估器。对于可能存在的袋外数据，取其替换袋中重复数据或重新构成新的自助集。

3）各样本数据均含有 M 个特征，在各基评估器（决策树）的每个节点上，均从 M 个输入特征中随机选取 m 个输入特征，其中 m 远远小于 M，然后以不纯度为衡量指标，从 m 个输入特征中选取某一最佳特征进行分裂。m 在构建决策树的过程中保持不变。

4）各基评估器（决策树）均按照上述方法持续分裂。但在分裂过程中，若不采取剪枝操作，则分裂过程仅在节点的所有训练样例都属于同一类时才会终止。这将导致模型过于复杂而造成过拟合等问题。

5）按照上述方法生成 P 个决策树后，对每个新的测试样例（测试集），综合考虑多个决策树的分类结果来作为随机森林的分类结果。本工作的目标特征为数字类型，故取 P 个决策树的平均值作为分类结果。

3. 裂纹扩展的分子动力学计算

有限元方法并不能十分准确和从本质上对裂尖变形行为进行解释和分析。随着计算机技术的迅猛发展，分子动力学已经成为在原子尺度上研究裂纹扩展行为的一种有效准确的方法，这是国内外学者青睐的另一种研究方法。Tian Tang 与 Sungho Kim 等人通过分子动力学模拟了镁单晶在循环应力作用下疲劳裂纹的扩展。他们采用的是镶嵌原子势作为原子间的作用力，使用中心裂纹模型在不同晶向上扩展，分析解释了疲劳裂纹扩展的机制，通过边缘裂纹的模型分析研究了温度和应变率对疲劳裂纹扩展的影响；Rafii-Tabar 等人通过分子动力学模拟研究了面心立方金属盘在裂纹扩展过程中裂尖的纳米尺度的不均匀性的影响。王晓娟等使用三维分子动力学方法模拟了单晶铝预制初始裂纹扩展过程，研究了裂纹扩展机理及温度对裂纹扩展过程的影响。WU 等采用分子动力学方法研究了温度对单晶镍材料裂纹扩展的影响，结果表明，裂纹扩展过程和应力分布特征是密切相关的，温度的变化引起单晶镍裂纹生长。

3.3.4　蠕变模拟

如前文 1.3.2 节所述，蠕变是指材料在高于一定温度和一定应力的作用下，尽管此时还没有达到材料的屈服强度，但是材料会随时间的增长而缓慢出现不可恢复的形变的现象。在模拟蠕变的流程中，材料所受热力、机械力及二者的交互作用错综复杂，对结构材料的寿命有着至关重要的影响。因此，对长期在高温状态下运转的构件进行可靠的安全性评定，准确地预测其寿命，对保证高温构件的安全运行和国民经济的稳定发展具有重要意义。

目前，关于蠕变疲劳损伤问题的研究主要集中在裂纹扩展行为的研究、环境因素对蠕变疲劳寿命的影响、寿命预测模型、损伤机制分析等四个方面。已经有很多国内外的学者为此进行了不懈的努力，数百个蠕变损伤评估分析模型已经被提出来，其中，典型的比较为人熟知的模型方法主要有有限元方法和相场模型。

1. 有限元方法

有限元（Finite Element，FE）方法是解决工程和数学物理问题的数值方法，该方法可以解决的典型问题包括结构分析、热传导、流体流动、质量传输和电磁电位。在模拟材料的蠕变损伤演化过程中，有限元方法需要将材料划分为多个小单元（即有限元），这些单元通常与其他更多的单元相连，这个过程称为离散化。然后在各有限单元中建立代数方程组进行数值求解。最后组合这些方程组得到整个物体的数值解。对于结构问题，求解的通常是每个节点上的位移或构成承载结构的每个单元内的应力、应变。对于非结构问题，节点上的物理量可以是热流产生的温度或流体流动产生的流体压力。

有限元方法研究蠕变力学的起始点通常都需要进行蠕变测试，记录一组应力、温度和断裂时间的演变关系并绘制表格。测试数据以不同的蠕变损伤评估方法进行使用，去获得用于描述材料蠕变损伤行为的本构曲线或者方程。现对其中两种最常用的方法进行简单的介绍。

（1）Larson-Miller 方法　Larson 和 Miller 在 1952 年提出在一定应力条件下材料的蠕变断裂寿命 t_r 和温度的倒数 $1/T$ 之间存在某种线性关系，从而建立了 Larson-Miller 参数模型。它是通过解析 Larson-Miller 参数 P 与断裂时间 $t_r(h)$ 和温度 $T(K)$ 与材料常数 C 之间的关系，建立数学模型。通过绘制 Larson-Miller 参数关系图，利用短时蠕变试验数据来推测长时蠕变性能。Larson-Miller 理论公式如下：

$$P(T, t_r) = T(C + \lg t_r) \tag{3.64}$$

简化情况下，当获得静态温度和静态应力，查表得出主蠕变曲线应力所对应的 Larson-Miller 参数和相应温度，直接计算蠕变寿命。如果应力、温度或两者同时随时间变化，损伤累积将会在每个样本点进行计算，损伤增量按照如下进行定义：

$$d_n = \frac{\Delta t}{t_r} \tag{3.65}$$

式中，Δt 为样本以小时计的时间增量。

总损伤 D 是时间载荷步 1 到 N 的损伤增量之和，其形式如下：

$$D = \sum_{n=1}^{n=N} d_n \tag{3.66}$$

在 Larson-Miller 方法中，蠕变损伤是线性累加的，随着蠕变时间的增加，蠕变总损伤值达到 1 时认为材料失效。该方法应用起来简单方便，不需要复杂的参数，因此在航空航天、能源和石油化工等领域中应用广泛，对于在高温下工作的金属材料的设计和评估具有重要意义。通过使用该公式，工程师可以预测材料的蠕变寿命和性能，从而确保结构的安全性和可靠性。

需要注意的是，Larson-Miller 方法仅适用于蠕变行为符合该公式的金属材料。对于某些特殊的材料或特定的环境条件，可能需要采用其他更复杂的模型来描述蠕变行为。因此，在应用此公式时，需要结合实际情况进行适当的验证和调整。

（2）Chaboche 方法　Chaboche 方法是一种广泛应用于金属材料疲劳寿命预测的连续损伤方法。该方法以材料的等效应力为基础，考虑了应力幅、平均应力、循环次数等因素对材料损伤累积的影响。Chaboche 蠕变损伤增量方程的形式如下：

$$dD = \left(\frac{\sigma}{A}\right)^r (1-D)^{-k} dt \tag{3.67}$$

式中，A、r、k 是与温度相关的材料参数，根据不同应力水平的蠕变失效测试实验决定。在双对数空间中，理想蠕变失效曲线形式是一条直线，A 代表该曲线与应力轴的截断；r 是斜率；k 用于描述非线性损伤评估，在一般的有限元分析流程中认为 k 是应力和温度的常值。

如果应力和温度是常数，则描述断裂失效时间的方程为

$$t_r = \frac{1}{k+1}\left(\frac{\sigma}{A}\right)^{-r} \tag{3.68}$$

式中，A 和 r 是恒定温度下的数值。如果在测试过程中温度变化，就能够采用插值获得 A 和 r。

对于时间序列载荷谱，可以根据时间历程数据直接计算损伤。样本时间增量是 Δt，应力 σ 的损伤增量为

$$\Delta D = \Delta t \left[\frac{\sigma}{A(T_i)}\right]^{r(T_i)} \cdot (1-D)^{-k} \tag{3.69}$$

$$D_{\text{total}} = D + \Delta D$$

式中，$A(T_i)$ 和 $r(T_i)$ 为增量损伤计算过程中所对应温度的材料属性；D 为最终蠕变总损伤。这个过程在整个时间序列载荷谱中连续重复进行，直到 $D=1$，材料发生断裂破坏。

该模型与物理过程联系起来，蠕变-疲劳过程中产生的蠕变孔洞和晶界处的形核会促进疲劳微裂纹的萌生和扩展，当损伤值达到一个临界值时发生断裂。连续损伤力学应用起来在理论上更为严格，与其他方法相比更侧重于材料损伤的物理本质，与材料损伤断裂的实际情况更为接近。同时，由于这种方法在计算蠕变和疲劳损伤时采用的是总损伤，蠕变和疲劳损伤得到耦合。因此，这种方法考虑了蠕变-疲劳交互作用，具有更高的预测精度。

利用有限元数值模拟技术进行蠕变问题的模拟，可以大大节约实验时间和成本，甚至可以完成利用现有条件和技术无法完成的实验。自从 Kachanov 提出损伤的概念以后，已经有很多学者利用损伤模型进行蠕变裂纹扩展的有限元模拟。例如，Rolf Sandstrom 建立了针对蠕变初始阶段和稳态蠕变阶段的模型。该模型结合拉伸应力-应变曲线模型和稳态蠕变模型，可以描述 75～250℃ 温度范围内无氧铜的实验蠕变应变曲线，其精确度与相同条件下的实验应变曲线相同。该模型不包含任何拟合参数，并已成功应用于圆形槽口样品的蠕变测试中，可以通过 Odqvist 等式转换为多轴应力形式。导出该基本蠕变模型主要是为了改进推断的精确度。该模型可以论证稳态蠕变速度低至 $5 \times 10^{-22} \text{s}^{-1}$ 的蠕变测试，而传统蠕变断裂测试

可记录的最低应变率只有 $1 \times 10^{-12} \, \mathrm{s}^{-1}$。该模型首先被应用于模拟封装核废料的铜罐的高温蠕变行为，并在其中引入了反向应力，可以操纵幂律失效过程中的非静态蠕变。反向应力被加入到 Armstrong-Frederick 关系中，移除引起非物理结果的特征，并且将反向应力项替换为反向应力偏差，避免了小施加应力组分下不合理大反向应力组分的出现。该蠕变模型将静态和非静态蠕变纳入计算中，建立了一个有限元模型以计算铜罐热激发蠕变的变形量。计算得到的蠕变变形量的最大值为 10 年间变形 7.8%，因为实验测量的铜罐蠕变延长率在 15%~40% 的范围内，所以此条件下服役的铜罐不会变形至破坏。赵雷等人进行了 P92 钢 650℃ 下焊接接头蠕变裂纹扩展试验，并利用改进的 K-R 损伤本构模型进行了裂纹扩展的模拟预测。对比结果发现，模拟预测结果与实验结果吻合良好，同时借助有限元分析可知焊缝细晶区的高应力三轴度是导致其裂纹扩展速率最高的主要原因。

有限元方法的物理概念清晰，具有优良的复杂结构适应性，也十分适合计算机的高效运算。但有限元方法主要是从宏观和介观两个层次分析材料的演化过程，对材料微观结构的模拟、分析还存在不足。

2. 相场模型

相场（Phase Field）方法以 Ginzburg-Landau 理论为物理基础，是一种结合热力学理论分析和实际操作的动力学研究方法。相场方法中，微观组织由连续的场变量表示。在远离界面的位置，场是均一稳定的，场变量的数值是相同的。不同相区场变量不同，且具有不同的物理性质。在相界处，场变量的值连续变化。因此，在相场方法中，界面是渐变的，并且具有一定的宽度。相场方法在模拟过程中将有序化势函数与热力学体现的驱动力有机结合在一起，并在此基础上构建了一个完整的相场方程，以此对动力学变化进行演化。另外，相场方法也可以耦合温度场、溶质场或其他外部场，从而有效地将微观与宏观相结合，提高模型应用的深度与广度。

近年来，塑性理论被引入到描述固态相变的弹性相场模型中，用以模拟外力作用下合金微观组织的演变。蠕变过程中发生的塑性流动涉及保守的缺陷演化机制，如位错滑移和晶界滑动，通常是由沿局部应力、化学势梯度或两者共同作用的热激活缺陷运动促进的。蠕变过程主要依靠材料内部位错增殖与湮灭动态平衡来运转，不同类型的缺陷在多个空间和时间尺度上的集体演化导致了所观察到的不同蠕变宏观现象。传统的数值模拟方法几乎不能触及与缺陷扩散相关的特征时空尺度，因此使用相场方法耦合弹性或塑性理论，这样便可以在微观结构和性能层面分析蠕变过程。

目前应用较广泛的连续相场模型主要有 3 种：WBM 模型、KKS 模型和 Steinbach 模型。下面介绍一种耦合 KKS 相场模型和 Cailletaud 单晶塑性模型的蠕变微观组织演化流程。

相场模型中的两相组织采用浓度序参量 $c_i(r, t)$ $c_j(r, t)$ 和结构序参量 $\varphi_p(r, t)$ 描述，序参量随空间（r）和时间（t）的演化过程通过相场模型中 Cahn-Hilliard 方程和 Ginzburg-Landau 方程控制：

$$\frac{\partial c_i}{\partial t} = \sum_j \nabla \left(M_{ij} \, \nabla \frac{\partial F}{\partial c_j} \right) \tag{3.70}$$

$$\frac{\partial \varphi_p}{\partial t} = -L \frac{\partial F}{\partial \varphi_p(r, t)} \tag{3.71}$$

式中，M_{ij} 和 L 分别为化学迁移率和界面迁移率；F 为系统亥姆霍兹自由能，包括体亥姆霍

兹自由能 f_{bl}、梯度能 f_{gra} 和弹性应变能 f_{el} 三部分。

KKS 模型中，假定界面处共存的两相具有相同的化学势。体亥姆霍兹自由能 f_{bl} 表示为体系中各相吉布斯自由能之和，梯度能 f_{gra} 包括成分和结构序参量梯度能两部分，以表征成分和结构不均匀对界面能的贡献。根据 Khachaturyan 建立的非均匀弹性理论，f_{el} 可表示为

$$f_{\mathrm{el}} = \frac{1}{2}\lambda_{ouvw}(r)\varepsilon_{ou}^{\mathrm{el}}(r)\varepsilon_{vw}^{\mathrm{el}}(r) \tag{3.72}$$

式中，$\lambda_{ouvw}(r)$ 为局域弹性模量张量；$\varepsilon_{ou}^{\mathrm{el}}(r)$、$\varepsilon_{vw}^{\mathrm{el}}(r)$ 为弹性应变；o、u、v、w 代表空间坐标，取值为 1、2、3。

塑性应变 $\varepsilon_{ou}^{\mathrm{pl}}(r)$ 根据基于晶体滑移的 Cailletaud 单晶塑性模型描述，基本方程如下：

$$\varepsilon^{\mathrm{pl}} = \sum_s m^s \gamma^s \tag{3.73}$$

式中，m^s 为滑移系 s 的取向张量；γ^s 为分切应变。

分切应变率遵循 Norton 流动准则，见下式：

$$\dot{\gamma}^s = \left(\frac{|\tau^s|-r^s-r_0}{K}\right)^N \mathrm{sign}(\tau^s) \tag{3.74}$$

式中，N 为准则系数；K 为应力水平。

下式为根据应力 σ 计算的分切应力 τ^s。

$$\tau^s = \frac{1}{1-\omega^s}\sigma:m^s$$

$$\dot{\omega}^s = D_A(\tau^s)^{D_n} \tag{3.75}$$

式中，损伤变量 ω^s 遵循 Kachanov 蠕变损伤定律；D_A、D_n 为损伤参数。

对于扩散控制的蠕变过程，由于建立力学平衡所需时间远比元素扩散所需时间短得多，因此，在任何状态下，系统总是满足力学平衡条件：$\frac{\partial \sigma_j(r)}{\partial r_j}=0$。同时求解塑性本构方程和相场控制方程即可得到材料的蠕变组织及蠕变速率演化情况。具体求解过程可参考相关文献。

鉴于相场方法适合在原子尺度和扩散时间尺度上研究材料的微观结构，针对主要依靠材料内部位错增殖与湮灭动态平衡来运转的蠕变问题，可以采用相场方法进行模拟，再现位错、空穴等缺陷在材料内部的演化情况，并进一步了解这些介观尺度结构如何与宏观蠕变现象学联系在一起。目前国内外已有许多学者借助相场方法研究了蠕变现象。例如 Yuhki Tsukada 等人应用相场方法模拟了 304 不锈钢钢蠕变过程中 M23C6 碳化物和铁磁 α 相的同时成核和生长。这些生成相的成核是通过概率泊松播种过程明确引入的，该过程基于局部成核率计算为局部浓度的函数。在碳化物附近的蠕变位错的缺陷能量，在蠕变过程中增加，并被整合入 α 相的成核驱动力中。在该研究中使用的模拟准确地再现了析出相的数量随蠕变时间的变化。此外，他们还研究了位错密度对 α 相析出的影响，证明相场方法对于检验相变的随机性和动力学现象是有用的。

Dong Wang 等人基于 CALPHAD 方法和晶体塑性理论建立 Co-Al-W 合金蠕变相场模型，研究了 W 浓度对合金蠕变性能的影响。由于析出相的体积分数随着 W 浓度的提高而增加，以及 W 的扩散能力随着 W 浓度的提高而降低，增加了蠕变强度。筏化速率随蠕变应力从

297MPa 降低到 197MPa 而减小。低应力下低的扩散驱动力、W 元素在水平 γ 通道中的聚集、析出相和基体相中元素演化的滞后和低的成分演化速率造成低筏化速率以及蠕变应变减小。通过耦合蠕变损伤模型研究了 Co-Al-W 合金蠕变损伤微观特征。蠕变第三阶段微观塑性应变从 γ 基体发展到 γ′析出相中，材料发生蠕变损伤，损伤阶段在 γ 基体中形成了 W 元素的贫瘠区。通过预筏化形成的 N 型筏化组织可以改善 Co-10Al-9W 合金在较低蠕变应力下的拉伸蠕变性能，而外应力造成 γ′析出相中扩散势分布不均是 N 型预筏化组织转变的原因。

Min Yang 等人建立了耦合弹塑性变形和蠕变损伤的相场模型，模拟 Ni-Al 二元高温合金中的筏化行为，并研究不同应力状态下筏化组织演变，析出相在剪切应力作用下会发生 45°筏化，同时 γ′形成元素会从高应力区往低应力区扩散。从应力场和应变场变化的角度分析了 γ′相的演化机制，观察了"岛状"γ 相，并讨论了其形成机理。随着蠕变应力的增加，γ′相的方向性粗化加速，稳态蠕变速率增加，蠕变寿命降低。并且在后期的研究中将蠕变损伤模型引入前期的研究中，发现第三阶段的筏化组织会变为不规则的形状并出现 Z 型组织。模拟蠕变曲线与实验蠕变曲线的比较表明，该相场模型可以有效地模拟前两个蠕变阶段的性能变化，并预测蠕变应力对蠕变性能的影响，为同步模拟 γ′析出增强的超合金的蠕变微观结构和性能提供了一种可行的方法。

从上述研究中可以看出，研究者们在使用相场方法时都会希望耦合弹性或塑性理论，这样便可以在微观结构和性能层面分析蠕变过程。研究者们这样改进相场方法的原因在于，相场方法并不能从根本上揭示微观组织结构演化过程中原子尺度上的动力学机理。相场方法使用的序参量是平衡空间上的均匀场，该均匀场消除了由晶体相周期性产生的许多物理特征，包括弹塑性变形、各向异性和多取向。为了将弹塑性、扩散相变动力学和各向异性表面能效应纳入一个统一的热力学模型，研究者们不断改进和发展相场模型，借助原子尺度上的相关理论来描述位错、连续应力和应变场及取向场。这扩宽了相场模型的研究范围，为具有上述晶格特征的材料微观结构的研究提供了理论依据和指导。

3.3.5　疲劳模拟

1. 疲劳的计算模拟

如前文 1.3.1 节所述，疲劳是指一种在交变应力作用下，金属材料由于累积损伤而破坏的现象，是导致材料和结构失效的主要原因之一。由于疲劳试验的极高成本和时间，以及潜在的疲劳失效的灾难性后果，准确预测疲劳寿命对于许多先进技术的应用都很重要。通过准确预测疲劳寿命，可以确保工程结构和机械部件在预定的使用寿命内不会因疲劳而失效，从而保障人员和设备的安全。

疲劳行为及寿命预测的研究呈现了四个阶段的更迭。第一个阶段，被称为科学经验范式，在这个时期，人类的认知是建立在经验或实验的基础上。第二阶段，被称为理论科学范式，在这一阶段，人们提出了一系列的定理、模型。第三阶段，被称为计算机科学范式，在这一阶段，随着计算机的发展，人们结合计算机的应用，将理论科学范式拓展到计算机应用中，可对复杂的研究对象进一步深入研究。随着数据量的剧增和计算机技术的发展，目前疲劳行为研究领域已进入科学研究的第四范式，即数据驱动。实现数据驱动主要有两方面，一是有大量的实验数据作为基础，二是使用机器学习作为方法。机器学习的基本思想是基于数据构建统计模型，并利用模型对数据进行分析和预测。流行的机器学习框架（如 Tensor-Flow、PyTorch、Scikit-Learn）包括了许多经典的机器学习算法，是功能强大、易于使用且开源的机器学习库，在处理大规模数据时具有出色的性能，集成了包括线性回归、逻辑回归、支持向量机、随机森林、K 均值聚类等多种算法模型及扩展模块。机器学习实现了大量数据的训练与预测，可以克服传统方法的局限性。

2. 机器学习算法

（1）随机森林　随机森林（RF）算法是一种广受欢迎的集成学习算法，用于分类与回归，该算法基于决策树集成的原理，通过整合多个决策树，从而提升预测的准确性和稳定性。

图 3.39 所示为随机森林的工作流程图。准备好数据集后可以使用 Bagging（Bootstrap Aggregating）方法来对原始数据集进行多次随机采样，每次采样可能会多次选择同一个样本（即放回抽样）。每个采样生成的数据子集（数据集 1、数据集 2、……、数据集 n）将用于训练一棵单独的决策树（决策树 1、决策树 2、……、决策树 n），同时在构建每棵树的过程中，在分裂节点时会从所有可用特征中随机选择一个特征子集，并在这个子集上找到最佳分裂，这样可以保证每棵树的训练数据都有所不同，增加了模型的多样性。然后每棵决策树会对输入的数据给出一个预测结果，在回归任务中，这通常是一个连续的数值。在随机森林的最后阶段，所有独立树的预测结果会被整合起来，针对回归问题，通常需要计算所有决策树预测结果的平均数，然后将这个平均数作为最终的模型输出，用于预测目标变量。

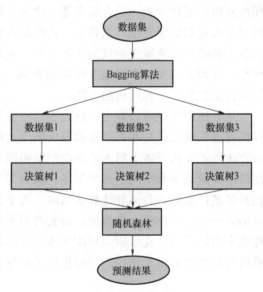

图 3.39　随机森林工作流程图

（2）支持向量机　支持向量机（SVM）是以统计学的 VC 维理论作为基础，以结构风险最小化（Structured Risk Minimization，SRM）为原则的监督学习算法。SVM 可以通过核函数将低维空间映射到高维空间，其具备优秀的泛化能力，在学习样本数量相对较少时仍然具备良好的性能。SVM 是针对分类问题提出的，随后被发展并应用到回归问题中。当 SVM 应用于回归问题时，常被称为支持向量机回归（Support Vector Regression，SVR）。

图 3.40 所示为 SVR 原理示意图，通俗来讲就是 SVR 回归是找到一个回归平面，让一个数据集中的所有数据点到该平面的距离最近。

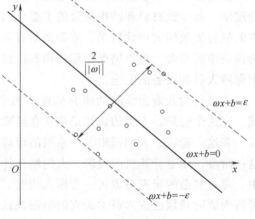

图 3.40　支持向量机示意图

（3）BP 神经网络　BP 神经网络是一种典型的非线性算法，分为两个部分，BP 和神经网络。BP 是 Back Propagation 的简写，意思是反向传播。BP 网络能学习和存贮大量的输入-输出模式映射关系，而无须事前揭示描述这种映射关系的数学方程。它的学习规则是使用最速下降法，通过反向传播来不断调整网络的权值和阈值，使网络的误差平方和最小。其主要的特点是：信号是正向传播的，而误差是反向传播的。

图 3.41 所示为典型的 BP 神经网络结构图，BP 神经网络由输入层、隐藏层（也称中间层）和输出层构成，其中隐含层有一层或者多层。每一层可以有若干个节点。层与层之间节点的连接状态通过权重来体现。只有一个隐含层为传统的浅层神经网络；有多个隐含层为深度学习的神经网络。

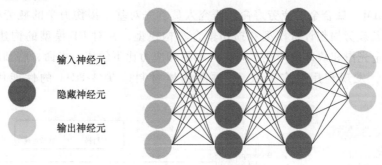

图 3.41　典型的 BP 神经网络结构

3. 钛合金的机器学习

由于在航空航天领域的使用过程中，钛基部件经常要承受不同的循环载荷和工作温度，这会导致使用寿命降低。因而，了解各种参数和微观组织等对钛合金疲劳抗力的影响尤为重要。

以钛基合金为例，Swetlana 等人提出了一种可解释的机器学习方法（图 3.42）预测其

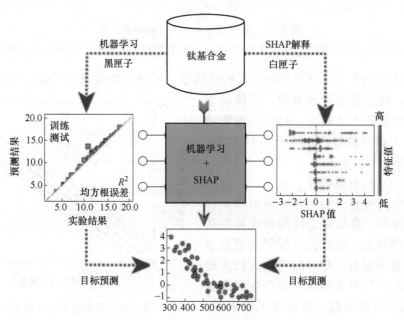

图 3.42　钛基合金机器学习模式的工作流程示意图

疲劳寿命（N_f），以合金的成分、实验参数和加工条件作为描述符，建立了梯度增强回归（GBR）模型来实现更高精度的疲劳寿命的预测。尽管其没有考虑微观组织参数和其他复杂加工参数的影响，但在不进行昂贵的实验测量或计算建模的情况下，相较于经验模型预测不同成分钛合金的失效寿命仍具有一定优势。数据集为从文献中收集的包括 Ti64、Ti6242 和 IMI834 等钛合金的实验数据。首先采用了 12 个相关特征，训练得到有更高的决定系数（R^2）、低的均方根误差（r_{mse}）的 GBR 模型，然后对 GBR 模型进行 SHAP（SHapley Additive exPlanation，一种加性的模型）加性规划分析，发现机器学习模型与材料科学和物理学的模型非常吻合。利用这一机器学习方法，可以建立不同钛合金的疲劳 S-N 曲线。

Zhan 等人基于损伤力学的机器学习框架（图 3.43），构建了随机森林（RF）模型来预测增材制造（AM）钛合金的疲劳寿命。研究人员首先对基于损伤力学的疲劳模型进行数值模拟，其中涉及疲劳损伤评价模型和损伤耦合本构模型，并对 RF 模型的构建进行了研究，预测 AM 钛合金光滑和缺口试样在不同应力水平和应力比下的疲劳寿命，将预测结果与实验数据进行对比，发现利用决定系数 R^2 预测的增材制造 TC4-TC11 的性能优于增材制造 TA2-TA15。

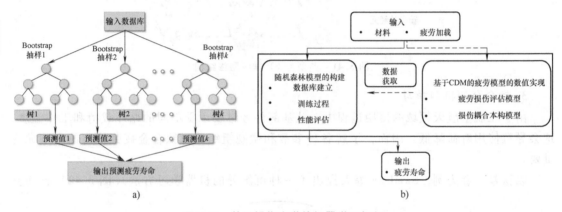

图 3.43　基于损伤力学的机器学习框架

a）带有 k 棵决策树的随机森林模型示意图　b）基于损伤力学的机器学习方法的计算流程图

Zhou 等人研究提出了一种结合人工神经网络（ANN）和偏最小二乘（PLS）算法的机器学习方法，用来预测疲劳寿命，实验结果表明，与传统预测方法相比，ANN 的预测结果均位于 1.5 倍分散带内，如图 3.44 所示，预测效果更好。

4. 高温合金的机器学习

粉末冶金高温合金由于具有组织稳定性好、屈服强度高、高抗蠕变性能和优异的高温损伤容限等特点，被广泛应用于先进航空发动机涡轮盘的制造。随着航空航天技术的不断发展，人们对粉末冶金高温合金涡轮盘的设计要求也不断提高。而大量工作表明，在粉末冶金工艺制备高温合金的流程中，由

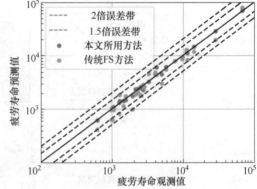

图 3.44　机器学习结合模型与传统模型疲劳寿命预测结果对比

于制粉的污染、容器材料剥落等原因，不可避免地会引入非金属夹杂物，而这种夹杂物的存在是导致粉末冶金高温合金涡轮盘低周疲劳失效的主要原因，对粉末冶金高温合金涡轮盘的性能有着极大的危害。传统的寿命预测方法未考虑夹杂物的影响，导致其预测结果存在较大的误差。因此，发展新的方法，准确预测涡轮盘的疲劳寿命，一方面可以评估构件使用过程中的寿命及失效概率，从而给出检修周期避免严重事故，为其安全服役提供有效的技术支撑，同时有望缩短粉末冶金高温合金涡轮盘的设计周期。随着实验和计算数据的增加，近年来材料信息学发展迅速。材料信息学的一项重要任务是通过采用信息学方法和技术，如机器学习，深入挖掘材料数据中存在的潜在规律，建立成分-组织-结构-性能之间的定量关系，从而预测特定性能，指导新材料的设计，最终加速材料的研发进程。

以 FGH-96 合金涡轮盘件为对象，以夹杂物的分布与尺寸为特征参数，采用机器学习算法建立"夹杂物特征-低周疲劳寿命"的定量关系模型，并预测涡轮盘件的低周疲劳寿命。具体内容包括结合相关表征方法获取样本数据，建立对应的涡轮盘件数据库；分析夹杂物的不同特征对低周疲劳寿命的影响；建立夹杂物特征与疲劳寿命之间的定量预测模型，对比不同的机器学习模型的预测效果，确定最佳模型。现有研究表明，服役条件下低周疲劳寿命主要是关于夹杂物尺寸和位置的函数，与夹杂物的成分和形状没有明显的关系。因此研究人员选取夹杂物的尺寸和分布位置作为特征参数，建立机器学习模型。

梯度提升机（GBM）算法是一种非常经典的机器学习算法，其基本原理是在迭代的每一步会从残差减少的梯度方向上构建一个学习器，以弥补已有模型的不足，也就是每个学习器都从先前所有学习器的残差中来学习。GBM 算法的学习器一般采用决策树，而对于回归问题一般认为损失函数的形式为高斯分布，令迭代的次数为 5000 次，决策树深度为 7。

图 3.45 所示为利用梯度提升算法建立的预测模型，可以看出这种以迭代思想构建的算法模型有较好的结果，其数据点在循环周次低于 150000 时与对角线基本重合，是几种算法中回归预测效果最好的算法。但算法在周次数高于 250000 的数据点处预测偏离较大，并且预测值小于实际值，这是由于高循环周次数据较少导致模型预测比真实值偏小（预测保守），但在误差允许范围内。

结果表明，梯度提升机模型能够更好地表达涡轮盘的低周疲劳寿命与夹杂物距涡轮盘表面的距离及夹杂物的尺寸之间的关系，对应的决定系数达到 0.85。此工作从数据驱动的角度，为粉末冶金高温合金涡轮盘构件的疲劳寿命预测提供了思路。

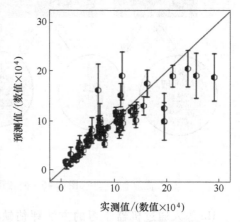

图 3.45　梯度提升机算法模型

5. 钢材的机器学习

钢铁作为现代工业的一种重要金属材料，近年来也得到了广泛的研究。改善钢的性能是相当困难的，因为它受到许多因素的影响，如化学成分、工艺参数和微观组织。一方面，钢的主要化学成分变化对钢铁力学性能影响很大，如铁（Fe）、碳（C）、铬（Cr）、锰（Mn）和其他合金元素的略微变动，都会带来其微观组织和性能的波动；另一方面，钢铁生产中的

125

工艺参数，如加热温度、加热时间、零件尺寸等参数，也会改变钢铁的微观组织。由于钢铁工业生产过程都极为复杂，一般很难通过基本规律建立机理模型，而利用统计学习、机器学习等方法对生产过程积累的历史数据进行分析建模，则可以在一定程度上解决上述难点。通过对数据分析然后建立模型，在良好的模型基础上，利用各种智能优化算法优化钢铁的化学元素和工艺参数，可以实现产品质量提高、能耗排放减少等目标。

Ankit 等人利用日本国家材料科学研究所（National Institute for Material Science，NIMS）MatNavi 数据库的钢疲劳实验数据集的 400 多个实验观察数据，建立了给定材料组成和加工参数的疲劳强度预测模型（图 3.46）。标准数据库包含 25 个特征参数和一个目标性质（疲劳强度），包括了所有关键组成和处理参数（正火、渗碳、淬火、回火、硬化、组成等）。研究人员探索了 40 种回归方案，包括直接应用回归技术和使用各种集成技术构建它们的集成，以确定不同属性集的最佳性能模型集。通过特征选择函数寻找并确定了对疲劳强度影响最大的加工及组成参数（非冗余属性子集），并对这些属性进行后续的建模实验，以使用更少的输入特征获得预测模型。

结果表明，疲劳强度与加工参数之间的相关性相对较高，与成分参数之间相关性相对较低。几乎所有的加工参数都与疲劳强度高度相关，其中最具影响力的参数是回火、渗碳、整体淬火和正火参数。特别是回火时间、渗碳温度/时间、淬火冷却介质温度与疲劳强度呈高度正相关。碳含量是对疲劳强度影响最大的组成参数，除了碳之外，其他对疲劳强度有显著影响的元素还包括铬、钼、铜和硅。精确的模型部署在一个名为钢疲劳强度预测器的网络工具中。

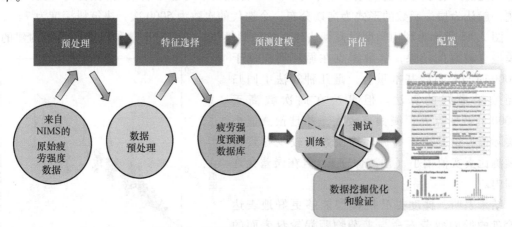

图 3.46　疲劳预测模型数据驱动工作流程

He 等人通过机器学习的方法评估缺陷对 13Cr-5Ni 钢（焊接马氏体型不锈钢）和 KS-FA90 钢（用于曲轴制造）疲劳寿命的影响，以预测两种被使用材料的疲劳寿命。这些材料的裂纹起始是由缺陷或者夹杂物形成的。研究使用的数据包括 39 个 S-N 图，采用随机森林、人工神经网络和支持向量回归三种机器学习算法建立了所采用材料的统一疲劳寿命预测模型。结果表明，焊接缺陷显著缩短了 13Cr-5Ni 钢的疲劳寿命，缺陷或者夹杂物也主导了 KS-FA90 钢的断裂失效。在机器学习结果中，人工神经网络和支持向量回归提供的预测都不准确，而随机森林机器学习方法预测的具有缺陷/夹杂物断裂模式的钢材的疲劳寿命的精度较好，其性能优于传统的线弹性断裂力学方法。

Barbosa 等基于人工神经网络的假设，提出一种新的人工神经网络方法对金属材料进行疲劳寿命预测。如图 3-47 所示，该方法以三种应力比作为输入数据，并使用基于 Stüssi 模型的概率 S-N 曲线对各种应力比进行训练，以疲劳寿命作为输出数据，经验证，所预测的结果与疲劳实验数据具有良好的一致性，并且这种方法使用少量的实验疲劳数据，就可确定任意应力比下的疲劳极限。

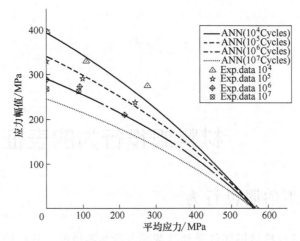

图 3.47　通过人工神经网络算法获得的 P355NL1 钢制成的
狗骨形试样的 50% 失效概率人工恒定寿命图

思 考 题

1. 请简述唯象学理论的含义。

2. 在计算材料领域，尺度通常可以分为哪几类？请分别做出说明。

3. 计算模型在材料学中有哪些应用？

4. 为什么数据驱动成为近年来材料服役行为预测的研究热点？

5. 请简述有限元法进行疲劳分析的典型流程，并讨论其重要性。

6. 请简述经典分子动力学模拟的基本流程。

7. 微裂纹发展成宏观裂纹的过程是什么？

8. 什么是周期边界条件？分子动力学模拟中为什么要采用周期边界条件？

9. 晶体塑性理论在蠕变模拟方面的主要应用有哪些？

10. 现有一个疲劳实验数据集，其中包含不同应力幅值和循环次数的数据点。如何使用支持向量机算法（SVM）预测其疲劳寿命？

11. 金属腐蚀行为的计算模拟方法有哪些？

12. 简述机器学习在疲劳寿命预测领域的优势。

13. 什么是特征选择，为什么它在机器学习中很重要？

第 4 章
材料服役行为的表征与评价方法

4.1 循环加载下的服役行为

在实际情况下，各种机械零部件受到的载荷可能是随机的，其载荷大小和方向随着时间而随机变化，称为变动载荷；当载荷大小和方向有规律时，称为循环载荷。变动载荷总是可以用有规律的循环载荷来模拟，并且在实验室实验也易实现。

4.1.1 高周疲劳与 *S-N* 曲线

高周疲劳（High Cycle Fatigue）是指材料在低于其屈服强度的应力水平下，经受大量循环载荷作用后发生的疲劳破坏。高周疲劳通常涉及的循环次数超过 10^4 次，甚至可以达到 10^7 次或更多。由于这种疲劳中所施加的交变应力水平都处于弹性变形范围内，所以从理论上讲，实验中既可以控制应力，也可以控制应变，但在实验方法上控制应力要比控制应变容易得多。因此，高周疲劳实验都是在控制应力条件下进行的，并以材料最大应力或应力振幅和循环断裂寿命的关系（即 *S-N* 曲线）和疲劳极限作为疲劳抗力的特性和指标。在高周疲劳问题中，描述一个恒幅应力循环，至少需要两个参量，如应力幅 $[\sigma_a = (\sigma_{max} - \sigma_{min})/2]$ 和应力比（$R = \sigma_{min}/\sigma_{max}$），如图 4.1 所示。

1. 高周疲劳的关键特征

由于高周疲劳实验都是在控制应力条件下进行的，因此高周疲劳又称为应力疲劳（Stress Ftigue），其具有以下特征：

（1）循环次数高 高周疲劳通常发生在循环次数超过 10^4 次的情况下，很多情况甚至超过 10^6 次。

（2）应力水平低 施加在材料上的应力通常低

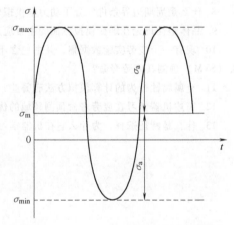

图 4.1 交变应力循环的应力-时间图

于其屈服强度，材料在应力循环过程中主要经历弹性变形。

（3）疲劳裂纹的形成与扩展 高周疲劳过程中，裂纹的形成和扩展是逐渐发生的，裂纹起始通常发生在材料表面或内部缺陷处，随后在循环载荷作用下逐步扩展，直至导致最终破坏。

（4）应力集中和表面状态 表面缺陷、表面粗糙度和材料内部的微观缺陷（如夹杂物、孔洞等）是高周疲劳裂纹起始的常见来源。表面处理和热处理可以显著影响材料的高周疲劳性能。

2. S-N 曲线

传统而简单的疲劳实验是旋转弯曲疲劳实验。实验时采用光滑试件，四点旋转弯曲实验装置如图 4.2 所示。实验时，试件每旋转一周，其表面受到交变对称循环应力的作用一次。将从加载开始到试件失效所经历的应力循环数，定义为该试件的疲劳寿命 N。以寿命为横轴、应力幅为纵轴，在坐标图上描点并进行数据拟合，可得到典型的疲劳寿命曲线，如图 4.3 所示。

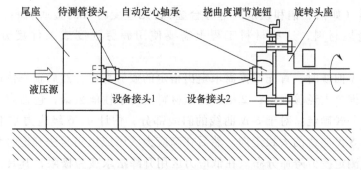

图 4.2 旋转弯曲疲劳实验机简图

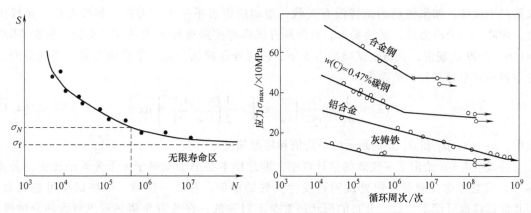

图 4.3 疲劳寿命曲线（左）和几种材料的 S-N 曲线，未断试件用箭头表示（右）

随着应力幅增加，疲劳寿命越来越短。因此，S-N 曲线是下降的。当应力幅小于某个极限值时，试件永远不会发生破坏，寿命趋于无限大。因此，S-N 曲线存在一条水平的渐近线。在 S-N 曲线上对应于寿命 N 的应力，称为寿命为 N 的疲劳强度，记作 σ_N。例如，在 $R = -1$ 的对称循环载荷下，寿命为 N 的疲劳强度，记作 $\sigma_{N(R=-1)}$。

当工作应力满足 $\sigma < \sigma_N$ 时，疲劳强度可以直接用于开展安全寿命设计，材料或结构在寿

命期 N 内就是安全的。寿命 N 趋于无穷大时所对应的应力，称为材料的疲劳极限，记作 σ_{f}。在 $R = -1$ 的对称循环载荷下的疲劳极限，记作 $\sigma_{\mathrm{f}(R=-1)}$，简记为 σ_{-1}。材料的疲劳极限可以直接用于开展无限寿命设计，即确保工作应力满足 $\sigma < \sigma_{\mathrm{f}}$。

  $S\text{-}N$ 曲线的水平"平台"是指传统意义上的"疲劳极限"，但是随着科学和技术的发展，所谓的超高周疲劳研究表明，低于这种应力水平的失效也时常发生；有些材料的 $S\text{-}N$ 曲线没有水平平台，如图 4.3 中所示铝合金。为此，工程上根据 $S\text{-}N$ 曲线形状、服役和设计上的需求，人为地提出了一个指定疲劳寿命（也有称作"循环基数"，或者将"指定"换作"规定""给定""额定"）的术语，循环至指定疲劳寿命下使试件失效的应力水平称为疲劳强度（Fatigue Strength），或者称作条件疲劳极限（Conditional Fatigue Limit）。$S\text{-}N$ 曲线上有明显的斜率变化，如图 4.3 所示的合金钢，推荐取 10^7 为指定疲劳寿命；$S\text{-}N$ 曲线呈现连续的曲线，如图 4.3 所示的铝合金，推荐取 10^8 为指定疲劳寿命。对于结构钢，指定寿命通常取 $N_{\mathrm{f}} = 10^7$，其他钢种以及有色金属及其合金取 $N_{\mathrm{f}} = 10^8$。具有明确疲劳极限的材料有：大气下疲劳的钢材、钛合金及有应变时效能力的金属材料。没有明确的疲劳极限的材料有：大多数有色金属（如铝、铜和镁及其部分合金），无应变时效的金属材料，以及在腐蚀和高温条件下的金属材料，这些材料工程上需要使用疲劳强度或条件疲劳极限作为设计依据。

  实验测定 $S\text{-}N$ 曲线时，首先根据需求定出指定的疲劳寿命。然后预先估计疲劳极限，具体方法为：①根据个人经验确定；②根据类似材料的力学性能数据，包括疲劳和拉伸数据确定；③参考经验公式确定。对于 $S\text{-}N$ 曲线的斜线部分，估计 $4 \sim 6$ 级应力水平进行单点疲劳实验，初步确定 $S\text{-}N$ 曲线的大致走向。然后在高应力区用成组实验法确定每个应力水平下一组试样的数量，测定疲劳寿命分布。在低应力区用升降法求疲劳极限，其具体过程为：随机选取第一个试样，在第一级应力水平下，试样在给定的循环次数下发生失效。同样，随机选取第二个试样，如果先前的试样没有失效，增加应力水平一个应力级。如果先前的试样失效，则降低一个应力级，继续实验，直到所有试样都按照这种方式进行了实验。根据 GB/T 24176—2009 的规定，在给定试验应力 S 下，疲劳寿命被认为是一个自由变量。当疲劳寿命的对数呈正态分布时，关系为

$$P(x) = \frac{1}{\sigma_x} \cdot \frac{1}{\sqrt{2\pi}} \int_{-\infty}^{x} \exp\left[-\frac{1}{2}\left(\frac{x - \mu_x}{\sigma_x}\right)^2 \right] \mathrm{d}x \qquad (4.1)$$

式中，$x = \lg N$；μ_x 和 σ_x 分别是 x 的平均值和标准偏差。

  公式（4.1）给出了 x 失效的累计概率，即总样本在小于或等于 x 下失效的比例。公式（4.1）没有考虑在疲劳极限处或附近发生失效的概率。在这一区域，一些试样可能失效，而其他试样也可能不失效。分布的形状经常是不对称的，在长寿命侧显示出更大的分散性。标准 GB/T 24176—2009 不考虑一定数量的试样可能失效、而剩余试样可能不失效的情况。其他统计分布也可以用于表达疲劳寿命的变化，威布尔分布是经常用于表示不均匀分布的一种统计模型。

  疲劳实验的影响因素很多，所得数据比其他力学性能数据更加分散，同一条件下的寿命有时相差两个数量级。因此，疲劳曲线不是一条理想的曲线，而是一个带，需要用概率论和数理统计的知识处理数据，才能确定 $S\text{-}N$ 曲线上数据的分布规律。

4.1.2　低周疲劳的概念

尽管零件和构件所受的名义应力低于屈服强度，但由于应力集中的存在，导致零构件缺口根部材料屈服，并形成塑性区。因此，当零构件受到循环应力的作用时，缺口根部材料经受的是循环塑性应变作用，而且受到周围弹性区的约束和控制，疲劳裂纹也总是在缺口根部形成。按缺口根部塑性区材料所受的应变谱进行疲劳实验，研究材料在应变控制条件下循环塑性变形的行为，这就是应变疲劳（Strain Fatigue）的由来。Coffin 是应变疲劳的提出人之一，他将应变疲劳实验称为第一类疲劳模拟实验，用来模拟和估算零构件缺口根部裂纹的形成寿命。应变疲劳的循环寿命短，一般为 $10^2 \sim 10^5$ 周次，因此应变疲劳也称为低周疲劳（Low Cycle Fatigue）或低循环疲劳。压力容器、飞机的起落架、飞机发动机的压气机盘、炮筒、发动机气缸等，都是典型的应变疲劳或低周疲劳构件。

低周疲劳除循环寿命短外，还有以下几个特征：①低周疲劳会产生微量的塑性变形，塑性变形比弹性变形慢得多，因此，低周疲劳实验的频率不高，通常只有几个赫兹，故曾将低周疲劳称为低频疲劳；②低周疲劳经受的应力超过屈服强度，因此交变循环的应力振幅大；③低周疲劳的实验方法是用等截面或漏斗形试样，承受轴向等幅应力或应变，表征低周疲劳实验结果的方法往往是应变-疲劳寿命曲线（图 4.5）；④此外，由于循环应力振幅大，低周疲劳的裂纹源可能有好几个，裂纹不仅易形成，而且形成速度快。

与单调加载相比，材料在高应力循环载荷作用下的应力-应变响应有很大不同。这主要表现在材料应力-应变响应的循环滞后行为上。研究材料的低周疲劳问题，必须首先研究和分析材料在高应力循环载荷作用下的应力-应变响应。

在控制应变的低周疲劳实验中，一个典型的应力-应变滞后曲线如图 4.4 所示。开始的加载是沿着 OAB 曲线进行，其中 AB 是非弹性变形段；卸载沿着 BC 曲线进行，恢复了 $\Delta\varepsilon_e/2$ 的弹性应变，C 点应力为零，但保留了 $\Delta\varepsilon_p/2$ 的塑性应变。反向加载沿着 CD 曲线进行，同样也会产生相当于拉伸的非弹性变形；从 D 点卸载，卸载沿 DE 曲线进行，恢复了 $\Delta\varepsilon_e/2$ 的弹性应变，至 E 点应力卸为零，保留了 $OE = \Delta\varepsilon_p/2$ 的塑性应变；然后再次拉伸沿 EB 进行。显然，循环总应变范围 = 弹性范围 + 塑性范围，即 $\Delta\varepsilon_t = \Delta\varepsilon_e + \Delta\varepsilon_p$。循环应变幅 $\varepsilon_a = \Delta\varepsilon_t/2$。

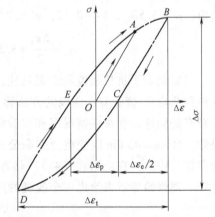

图 4.4　典型的应力-应变滞后曲线

进行应变疲劳实验时，控制轴向总应变范围，在给定的 $\Delta\varepsilon$ 下，测定失效循环次数 N_f。国家标准 GB/T 26077—2021 给出了以下判定依据：①试样完全断裂为两部分；②最大拉伸应力相对于实验确定的水平发生某一百分数的变化；③在滞后曲线上拉伸与压缩弹性模量的比值发生一定程度的改变。通常使用上述失效判据①或②。然而，以上任意一种条件均可作为失效的判定依据，对于一组实验所使用的失效判据应在报告中注明。应变幅疲劳寿命曲线如图 4.5 所示。

曼森（S. S. Manson）和柯芬（L. F. Coffin）分析总结了应变疲劳的实验结果，给出下面

的 Manson-Coffin 应变疲劳寿命公式，即

$$\varepsilon_s = \frac{\Delta\varepsilon_t}{2} = \frac{\Delta\varepsilon_e}{2} + \frac{\Delta\varepsilon_p}{2} = \frac{\sigma_f'}{E}(2N_f)^b + \varepsilon_f'(2N_f)^c$$

$$(4.2)$$

式中，σ_f' 为疲劳强度系数；b 为疲劳强度指数；ε_f' 为疲劳延性系数（近似等于静拉伸的断裂延性 ε_f）；c 为疲劳延性指数。$2N_f$ 表示加载的反向数，即一次加载循环包含一次正向加载和一次反向加载（卸载）。

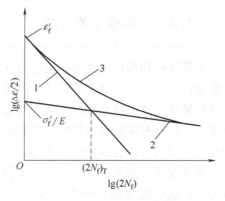

图 4.5　应变-疲劳寿命曲线

式（4.2）中的第一项是对应于图 4.5 中由 $\Delta\varepsilon_e/2$-$2N_f$ 决定的弹性线 2（也叫作 Basquin 关系式），其斜率为 b，截距为 σ_f'/E；式（4.2）中的第二项对应于 $\Delta\varepsilon_p/2$-$2N_f$ 决定的塑性线 1，其斜率为 c，截距为 ε_f'。弹性线与塑性线交点所对应的疲劳寿命称为过渡寿命 N_T。当 $N_f < N_T$ 时，为低周疲劳范围，疲劳以循环塑性应变特征为主，材料的疲劳寿命由其延性控制；而 $N_f > N_T$ 时，为高周疲劳范围，疲劳以应力特性和循环弹性应变特征为主，材料的疲劳寿命由其强度决定。在设计零件和构件时，先要明确服役条件是属于哪一类疲劳。如果属于高周疲劳，应该着重考虑材料的强度，因为强度（或硬度）高的材料寿命长；属于低周疲劳时，则应考虑在保持一定强度的基础上，尽量选取延性好的材料或状态。

上述应变疲劳常数 σ_f'、b、ε_f' 和 c 要通过试验测定。确定了这 4 个常数，也就意味着得出了材料的应变疲劳寿命曲线。曼森总结了近 30 种具有不同性能的金属材料的实验数据后给出：$\sigma_f' = 3.5R_m$，$b = -0.12$，$\varepsilon_f' = \varepsilon_f^{0.6}$，$c = -0.6$。于是由式（4.2）得到

$$\varepsilon_s = \frac{\Delta\varepsilon_t}{2} = 3.5\frac{R_m}{E}(2N_f)^{-0.12} + \varepsilon_f^{0.6}(2N_f)^{-0.6}$$

$$(4.3)$$

只要测定了抗拉强度和断裂延性，即可根据式（4.3）求得材料的应变-疲劳寿命曲线。这种预测应变-疲劳寿命曲线的方法称为通用斜率法。显然，用这种方法预测的应变-疲劳曲线带有经验性，在很多情况下和实验结果符合得不好，尤其当 $N > 10^6$ 时，估算的寿命偏于保守。Manson-Coffin 应变疲劳寿命公式［见式（4.2）］的主要问题，是不能表明疲劳极限的存在。因此，在应用式（4.3）估算材料的应变疲劳寿命时，在长寿命范围内其结果显得保守。郑修麟等后来给出一个改进的应变疲劳寿命公式，即

$$N_f = A(\Delta\varepsilon - \Delta\varepsilon_c)^{-2}$$

$$(4.4)$$

式中，A 为与断裂延性有关的材料常数，$A = \varepsilon_f^2$；$\Delta\varepsilon_c$ 为用应变范围表示的理论疲劳极限。当 $\Delta\varepsilon \leqslant \Delta\varepsilon_c$ 时，$N_f \to \infty$。该式对多种金属材料很实用，例如 Ti-6Al-4V 和 304L 不锈钢。若已知理论疲劳极限 $\Delta\varepsilon_c$，即可由式（4.4）和材料的断裂延性估算出应变-疲劳寿命曲线。在长寿命范围内，提高理论疲劳极限可大大延长疲劳寿命；而在短寿命范围内，增大系数 A，可延长疲劳寿命。高周疲劳极限与强度存在某种经验关系，例如，对于结构钢，$\sigma_{-1} = 0.27(R_{p0.2} + R_m)$。由此不难理解，在长寿命区，可通过提高强度来延长应变疲劳寿命；在短寿命区，可通过提高塑性来延长应变疲劳寿命。这与式（4.3）预测的趋势是一致的。

132

4.1.3　疲劳裂纹扩展速率的测定

测定疲劳裂纹扩展速率采用紧凑拉伸（Compact Tension，CT）试件、中心裂纹拉伸（Central Crack Tension，CCT）试件或单边缺口梁（Single Edge Notch Beam，SENB）三点弯曲试件。先按规定在试件上预制疲劳裂纹，然后在固定的载荷范围 Δp 和应力比 R 下进行循环加载。每隔一定的循环数 N_i，测定裂纹长度 a，作出 a-N 关系曲线，如图 4.6 所示。对 a-N 曲线某点求导，即得到该点的疲劳裂纹扩展速率 $\mathrm{d}a/\mathrm{d}N$，也就是每循环一次裂纹扩展的距离，单位为 m/周次。再据相应的裂纹长度 a，计算应力强度因子范围 ΔK，即一个疲劳循环中最大与最小应力强度因子的代数差，其中，$\Delta K = K_{\max} - K_{\min} = Y\sigma_{\max}\sqrt{a} - Y\sigma_{\min}\sqrt{a} = Y\Delta\sigma\sqrt{a}$。$\Delta K$ 的单位仍然是 $\mathrm{MPa} \cdot \mathrm{m}^{1/2}$ 或 $\mathrm{MN} \cdot \mathrm{m}^{-3/2}$。最后，绘制出 $\dfrac{\mathrm{d}a}{\mathrm{d}N}$-$\Delta K$ 关系曲线，即疲劳裂纹扩展速率曲线，该曲线大致呈 S 形，如图 4.7 所示。

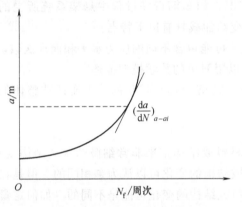

图 4.6　裂纹长度与循环数 N_i 的关系曲线

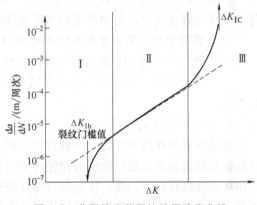

图 4.7　典型的疲劳裂纹扩展速率曲线

国家标准 GB/T 6398—2017 对测定裂纹扩展速率的方法和技术作了严格的规定。疲劳裂纹扩展速率由实验时的裂纹长度和其对应的力循环数据对决定。该标准推荐两个计算裂纹扩展速率的通用方法——割线法和递增多项式法，其他计算裂纹扩展速率的方法也是可行的。裂纹扩展速率的计算方法应在实验报告中注明。裂纹扩展速率的数据点分布与数据缩减方式有关。

（1）割线法　割线法计算裂纹扩展速率仅适用于计算相邻两个裂纹长度和循环周次数据对的直线斜率。通常用式（4.5）表示

$$\frac{\mathrm{d}a_{j\mathrm{avg}}}{\mathrm{d}N} = \frac{[a_j - a_{(j-1)}]}{[N_j - N_{(j-1)}]} \tag{4.5}$$

式中，$[a_j - a_{(j-1)}]$ 为裂纹增量。

随着裂纹扩展的增加，采用平均裂纹长度 $a_{j\mathrm{avg}}$ 计算应力强度因子范围，$a_{j\mathrm{avg}}$ 用式（4.6）表示。

$$a_{j\mathrm{avg}} = \frac{[a_j + a_{(j-1)}]}{2} \tag{4.6}$$

133

（2）递增多项式法　递增多项式法计算裂纹扩展速率（只适用于增 K 法）是将一组数据对拟合成一个多项式，其中裂纹长度 a_j 是循环周次 N_j 的函数。数据段应包括奇数（3、5 或 7）个连续的 a_j-N_j 数据对。裂纹扩展速率等于数据段中心数据对的多项式的斜率 da/dN_j。例如，对于一个由 7 个数据对组成的数据段，斜率应该取第 4 个数据对的导数。与数据段相关的应力强度因子范围由数据段中心数据对使用的裂纹长度决定。对于一个有 3、5、7 个数据对的数据段，应该分别将第 2、第 3 或第 4 个数组进行拟合来决定数据段的应力强度因子。

4.1.4　变幅加载和损伤累积评定

变幅加载和损伤累积评定是疲劳分析中非常重要的概念，特别是在实际工程应用中，因为实际载荷往往不是恒定的，而是随时间变化的。

1. 变幅加载

变幅加载（Variable Amplitude Loading）是指材料或结构在疲劳过程中经历不同幅值和频率的循环载荷。这种加载方式更接近于实际工况，如车辆行驶过程中悬架系统所受的载荷，飞机机翼在飞行过程中所受的气动载荷等。变幅加载具有以下特点：

（1）载荷变化　载荷幅值和频率随时间变化，可能包含不同的应力水平和循环次数。

（2）随机性　变幅加载通常具有随机性，难以用简单的数学模型描述。

（3）累积损伤　不同应力水平和循环次数下的疲劳损伤是累积的，需要评估整体的疲劳寿命。

2. 损伤累积理论

在循环载荷作用下，每一个载荷循环都会给材料或结构带来非常细微的永久结构变化。在恒幅循环载荷下，每一次的载荷循环带给材料或结构的变化可以认为是相同的。但是在变幅循环或随机载荷下，每一次的载荷循环带给材料或结构的变化可能是不同的。如何定量评价每一次的载荷循环给材料或结构带来的损伤，这对于材料或结构在变幅或随机载荷下的疲劳寿命预测是必须解决的一个关键性问题。为了评估在变幅加载下材料的疲劳寿命，通常采用损伤累积理论。最常用的损伤累积模型是 Palmgren-Miner 法则（一般称作 Miner 法则），也称为线性累积损伤理论。该法则假设每个应力幅值下的疲劳损伤可以累积，并且材料在达到一定累积损伤值时会发生疲劳破坏。

如果材料在某恒幅循环应力 σ_i 作用下寿命为 N_i，则 n_i 次载荷循环给材料带来的损伤为

$$D_i = \frac{n_i}{N_i} \tag{4.7}$$

如果循环次数 $n_i = 0$，则 $D_i = 0$，表示材料未受损伤；如果 $n_i = N_i$，则 $D_i = 1$，表示材料在经历 N_i 次循环后完全损伤，此时将发生疲劳破坏。

在一个变幅载荷谱中，如果材料有 K 个应力水平 σ_i 作用，各经受 n_i 次循环（图 4.8），则材料受到的总损伤为

$$D = \sum_{i=1}^{k} D_i = \sum_{i=1}^{k} \frac{n_i}{N_i} \tag{4.8}$$

与应力水平 σ_i 对应的寿命 N_i，可以根据材料的 S-N 曲线确定。当总损伤 $D = 1$ 时，材料完全损伤，疲劳破坏就将发生。

Miner 法则的应用步骤如下：

（1）载荷谱　确定材料或结构在使用过程中的载荷谱，即不同应力水平下的循环次数分布。

（2）*S-N* 曲线　获取材料在不同应力水平下的疲劳寿命（*S-N* 曲线）。

（3）计算累积损伤　根据 Miner 法则，计算各应力水平下的累积损伤值，并求和得到总的累积损伤值。

（4）评估疲劳寿命　当累积损伤值达到 1 时，评估材料或结构的疲劳寿命。

尽管 Miner 法则简单且常用，但它也有以下一些局限性：①忽略加载顺序，Miner 法则假设损伤是线性累积的，忽略了加载顺序对疲劳寿命的影响；②非线性累积，实际情况下，疲劳损伤累积可能是非线性的，需要更复杂的模型来描述。

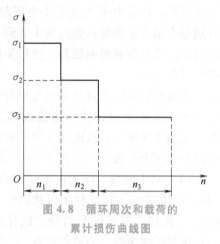

图 4.8　循环周次和载荷的累计损伤曲线图

为克服这些限制，研究人员提出了多种改进模型，如非线性累积损伤模型、基于断裂力学的模型和能量法等。

Walter Schutz 认为，如果考虑载荷作用次序的影响，构件发生疲劳破坏的临界条件可以表示为

$$D = \sum_{i=1}^{k} \frac{n_i}{N_i} = Q \tag{4.9}$$

式中，Q 是一个经验参数，与载荷谱型、载荷作用次序及材料分散性等都有关。Q 的取值范围为 0.3~3.0，可以借鉴过去类似构件的使用经验或实验数据来确定，因此很自然地包含了实际载荷作用次序的影响，这就是相对 Miner 理论。

相对 Miner 理论的实质是取消了材料发生疲劳破坏时损伤值为 1 的假定，而改由实验或过去的经验来确定，并由此估算疲劳寿命。这就要求构件在实验与设计之间具有相似性，特别是构件在发生疲劳破坏的高应力区存在几何相似。此外，载荷谱型（包括载荷作用次序）具有相似性，但是载荷大小可以不同。相对 Miner 理论通过利用来源于使用经验或实验的 Q_B，取消了发生疲劳破坏时损伤值为 1 的人为假定，因此通常可以得到比 Palmgren-Miner 线性损伤累积理论更好的预测。

变幅加载和损伤累积评定是疲劳分析的重要组成部分，帮助工程师评估材料和结构在实际载荷条件下的疲劳寿命。尽管 Miner 法则简单易用，但需要根据具体情况选择适当的模型和方法，以提高疲劳寿命预测的准确性。

4.2　高温服役行为

4.2.1　蠕变曲线

1. 蠕变曲线定义

在室温条件下对试件进行拉伸实验时，将应力长期保持在屈服强度以下，试件不会产生

塑性变形，即应力-应变关系不会因载荷作用时间的长短而发生变化。但是，在较高温度下，特别是当温度达到材料熔点的 1/3 到 1/2 时，即使是应力在屈服强度以下，试件也会产生塑性变形，并且随着时间延长，变形量越大，直至断裂。这种发生在高温下的塑性变形就称为蠕变（Creep）。

金属材料的蠕变过程常用变形与时间之间的关系曲线来描述，这样的曲线称为蠕变曲线，如图 4.9 所示。从图 4.9 中可看出，蠕变可以分为三个阶段：

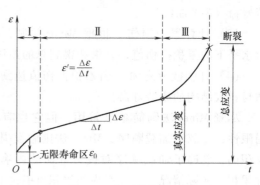

图 4.9　典型的蠕变曲线

（1）第Ⅰ阶段　蠕变速率（$\Delta\varepsilon/\Delta t$）随时间而呈下降趋势，因此称为减速蠕变（Primary Creep）阶段。需要说明的是，试样受载后立即产生的瞬时应变，不算作蠕变。

（2）第Ⅱ阶段　蠕变速率不变，即 $\Delta\varepsilon/\Delta t$ 为常数，说明形变硬化与软化过程相平衡，这一段直线被称为稳态蠕变或恒速蠕变阶段（Steady-State Creep），这一阶段的蠕变速率最小，是最重要的蠕变阶段。

（3）第Ⅲ阶段　蠕变速率随时间而上升，为加速蠕变阶段（Tertiary Creep），最后导致材料的蠕变断裂。

2. 温度和应力对蠕变曲线的影响

对于同一种材料，蠕变曲线的形状随外加应力和温度的变化而变化。图 4.10 示意性地说明了温度和应力对蠕变曲线的影响规律，图中 $\sigma_4>\sigma_3>\sigma_2>\sigma_1$，$t_4<t_3<t_3<t_1$。该图表明：温度降低或应力减小时，蠕变第Ⅱ阶段即稳态蠕变阶段变长，蠕变速率降低，甚至不出现第Ⅲ阶段，蠕变寿命（Rupture Life）增加。反之，当应力增加或温度升高时，稳态蠕变阶段缩短甚至消失，蠕变速率增加，经过减速蠕变后很快进入第Ⅲ阶段而断裂，蠕变寿命缩短。

3. 蠕变曲线的描述

图 4.9 所示的蠕变曲线可描述为

$$\varepsilon = \varepsilon_0 + \beta t^n + \alpha t \qquad (4.10)$$

式中，β、α 和 n 均为常数，随温度、应力和材料的变化而改变；第二项 βt^n 反映减速蠕变应变；第三项 αt 反映恒速蠕变应变。对式（4.10）求导，得

$$\dot{\varepsilon} = \beta n t^{n-1} + \alpha \qquad (4.11)$$

式中，n 为小于 1 的正数。

当 t 很小时，也就是蠕变试验开始时，式（4.11）第一项 $\beta n t^{n-1}$ 起主导作用，它表示应变速率随时间的增加而逐渐减小，即表示第Ⅰ

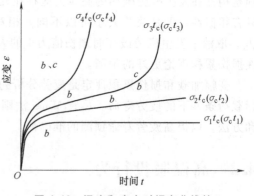

图 4.10　温度和应力对蠕变曲线的影响规律示意图

阶段的蠕变；当 t 增大时，第二项 α 逐渐起主导作用，蠕变速率接近恒定值，即第Ⅱ阶段蠕变。从这点而言，α 的物理意义代表了第Ⅱ阶段的蠕变速率。

温度和应力对稳态蠕变速率的影响可表示为

$$\dot{\varepsilon} = A\sigma^n \left[t\exp\left(-\frac{Q_c}{kT} \right) \right]^m \tag{4.12}$$

式中，A、n 和 m 为常数；Q_c 为蠕变激活能；k 为玻耳兹曼常数；T 为热力学温度。

4. 蠕变曲线测定

根据蠕变定义，只要保证在一定的高温下，对试样施加一定的载荷，记录实验过程中的变形，便可实现蠕变实验，获得蠕变曲线。国家标准 GB/T 2039—2012 规定了对于光滑试样和缺口试样蠕变曲线的测定。主要测试程序如下：

1）试样应加热至规定的实验温度，试样、夹持装置和引伸计都应达到热平衡。试样应在实验力施加前至少保温 1h，除非产品标准另有规定。对于连续实验，保温时间不得超过 24h。对于不连续实验，试样保温时间不得超过 3h，卸载后试样保温时间不得超过 1h。升温过程中，任何时间试样温度不得超过规定温度所允许的偏差。如果超出，应在报告中注明。对于安装引伸计的蠕变实验，可以在升温过程中施加一定的初载荷（小于实验力的 10%）来保持试样加载链同轴。

2）施加实验力，实验力应以产生最小的弯矩和扭矩的方式在试样的轴上向上施加，实验力至少应准确到 ±1%。实验力的施加过程应无振动并尽可能地快速，应特别注意软金属和面心立方材料的加力过程，因为这些材料可能会在非常低的负荷下或室温下发生蠕变。当初始应力对应的载荷全部施加在试样上时，作为蠕变实验开始并记录蠕变伸长。

3）为了获得足够多的伸长数据，可以多次周期性地中断试验。一支试样断裂后，允许将其从试样链中取出并更换为新试样后按上述过程重复试验。

4.2.2　蠕变性能的表征

除了稳态蠕变速率 $\dot{\varepsilon}$ 以外，表征材料蠕变性能的主要参数还有规定塑性应变强度、蠕变断裂强度和蠕变断裂延性等。

规定塑性应变强度为：在蠕变试验中，规定的恒定温度 T 和时间 t 内引起规定塑性应变 ε 的应力，记为 R_p。并以最大塑性应变量 x（%）作为第二角标，达到应变的时间为第三角标，以试验温度 T（℃）为第四角标。例如，$R_{p0.2,1000/500} = 200\text{MPa}$，即表示材料在 500℃ 下，1000h 产生 0.2% 的最大塑性应变所能承受的应力为 200MPa。

在工程中，高温服役的材料在其服役期内常常不允许产生过量的蠕变变形，否则将引起机件的过早失效。在相同温度下，稳态蠕变速率 $\dot{\varepsilon}$ 与应力 σ 间存在下列关系：

$$\dot{\varepsilon} = B\sigma^n \tag{4.13}$$

式中，B 和 n 为与材料及实验条件有关的常数。对于单相合金，应力指数 $n = 3 \sim 6$。式（4.13）在 $\lg\dot{\varepsilon}$-$\lg\sigma$ 坐标上代表一条斜率为 n 的直线。图 4.11 所示为高温合金 Ni-30Mo-6Al-1.6V-1.2Re 在 950℃ 时的应力与稳态蠕变速率的关系。

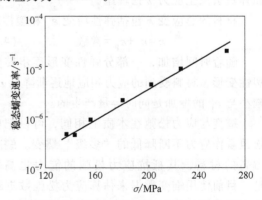

图 4.11　高温合金 Ni-30Mo-6Al-1.6V-1.2Re 在 950℃ 时的应力与稳态蠕变速率的关系

用线性回归分析法求出 n 和 B 值后，代入式（4.13），便可求出规定蠕变速率对应的应力。由此可见，用较大的应力在较短时间作出的蠕变试验结果，可用外推法求出较长时间较小蠕变速率下的条件蠕变应力，从而可节约大量的实验时间和经费。但这种方法并不完全可靠，使用时要谨慎。

蠕变断裂时间 t_u 为在规定温度 T 和初始应力 σ_0 条件下，试样发生断裂所持续的时间，该指标对应于工程中常用的持久强度。稳态蠕变速率 $\dot\varepsilon$ 与 t_u 之间存在如下经验公式：

$$\dot\varepsilon^\beta \times t_u = C \qquad (4.14)$$

式中，β 和 C 为与材料蠕变断裂延性有关的常数。

通过实验建立关系式（4.14）后，只要知道 t_u 就可求出 $\dot\varepsilon$。该式综合考虑了稳态蠕变速率和蠕变断裂时间，在那些蠕变第 II 阶段很短或不存在的情况下，使用式（4.14）时应谨慎。测得不同温度和应力下的稳态蠕变速率后，还可根据式（4.12）绘制出 $\dot\varepsilon$ 与应力或温度的曲线，在对数坐标下，$\dot\varepsilon$-σ（或 $\dot\varepsilon$-$1/T$）呈线性关系，进而获得蠕变激活能 Q_c 和应力指数 n。

若蠕变后发生了断裂，还可以测定材料的蠕变断裂延性（过去称之为持久塑性）。蠕变断裂延性用蠕变断裂后的蠕变断后伸长率 A，以及蠕变断面收缩率 Z_u 表示，它反映材料在高温长时间作用下的延性性能，是衡量材料蠕变脆性的一个重要指标。很多材料在高温下长时间工作后，伸长率降低，往往会发生脆性破坏，如汽轮机中螺栓的断裂和锅炉中导管的脆性破坏等。蠕变断裂延性一般随着实验时间的增加而下降；但某一时间范围内可能出现最低值，以后随时间的增加，蠕变断裂延性复又上升。蠕变断裂延性最低值出现的时间与材料在高温下的内部组织变化有关，因而也与温度有关。

4.2.3 应力松弛

1. 应力松弛现象

应力松弛（Stress Relaxation）是指材料在高温使用时，构件总变形（弹性变形和塑性变形）保持不变，随蠕变使塑性变形不断增加，弹性变形相应减少，而应力随时间缓慢降低的现象，如图 4.12 所示。应力松弛会带来不利的影响，例如，高温条件下工作的紧固螺栓和弹簧会发生应力松弛现象。

材料的总应变 ε 包括弹性应变 ε_e 和塑性应变 ε_p，即

$$\varepsilon = \varepsilon_e + \varepsilon_p = 常数 \qquad (4.15)$$

随着时间增加，一部分弹性变形逐步转变为塑性变形，材料受到的应力相应地逐渐降低 ε_e 的减小与 ε_p 的增加是同时等量产生的。

蠕变与应力松弛在本质上相同，可以把应力松弛看作应力不断降低的"多级"蠕变。蠕变抗力高的材料，其抵抗应力松弛的能力也高。但是，目前使用蠕变数据来估算应力松弛数据还是很困难的。某些材料即使在室温下也会发生非常缓慢的应力松弛现象，在高温下这种现象更加明

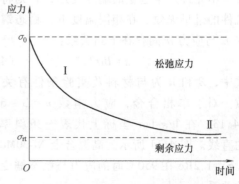

图 4.12 典型的应力松弛曲线

显。应力松弛现象在工业设备的零件中是较为普遍存在的。例如，高温管道接头螺栓需定期拧紧，以免因应力松弛而发生泄漏事故。

2. 剩余应力

应力松弛曲线是在给定温度和总应变条件下，测定的应力随着时间变化的曲线，如图 4.12 所示。加于试件上的初应力在开始阶段下降很快，称为松弛第Ⅰ阶段。在松弛第Ⅱ阶段，应力下降速率逐渐降低。目前一般认为在应力松弛第Ⅰ阶段中，由于应力在各晶粒间分布不均匀，促使晶界扩散产生塑性变形，而应力松弛开始阶段主要发生在晶内，亚晶的转动和移动引起应力松弛。最后，曲线趋向于与时间坐标轴平行，相应的应力表示在一定的初应力和温度下，不再继续发生松弛的剩余应力（Residual Stress）。应力松弛曲线可以用来评定材料的应力松弛行为。国家标准 GB/T 10120—2013 规定：在恒定的温度和拉伸应变下，用松弛时间 t 时的剩余应力值 σ_{rt} 表征金属的拉伸应力松弛性能。

4.2.4　高温疲劳行为

通常把高于再结晶温度所发生的疲劳称为高温疲劳。除与室温疲劳有类似的规律外，工件受到交变应力的作用出现了蠕变与机械疲劳复合的疲劳现象。

1. 基本加载方式和 σ-ε 曲线

高温疲劳实验通常采用控制应力和控制应变两种加载方式，有时在最大拉应力下保持一定的时间，简称为保时，或在保时过程中叠加高频波以模拟实际使用条件。图 4.13 所示为控制应力加载记录的几种曲线。无论是控制应力或引入保时（图 4.13a2），连接图 4.13b1 或图 4.13b2 中的 a' 点，均可以画出如 4.13d 所示的 ε-N 曲线。显然，该曲线与蠕变曲线极为相似。这种在变动的载荷条件下应变量随时间推移而缓慢增加的现象称为动态蠕变，简称动蠕变。通常把在恒定载荷下的蠕变称为静蠕变。控制应力加载条件下的疲劳寿命 N 与室温疲劳的定义方法相同。图 4.14 给出了控制应变加载方式记录的各种曲线。图中 $\Delta\sigma$ 表示保时过程中松弛的应力，$\Delta\varepsilon_c$ 是松弛过程中产生的非弹性应变。由图 4.14c1 可得

$$\Delta\varepsilon_t = \Delta\varepsilon_e + \Delta\varepsilon_p \tag{4.16}$$

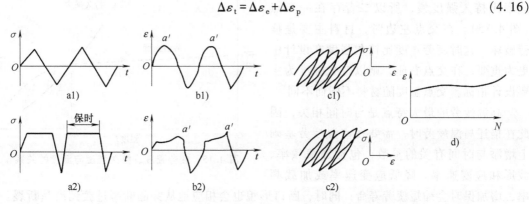

图 4.13　控制应力加载

a1)、b1) 和 c1) 控制应力无保时加载时记录的曲线　a2)、b2) 和 c2) 控制应力有保时加载记录的曲线
d) a' 点应变随循环周次 N 的变化曲线

而由图 4.14c2 有

$$\Delta \varepsilon_t = \Delta \varepsilon_e' + \Delta \varepsilon_p + \Delta \varepsilon_c \qquad (4.17)$$

对比以上两式可得

$$\Delta \varepsilon_e - \Delta \varepsilon_e' = \Delta \varepsilon_c = \frac{\Delta \sigma}{E} \qquad (4.18)$$

在控制应变的实验条件下，疲劳寿命 N 常以循环进入稳定时的应力下降 5% 来定义（也可用 25% 来定义），即相当于图 4.14d 中的 f 点。

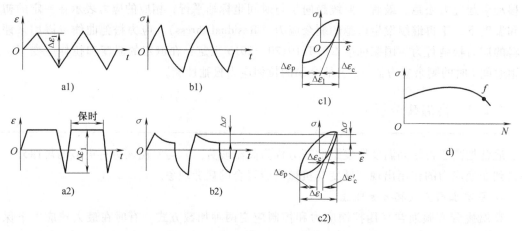

图 4.14　控制应变加载

a1）、b1）和 c1）控制应变无保时加载时记录的曲线　a2）、b2）和 c2）控制应变有保时加载记录的曲线
d）a 点应力随循环周次 N 的变化曲线

2. 高温疲劳的一般规律

对金属材料而言，总的趋势是温度升高，疲劳强度降低。某些合金因物理化学过程的变化，当温度升高到某一温度区间时，疲劳强度有所回升，例如，应变时效合金有时会出现这种现象。在高温下，金属材料的 $S\text{-}N$ 曲线不易出现水平部分，随着循环次数的增加，疲劳强度不断下降。疲劳强度随温度升高而下降的速率比持久强度慢，所以二者存在一交点（图 4.15）。在交点左边时，材料主要是疲劳破坏，这时疲劳强度比持久强度在设计中更为重要；在交点右侧，则以持久强度为主要设计指标。交点温度随材料不同而不同。

高温疲劳的最大特点是与时间相关，因此在描述高温疲劳时，需要在室温疲劳基础上增添与时间有关的参数，包括加载频率、波形和应变速率。降低应变速率或加载频率，增加保时会缩短疲劳寿命；同时，断口形貌也会相应地从穿晶断裂过渡到沿晶断裂。这是因为材料的沿晶蠕变损伤增加，同时环境腐蚀（如拉应力使裂纹张开后氧化）的时间也增加了，高温下杂质原子容易沿晶界扩散聚集。这些造成的晶界损伤会引起从穿晶到沿晶断裂的变化过程。

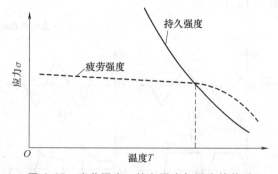

图 4.15　疲劳强度、持久强度与温度的关系

3. 疲劳-蠕变交互作用

前已述及，高温疲劳中主要存在疲劳损伤和蠕变损伤。疲劳-蠕变交互作用是指材料在高温环境下同时受到循环应力和持续应力作用时，疲劳和蠕变相互影响导致材料失效的现象。交互作用的结果可能会加剧损伤过程，使疲劳寿命大大减小。疲劳-蠕变交互作用大致分两类：一类称为瞬时交互作用（Simultaneous Interactions）；另一类称为顺序交互作用（Sequential Interactions）。交互作用的方式是一个加载历程对以后的加载历程产生影响。

瞬时交互作用中，一般认为拉应力时的停留造成的危害大，因为拉伸保持期内晶界空洞成核多、生长快；而在同一循环的随后压缩保持期内空洞不易成核，在某种情况下甚至会使拉保期内造成的损伤愈合。所以加入压缩保时会延长疲劳寿命。通常随保时增加有一个饱和效应，即当超过一个保时临界值时，进一步增加保时产生的效果趋向于恒定。在顺序交互作用中，预疲劳硬化造成一定损伤后影响着以后的蠕变行为。如当12CrMoV钢疲劳循环产生软化后再经受高应力蠕变时，由于存在很强的交互作用，使随后的蠕变寿命减小，蠕变第Ⅱ阶段的速率增加了一个数量级；当产生类似的疲劳损伤后再经受低应力蠕变时，则交互作用较小或不存在。若材料是循环硬化的，通常比循环软化材料对随后的蠕变造成的危害程度要小。

交互作用的大小与材料的蠕变断裂延性有关。实验表明，材料的蠕变断裂延性越好，则交互作用的程度越小。反之，材料的蠕变断裂延性越差，则交互作用的程度越大。交互作用与实验条件有关，如循环的应变幅值、拉压保时的长短和温度等。

4.3　摩擦磨损服役行为

两个相互接触的物体之间因相对运动会产生摩擦（Friction）。由于摩擦作用，接触表面的物质逐渐脱落或损坏的过程叫作磨损（Wear）。摩擦和磨损现象在工业生产中无法避免，如机器运转的过程中相互接触的零部件之间发生相对运动时就会产生摩擦和磨损。

磨损失效是指由于长期摩擦磨损导致的部件性能下降或寿命终止，是零件失效的主要原因之一，主要表现为尺寸变化、表面粗糙度增大、强度降低等。严重的磨损失效会导致零件无法正常工作，甚至造成整个系统失效。例如，气缸套的磨损超过允许值时，将引起功率下降，耗油量增加，并产生噪声和振动，因而不得不予以更换。因此研究磨损规律对节约能源，减少材料消耗，延长机器的使用寿命具有重要意义。摩擦、磨损和润滑（Lubrication）是摩擦学（Tribology）的三大课题。

如前所述，疲劳裂纹形成于表面，而表面层的磨损改变了表面形貌和状态，因此磨损会影响到材料的疲劳性能。本节以金属为例，介绍磨损的类型、磨损机理、磨损的评价及影响因素。由磨损而引起的表面状态的变化及其对金属材料疲劳性能的影响，包括接触疲劳和微动疲劳。

4.3.1　磨损实验方法

1. 磨损实验的类型

磨损实验方法可分为零件磨损实验和试件磨损实验两类。采用实际使用的零件或部件进行磨损测试，能够真实反映实际使用条件下的磨损行为，并且可以考虑零件的几何形状、装配状态等因素的影响；缺点是实验成本较高，需要专门的实验设备。试件磨损实验是指使用标准化的实验室试件进行磨损测试，试件尺寸通常较小，制造成本较低，便于开展实验；实验条件可以严格控制，有利于研究磨损机理；缺点是难以完全模拟实际使用条件，实验结果的可推广性较差。

2. 磨损试验机的种类

磨损试验机种类很多，图 4.16 列出了几种常见的试验机类型。图 4.16a 所示为圆盘-销式磨损试验机，是将试样加上载荷压紧在旋转圆盘上，该法摩擦速度可调，实验精度较高，因此被广泛用于研究各种材料在滑动磨损条件下的性能；图 4.16b、d 所示为滚子式磨损试验机，可用来测定金属材料在滑动摩擦、滚动摩擦、滚动-滑动复合摩擦及间歇接触摩擦情况下的磨损量，以比较各种材料的耐磨性能，主要用于模拟轴承、齿轮等滚动接触部件的磨损特性；图 4.16c 所示为往复运动式磨损试验机，试样在静止平面上做往复运动，这种试验机能够模拟机械系统中的来回滑动磨损过程，如汽车发动机活塞环与气缸壁之间的磨损；图 4.16e 所示为砂纸磨损试验机，与图 4.16a 所示相似，只是砂纸磨损试验机更加简单易用，它利用砂纸模拟实际使用中的研磨磨损过程，适用于评估各种材料的耐磨性能；图 4.16f 所示为切入式磨损试验机，能较快地评定材料的组织和性能及热处理工艺对耐磨性的影响。

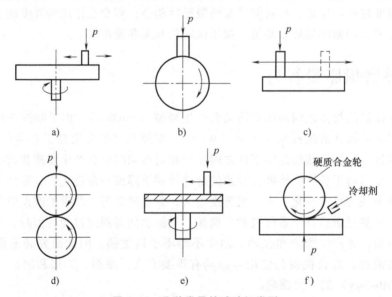

图 4.16　几种常见的试验机类型

3. 耐磨性能的评价

耐磨性是材料抵抗磨损的一个性能指标，迄今为止，还没有一个统一的、意义明确的耐磨性指标，目前通常用磨损量来表示材料的耐磨性。磨损量的表示方法很多，它可通过测量长度、体积或质量的变化而得到，并相应称它们为线磨损量、体积磨损量和质量磨损量。由于上述磨损量是摩擦行程或时间的函数，因此，也可用耐磨强度或耐磨率表示其磨损特性，前者指单位行程的磨损量，单位为 $\mu m/m$ 或 mg/m；后者指单位时间的磨损量，单位为 $\mu m/s$ 或 mg/s。还经常用磨损速率 $\dot{W}$ 的倒数和相对耐磨性 ε 表示材料的耐磨性，其中 ε 为

$$\varepsilon = 标准试件的磨损量 / 被测试件的磨损量 \tag{4.19}$$

　　显然，ε 越大，耐磨性越好。如果摩擦表面上各处线性减少量均匀时，采用线磨损量是适宜的。当要解释磨损的物理本质时，采用体积或质量损失的磨损量更恰当些。磨损量的测量方法主要有称量法和尺寸法两类。称量法是用精密分析天平称量试样在实验前后的质量变化，来确定磨损量。它适用于形状规则和尺寸小的试样及在摩擦过程中不发生较大塑性变形的材料。尺寸法是根据表面法向尺寸在实验前后的变化来确定磨损量。为了便于测量，在摩擦表面上选一测量基准，借助长度测量仪器及工具显微镜等来度量摩擦表面的尺寸变化。

　　另外对磨损产物、磨屑成分和形态进行分析，也是研究磨损机制和工程磨损预测的重要内容。可采用化学分析和光谱分析方法分析磨屑的成分。例如，可从油箱中抽取带有磨屑的润滑油，分析磨屑的种类及其含量，从而了解其磨损情况。铁谱分析是磨损微粒和碎片分析的一项新技术，它可以很方便地确定磨屑的形状、尺寸、数量及材料成分，用以判别表面磨损类型和程度。目前国内已研制成功 FTP-X2 型铁谱仪，并成功用于内燃机传动系统的磨损状态监控。

4.3.2　黏着磨损

1. 黏着磨损的定义及分类

　　黏着磨损又称咬合磨损，它是指滑动摩擦时摩擦副接触面局部发生金属黏着，在随后相对滑动中黏着处被破坏，有金属屑粒从零件表面被拉拽下来或零件表面被擦伤的一种磨损形式。摩擦偶件的表面经过仔细的抛光，微观上仍是高低不平的。当两物体接触时，总是只有局部的接触。此时，即使施加较小的载荷，在真实接触面上的局部应力就足以引起塑性变形，使这部分表面上的氧化膜等被挤破，两个物体的金属面直接接触，两接触面的原子就会因原子的键合作用而产生黏着（冷焊）。在随后的继续滑动中，黏着点被剪断并转移到一方金属表面，脱落下来便形成磨屑，造成零件表面材料的损失，这就是黏着磨损。

　　根据黏着点的强度和破坏位置不同，黏着磨损常分为以下几类：

　　（1）涂抹　黏着点的结合强度大于较软金属的剪切强度，剪切破坏发生在离黏着结合点不远的较软金属的浅表层内，软金属涂抹在硬金属表面，如重载蜗杆副的蜗杆上常见此种磨损。

　　（2）擦伤　黏着点结合强度比两基体金属都强，剪切破坏主要发生在软金属的亚表层内，有时硬金属的亚表层也被划伤，转移到硬表面上的黏着物对软金属有犁削作用，如内燃机的铝活塞壁与缸体摩擦常见此现象。

　　（3）撕脱（深掘）　黏着点结合强度大于任一基体金属的剪切强度，外加剪应力较高，剪切破坏发生在摩擦副一方或两方金属较深处，如主轴-轴瓦摩擦副的轴承表面经常可见。

　　（4）咬死　黏着点结合强度比任一基体强度都高，而且黏着区域大，外加剪应力较低，摩擦副之间的相对运动将被迫停止。黏着磨损的形式及磨损度虽然不同，但共同的特征是出现材料迁移，以及沿滑动方向形成程度不同的划痕。

2. 黏着磨损评价方法

　　为说明黏着磨损的宏观规律，可用图 4.17 示意地进行讨论。设摩擦面上有 n 个微凸体相接触，其中一个微凸体在压力作用下发生塑性流变，最后发生黏着。若黏着点的直径为 d，软材料的下压缩屈服强度为 $R_{p0.2c}$，则总压力 p 为

$$p = np = n\frac{\pi d^2}{4}R_{p0.2c} \tag{4.20}$$

相对滑动使黏着点分离时，一部分黏着点便从软材料中拽出直径为 d 的半球。若发生这种现象的概率为 K，则滑动一段距离 L 后的总磨损量 W 可写为

$$W = Kn\frac{1}{2} \cdot \frac{\pi d^3}{6} \cdot \frac{L}{d} \tag{4.21}$$

将式（4.20）代入式（4.21），同时注意到 $H_{HBW} \approx 3R_{p0.2c}$，得

$$W = K\frac{pL}{3R_{p0.2c}} = K\frac{pL}{H_{HBW}} \tag{4.22}$$

式（4.22）表明，黏着磨损量与接触压力 p、滑移距离 L 成正比，与材料的布氏硬度值成反比。式中 K 实质上反映了配对材料黏着力的大小，称为黏着磨损系数。黏着结合力越大，则总的磨损量也越大。实验测出的各种材料的 K 值范围很大，但对于每对材料有一特定值。如低碳钢对低碳钢，$K = 7.0 \times 10^{-3}$；70-30 黄铜对工具钢，$K = 1.7 \times 10^{-4}$；60-40 黄铜对工具钢，$K = 6 \times 10^{-4}$；工具钢对工具钢，$K = 1.3 \times 10^{-4}$；碳化钨对低碳钢，$K = 4.0 \times 10^{-6}$。黏着磨损系数 K 和接触压力的关系如图 4.18 所示。

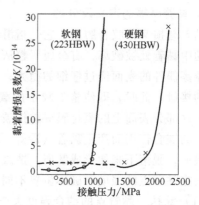

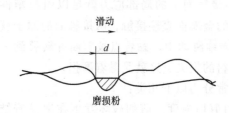

图 4.17　黏着磨损模型示意图

图 4.18　黏着磨损系数 K 和接触压力的关系

4.3.3　磨料磨损

1. 磨料磨损的定义

外界硬颗粒或者对磨表面上的硬突起物或粗糙峰在摩擦过程中引起表面材料脱落的现象，称为磨料磨损。例如，挖掘机铲齿、犁耙、球磨机衬板等的磨损都是典型的磨料磨损，如图 4.19 所示。机床导轨面由于切屑的存在也会引起磨料磨损。水轮机叶片和船舶螺旋桨等与含泥沙的水之间的侵蚀磨损也属于磨料磨损。

2. 影响磨料磨损的因素

影响磨料磨损的因素十分复杂，包括外部载荷、磨料硬度和颗粒大小，相对运动情况，环境介

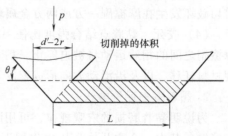

图 4.19　磨料磨损模型示意图

质及材料的组织和性能等。关于材料因素对磨料磨损的影响，应考虑如下几方面。

1）材料硬度。首先，磨料硬度 H_0 与试件材料硬度之间的相对值影响磨料磨损的特性，如图 4.20 所示。当磨料硬度低于试件材料硬度，即当 $H_0<(0.7\sim1)H$ 时，不产生磨料磨损或产生轻微磨损。而当磨料硬度超过材料硬度以后，磨损量随磨料硬度增加而增加。如果磨料硬度更高将产生严重磨损，但磨损量不再随磨料硬度的变化而变化，因此，为了防止磨料磨损，材料硬度应高于磨料硬度，通常认为当 $H>1.3H_0$ 时，只发生轻微的磨料磨损。

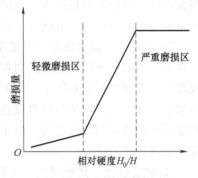

图 4.20　相对硬度的影响

已有相关领域学者对磨料磨损进行了系统的研究，指出硬度是表征材料抗磨料磨损性能的主要参数，并得出以下结论。

① 对于纯金属和各种成分未经热处理的钢材，耐磨性与材料硬度成正比关系，如图 4.21 所示。通常认为退火状态钢的硬度与碳的质量分数成正比，由此可知，钢在磨料磨损下的耐磨性与碳的质量分数按线性关系增加。图 4.21 中的直线可用下式表示：

$$R=13.74\times10^{-2}H \tag{4.23}$$

② 如图 4.22 所示，用热处理方法提高钢的硬度也可使它的耐磨性沿直线缓慢增加，但变化的斜率降低。图中每条直线代表一种钢材，钢材含碳的质量分数越高，直线的斜率越大。而交点表示该钢材未经热处理时的耐磨性。热处理对钢材耐磨性的影响可以表示为

$$R=R_p+C(H-H_p) \tag{4.24}$$

式中，H_p 和 R_p 为退火状态下钢材的硬度和耐磨性；H 和 R 为热处理后的硬度和耐磨性；C 为热处理效应系数，其值随碳的质量分数的增加而增加。

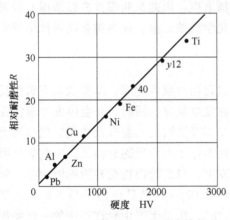

图 4.21　相对耐磨性和材料硬度的关系

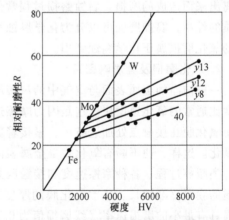

图 4.22　热处理对相对耐磨性的影响

③ 通过塑性变形使钢材冷作硬化能够提高钢的硬度，但不能改善其抗磨料磨损的能力。研究人员对以上实验结果的分析认为，磨料磨损的耐磨性与冷作硬化的硬度无关，这是因为磨料磨损中的犁沟作用本身就是强烈的冷作硬化过程，磨损中的硬化程度要比原始硬化大得多，而金属耐磨性实际上取决于材料在最大硬化状态下的性质，所以原始的冷作硬化对磨料磨损无影响。此外，用热处理方法提高材料硬度，一部分是因冷作硬化得来的，这部分

145

硬度的提高对改善耐磨性作用不大，因此用热处理提高耐磨性的效果不很显著。

2）显微组织。

① 基体组织。钢的耐磨性按铁素体、珠光体、贝氏体和马氏体顺序递增。而片状珠光体耐磨性又高于球化体。在相同硬度下，等温淬火组织的耐磨性比回火马氏体的要好。钢中残留奥氏体也影响磨损抗力，在低应力磨损条件下残留奥氏体数量较多时，将降低耐磨性。在高应力磨损条件下，若残留奥氏体发生相变硬化，则会改善钢的耐磨性。

② 碳化物。碳化物是钢中最重要的第二相。高硬度的碳化物相，可以起阻止磨料磨损的作用。为阻止磨料的显微切削作用，在基体中存在颗粒尺寸较大的碳化物将更为有效。一般说来，在韧性好的基体中，增加碳化物数量、减小其尺寸对改善耐磨性是有利的。但在磨料细小而量多时，零件与磨料接触频率增加，这时采用硬基体材料（如马氏体）上分布高硬度碳化物的组织是合适的。由于碳化物具有硬而脆的特性，因此，这种组织匹配只适用于非冲击载荷的情况。

③ 加工硬化。高锰钢在淬火后为软而韧的奥氏体组织，在受低应力磨损的场合，它的耐磨性不好，而在高应力冲击磨损的场合，它具有特别高的耐磨性。这是由于奥氏体发生塑性变形，引起强烈的加工硬化并诱发了马氏体转变。实践证明，高锰钢用作碎石机的锤头具有很好的耐磨性；而用作拖拉机履带或犁铧，其耐磨性却不高，就是因为两种情况下工作应力不同所致。

4.3.4 腐蚀磨损

1. 腐蚀磨损的定义及分类

腐蚀磨损是摩擦面和周围介质发生化学或电化学反应，形成腐蚀产物并在摩擦过程中被剥离出来而造成的磨损。腐蚀磨损过程常伴随着机械磨损，因此又叫腐蚀机械磨损。按腐蚀介质的性质，腐蚀磨损可以分为化学腐蚀磨损和电化学腐蚀磨损，在各类金属零件中经常见到的氧化磨损属于化学腐蚀磨损。

2. 氧化磨损及其影响因素

一般洁净的金属表面与空气中的氧接触时发生氧化而生成氧化膜。摩擦状态下氧化反应速度比通常的氧化速度快。这是因为摩擦过程中，在发生氧化的同时，还会因发生塑性变形而使氧化膜在接触点处加速破坏，紧接着新鲜表面又因摩擦引起的温升及机械活化作用而加速氧化。这样，便不断有氧化膜自金属表面脱离，使零件表面物质逐渐消耗。因此氧化磨损在各类摩擦过程、各种摩擦速度和接触压力下都会发生，只是磨损程度有所不同而已。氧化磨损的膜厚逐渐增长。通常氧化膜的厚度约为 $0.01 \sim 0.02 \mu m$。和其他磨损类型比较，氧化磨损具有最小的磨损速率（线磨损值为 $0.1 \sim 0.5 \mu m/h$），也是生产中允许存在的一种磨损形态。在生产中，总是创造条件使其他可能出现的磨损形态转化为氧化磨损，以防止发生严重的黏着磨损。

氧化磨损速率主要取决于所形成的氧化膜的性质和它与基体的结合强度，同时也与金属表层的塑性变形抗力有关。若形成的氧化膜是脆性的，则它与基体结合的抗剪切结合强度低，则氧化膜易被磨损。研究表明，能否保证较低的氧化磨损量取决于氧化物的硬度与基体材料硬度的比值。如果二者差别较大，则由这些很硬的氧化物构成的磨料将使配对双方基体磨损大大增加。例如，三氧化二铝的硬度与铝的维氏硬度之比为 $H(Al_2O_3)/H(Al) = 57$，$H(SnO_2)/H(Sn) = 130$，就属于这一类。反之，CuO_2 与 Cu，Fe_3O_4 与 Fe 的维氏硬度之比分别为 $H(CuO_2)/H(Cu) = 1.6$，$H(Fe_3O_4)/H(Fe) = 2.7$，这种比值很小的金属，其氧化磨损也小。由此可见，提高基体表层硬度（即提高变形抗力），对减轻氧化磨损是有利的。此外，对于钢摩擦副而言，载荷对氧化磨损的影响表现为：轻载荷下氧化磨损屑的主要成分是 Fe 和 FeO，而重载荷条件下，磨屑主要是 Fe_2O_3 和 Fe_3O_4，并会出现咬死现象。温度加强氧化磨损，而冲击速度虽可增加磨损，但它会降低氧化程度。

4.3.5 接触疲劳

接触疲劳也称表面疲劳磨损，是指滚动轴承、齿轮等零件，在表面接触压应力长期反复作用下所引起的一种表面疲劳现象。其损坏形式是在接触表面上出现许多深浅不同的针状、痘状凹坑或较大面积的表面压碎。这种损伤形式已成为降低滚动轴承、齿轮等零件使用寿命的主要原因。因疲劳而造成的剥落现象将使这类零件工作条件恶化，噪声增大，最后导致零件不能工作而失效。

1. 接触疲劳强度准则

首先根据接触力学的分析，对接触体的应力状态归纳如下：

1）正应力 σ_x、σ_y 和 σ_z 为负值即压应力。在 Z 轴上各点没有剪应力作用，因而 Z 轴上的正应力为主应力。在离接触中心较远处（理论上是无穷远处）σ_x、σ_y 和 σ_z 的数值为零，在 Z 轴上它们的数值为最大值。由此可知，在滚动过程中材料受到的正应力是脉动变化应力。

2）正交剪应力 τ_{xy} 的正负符号取决于各点位置坐标 x 和 y 乘积的符号。在远离接触中心，以及 $x = 0$ 或者 $y = 0$ 处，它的数值为零，因此在滚动过程中，这两个应力为交变应力。

3）正交剪应力 τ_{zx} 的正负符号取决于位置坐标 x 的符号，在远离接触中心和 $x = 0$ 处其数值为零。而 τ_{yz} 的符号取决于位置坐标 y 的符号，在远离接触中心和 $y = 0$ 处数值为零。这样，在滚动过程中，这两个剪应力分量也是交变应力。

4）接触表面上的应力状态比较复杂。由于接触疲劳裂纹萌生于表面的可能性增加，近年来接触表面的应力状态分析受到重视。

这里仅介绍接触椭圆对称轴端点的应力状态。如图 4.23 所示，在端点 N 和 M 处所受的径向应力和切向应力数值相等而符号相反，即

$$\sigma_x^N = -\sigma_y^N \tag{4.25}$$

$$\sigma_x^M = -\sigma_y^M \tag{4.26}$$

所以椭圆端点处于纯剪切状态。计算得出，在椭圆接触中，当 $\sqrt{1-b^2/a^2} < 0.89$ 时，最大的表面剪应力作用在椭圆对称轴的端点 N 或者 M 处。

以上表明，在滚动过程中，接触体各应力分量的变化性质不同，有的是交变应力，有的是脉动应力。同时，正应力和剪应力的变化存在不同的相位。所以，要建立接触疲劳强度准则与所有应力分量的关系十分困难，因而提出了各种强度假设，以个别的应力分量作为判断接触疲劳发生的准则。

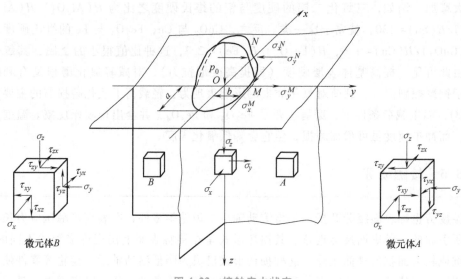

图 4.23　接触应力状态

通常采用的接触疲劳强度准则有以下几种。

（1）**最大剪应力准则**　根据 z 轴上的主应力可以计算出 45°方向的剪应力。分析证明，在这些 45°剪应力中的最大值作用在 z 轴上一定的深度。它是接触体受到的最大剪应力 τ_{max}，所以最先被用作接触疲劳准则，即认为当最大剪应力达到一定值时将产生接触疲劳磨损。在滚动过程中，最大剪应力是脉动应力，应力变化量为 τ_{max}。

（2）**最大正交剪应力准则**　分析表明，正交剪应力 τ_{yz} 的最大值作用在 $x=0$ 而 y 和 z 为一定数值的点；同样，τ_{zx} 最大值的位置坐标为 $y=0$ 而 x 和 z 等于一定值的点。这样，当滚动平面与坐标轴之一重合时，正交剪应力将是交变应力。例如，当滚动平面包含椭圆短轴时，在滚动过程中正交剪应力的变化是：从远离接触中心处的零值增加到接近 z 轴处的最大值 $+\tau_{yz\,max}$，再降低到 z 轴上的零值。随后应力反向，再逐步达到负的最大值 $-\tau_{yz\,max}$，而后又变化到零。所以每滚过一次，正交剪应力的最大变化量为 $2\tau_{yz\,max}$。

应当指出，虽然正交剪应力的数值通常小于最大剪应力，然而滚动过程中正交剪应力的变化量却大于最大剪应力的变化量，即 $2\tau_{yz\,max} > \tau_{max}$。由于材料疲劳现象直接与应力变化量有关，所以 ISO（国际标准化组织）和 AFBMA（美国减摩轴承制造商协会）提出的滚动轴承接触疲劳计算都采用最大正交剪应力准则。

（3）**最大表面剪应力准则**　通常接触表面上最大剪应力作用在椭圆对称轴的端点。例如，当滚动方向与椭圆短轴一致时，最大表面剪应力作用在长轴的端点，在滚动过程中它按脉动应力变化。

虽然表面剪应力的数值小于最大剪应力和正交剪应力，但由于表面缺陷和滚动中的表面相互作用，使疲劳裂纹出现于表面，表面剪应力对此的影响大大加强。

（4）**等效应力准则**　滚动过程中材料储存的能量有两种作用，即改变体积和改变形状。后者是决定疲劳破坏的因素，按照产生相同的形状变化的原则，将复杂的应力状态用一个等效的脉动拉伸应力来代替。等效应力 σ_e 的表达式为

$$\sigma_e^2 = \frac{1}{2}\left[\left(\sigma_x-\sigma_y\right)^2+\left(\sigma_y-\sigma_z\right)^2+\left(\sigma_z-\sigma_x\right)^2+3\left(\tau_{xy}^2+\tau_{yz}^2+\tau_{zx}^2\right)\right] \tag{4.27}$$

等效应力准则考虑了全部应力分量的影响，但由于计算复杂和缺乏数据，目前还难以普遍应用。值得注意的是近年来弹塑性接触理论有了很大的发展，在此基础上，Johnson（1963 年）从弹塑性理论出发分析了上述现象，并根据不产生连续塑性剪切的条件提出接触疲劳的塑性剪切准则

$$p_0 = 4k \tag{4.28}$$

式中，p_0 为最大 Hertz 应力；k 为剪切屈服强度。根据 Tabor 的经验公式 $k = 6H$，H 为维氏硬度值。

当接触表面最大 Hertz 应力超过式（4.28）以后，表层内的正交剪应力引起与表面平行方向的塑性剪切变形。当滚动中伴随滑动时，如果摩擦力为法向载荷的 10%，则式（4.28）中 $4k$ 应降低为 $3.6k$。

多年来，研究人员对各种接触疲劳强度准则的适用性进行了大量的实验研究。例如，观察疲劳裂纹的萌生位置和微观组织的结构变化，研究表面层初应力状态、接触椭圆形状和滚动方向等因素对疲劳寿命的影响等。这些实验研究表明，任何一个准则都不能完全符合实验结果。

2. 接触疲劳寿命

接触疲劳现象具有很强的随机性质，在相同条件下同一批试件的疲劳寿命之间相差很大。为了保证数据的可靠性，相同条件下的实验批量通常应大于 10，并须按照统计学方法处理数据。

接触疲劳寿命符合 Weibull 分布规律，即

$$\lg\left(\frac{1}{S}\right) = \beta \lg L + \lg A \tag{4.29}$$

式中，S 为不损坏概率；L 为实际寿命，通常以应力循环次数 N 表示；A 为常数；β 称为 Weibull 斜率，对于钢材，$\beta = 1.1 \sim 1.5$，纯净钢取高值。对于滚动轴承：球轴承 $\beta = 10/9$，滚子轴承 $\beta = 9/8$。

采用专用的 Weibull 坐标纸，即纵坐标为双对数和横坐标为单对数，式（4.29）应为一条斜直线，如图 4.24 所示。

当取得一批实验数据以后，通过统计学计算可以绘制 Weibull 分布图，从而求得接触疲劳寿命分布斜率 β、特征寿命 L_{10} 和 L_{50} 的数值。L_{10} 和 L_{50} 分别是损坏百分比为 10% 和 50% 的寿命值。严格地说，只有在 L_7 到 L_{60} 之间的接触疲劳寿命才符合 Weibull 分布直线。

斜率 β 表示同一批实验数据的分散程度。如图 4.25 所示，当载荷增加时，分布斜率增大，因而寿命的变化范围缩小，即分散程度减小。

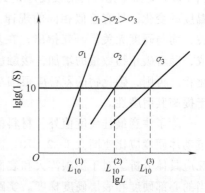

图 4.24　Weibull 分布图

如果接触疲劳寿命 L_{10} 或 L_{50} 用应力循环次数 N 表示，通常认为应力循环次数与载荷的 3 次方成反比。根据这一近似关系可以求得 σ-N 曲线，如图 4.26 所示，图中 σ 为接触应力。这样，从 σ-N 曲线就能够推算出任何应力条件下的寿命值。

149

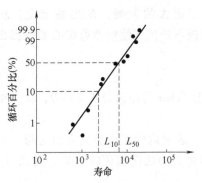

图 4.25 不同载荷下的分布图

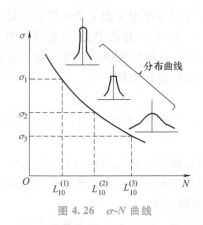

图 4.26 σ-N 曲线

3. 提高接触疲劳抗力的途径

接触疲劳寿命首先取决于加载条件,特别是载荷大小。下面将讨论材料对接触疲劳抗力的影响与提高接触疲劳抗力的途径。

1) 材料强度和硬度的影响。一般情况下,材料的抗拉强度高,则其变形与断裂抗力高,故接触疲劳强度也高,材料的表面硬度可部分地反应材料塑性变形抗力和剪切强度。所以,在一定的硬度范围内,接触疲劳抗力随硬度的升高而升高,在某一硬度下接触疲劳寿命出现峰值。

2) 热处理和组织状态。对于在接触疲劳条件下服役的低、中碳钢,热处理的目的主要是提高强度和硬度,以提高接触疲劳抗力。而对于轴承钢和渗碳钢(可用作齿轮和轴承),最终热处理不仅要提高钢的硬度,而且要使钢具有最佳的组织匹配。所谓最佳的组织匹配,是要求轴承钢和渗碳钢的基体——马氏体具有较高的硬度,同时又具有一定的塑性和韧性,钢中应含有适量的细粒状碳化物,以提高其硬度和耐磨性。

对轴承钢的研究表明,当810℃奥氏体化时,所得到产品的滚动接触疲劳寿命最高;而当860℃奥氏体化时钢的硬度才达到最高值。轴承钢的强度和滚动接触疲劳寿命随奥氏体化温度的变化,具有近似相同的规律。这也表明,轴承钢的滚动接触疲劳寿命与钢的强度相关,而与硬度无关。研究指出,在基体为马氏体的组织中,疲劳裂纹总易于在碳化物处形成,随着碳化物数量的增加,接触疲劳寿命降低。所以,轴承钢和渗碳钢中不宜含有很多碳化物。再则,碳化物的颗粒应很细小且分布均匀,不仅对提高接触疲劳寿命有利,而且有利于提高其耐磨性。

除了注意最佳硬度值外,材料的使用寿命还取决于配对副的硬度选配。对于轴承来说,滚动体硬度应比座圈大 1~2 HRC。对软面齿轮来说,小齿轮硬度应大于大齿轮,但具体情况应具体分析。对于渗碳淬火和表面淬火的零件,在正确选择表面硬度的同时,还必须有适当的心部硬度和表层硬度梯度。实践证明,表面硬度高,心部硬度低者,其接触疲劳寿命将低于表面硬度稍低而心部硬度稍高者。如果心部硬度过低,则表层的硬度梯度太陡,使得硬化层的过渡区发生深层剥落。实验和生产实践表明,渗碳齿轮的心部硬度一般在 38~45HRC 范围内较为适宜。

此外,在表面硬化钢淬火冷却时,表面将产生残余压应力,心部为残余拉应力,压应力向拉应力过渡区域往往也是在硬化层过渡区附近,这加重了该区域产生裂纹的危险性。因此，调整热处理工艺，使在一定深度范围内存在残余压应力是必要的。

改善接触配对副的表面状态，降低摩擦因数是提高接触疲劳抗力的有效措施。如在齿轮表面上电镀一层锡和铜之类的软金属后，可使接触疲劳强度分别提高1.9倍和1.5倍。在接触过程中，这些软金属表面层能封住裂纹开口，使润滑油不再浸入，也就使裂纹不再进一步扩展。

3）钢的冶金质量。钢在冶炼时总会有非金属夹杂物等冶金缺陷混入。钢中的非金属夹杂物可分为塑性的（如硫化物）、脆性的（如氧化物、氮化物、硅酸盐等）和球状不变形的（如硅酸钙、铁锰酸盐）夹杂物三类。其中塑性夹杂物对材料寿命的影响很小；球状夹杂物次之；脆性夹杂物，尤其是带有棱角的夹杂物危害最大。这是由于它们和基体弹性模量不同，容易在基体交界处引起应力集中，在夹杂物的边缘部分造成微裂纹，或是夹杂物本身在应力作用下破碎而引发裂纹，降低了接触疲劳寿命。研究表明，这类夹杂物的数量越多，接触疲劳寿命下降得越大。具有塑性的硫化物夹杂，易随基体一起塑性变形，当硫化物夹杂将氧化物夹杂包住形成共生夹杂物时，可以降低氧化物夹杂的有害作用。因此，可以认为钢中有适当的硫化物夹杂对提高接触疲劳寿命是无害甚至可能是有益的。

生产上应尽量减少钢中非金属夹杂物的含量。如采用真空电弧冶炼和电渣重熔等冶炼方法，提供优质纯净的钢材是非常必要的。

4.4　环境介质作用下服役行为

在材料服役过程中，受力的状态是多种多样的，如拉应力、交变应力、摩擦力和振动力等。不同应力状态与介质的相互作用造成不同的环境敏感断裂形式。在静载荷长期作用下，发生的主要环境敏感断裂原因有应力腐蚀破裂（Stress Corrosion Cracking，SCC）、氢脆（Hydrogenem Brittlement）。在交变载荷作用下的环境敏感断裂主要指腐蚀疲劳（Corrosion Fatigue）。本节以金属为例，阐述在这几种环境介质作用下的敏感断裂行为特性、破坏机理及服役行为的表征方法，在此基础上给出提高材料环境敏感断裂抗力的途径及措施。

4.4.1　应力腐蚀

1. 应力腐蚀开裂的机理

材料在恒定应力和腐蚀介质共同作用下发生的开裂甚至脆性断裂，称为应力腐蚀开裂。应力腐蚀开裂并不是应力和腐蚀介质两者分别对材料性能损伤的简单叠加。通常，发生应力腐蚀开裂时受到的应力很小，若非特定的腐蚀介质的作用，材料不会发生应力腐蚀开裂。若没有受到应力，材料在该特定腐蚀介质中的腐蚀也是轻微的。因此，应力腐蚀开裂常发生在腐蚀性不强的特定介质和较小的应力作用下，往往事先没有明显的预兆，因此具有很大的危险性，常造成灾难性事故。

目前存在多个解释应力腐蚀破裂的机制，但是迄今没有一种机制能够同时合理地解释所有应力腐蚀破裂现象。接下来简要介绍一下阳极溶解机理和氢脆机理。

阳极溶解：金属材料的表面出现向纵深发展的腐蚀小孔，其余部分不腐蚀或轻微腐蚀，即发生了点蚀（Pitting），或材料中的裂纹尖端附近的保护膜由于局部塑性变形而开裂，裸露出新鲜的金属表面，裸露的金属表面和保护膜表面形成原电池，使得作为阳极的裸露金属表面或位错露头处溶解。阳极溶解通道的形成和延伸的过程即是应力腐蚀裂纹的形成与扩展的过程。如果加载之前金属内部已存在易腐蚀区（如晶界、阳极析出相等），也会出现类似的阳极溶解通道的形成和延伸过程。要使裂纹不断扩展，裂尖前沿阳极溶解应持续进行，而裂纹的两个侧面必须及时钝化，这样裂尖的应力强度因子 K_I 不降低。同时，阳极溶解速率、应变速率与再钝化速率三者之间必须保持相适应的关系。材料在其开路腐蚀电位处于活化-钝化或钝化-过钝化电位区的介质中，便可达到上述关系，如图 4.27 所示。

该机理可解释大多数的应力腐蚀导致的沿晶断裂，同时较好地解释了应力腐蚀开裂金属与介质的特定组合这一个主要特征。高强度铝合金在海水中的应力腐蚀开裂，α 黄铜在含 NH_4^+、NO_3^- 和 SO_4^{2-} 溶液中的应力腐蚀开裂，不锈钢在含 Cl^- 水溶液中的应力腐蚀开裂等均属于此类机制。但是纯粹的电化学溶解机制在许多情况下难以说明应力腐蚀开裂的速度，也不能解释应力腐蚀开裂的其他断口形貌。

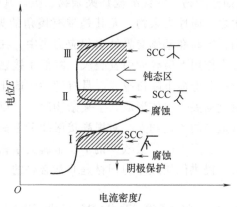

图 4.27　合金的应力腐蚀破裂电位区

而氢脆机理认为，蚀坑或裂纹内形成闭塞电池，使裂尖或蚀坑底的介质具有低 pH 值，满足了阴极析氢的条件，吸附的氢原子进入金属并引起氢脆是导致应力腐蚀开裂发生的主要原因。高强度钢在海水、雨水及其他水溶液中的应力腐蚀开裂可用该机制解释。

2. 应力腐蚀开裂的控制

应力腐蚀开裂是材料与环境、载荷因素三方面协同作用的结果。预防和降低合金应力腐蚀开裂倾向，也应当从这三方面采取措施。

根据环境及负荷情况，合理选材是防止和控制应力腐蚀开裂的基本思想。环境因素包括 pH 值、溶液成分、电位和温度等。较大应力、较低 pH 值、较高浓度溶液和较高温度下，金属发生 SCC 的倾向增加。应根据材料的具体应用环境进行选材。例如，在触氨环境中应避免使用铜合金；在使用不锈钢时，为防止由点蚀引发的应力腐蚀开裂，则应选用含铝的不锈钢。

此外，合金的成分和显微组织对应力腐蚀开裂敏感性也有重要的影响。图 4.28 所示为 Mo 含量对一种奥氏体不锈钢的 K_{Iscc}（应力腐蚀开裂敏感性的界限应力强度因子）的影响。合金成分对应力腐蚀开裂倾向的影响是复杂的，在不同环境中其作用不完全一样。已有经验表明：若钢的屈服强度增加，则其 K_{IC} 和 K_{Iscc} 均降低，且对应力腐蚀开裂的敏感性越来越明显，裂纹扩展速率越来越大。如低强度钢在海水和盐水中不会出现典型的环境敏感断裂，但高强钢则对该环

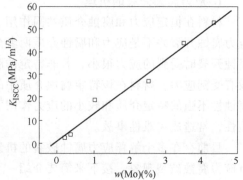

图 4.28　Mo 含量对一种奥氏体不锈钢的 K_{Iscc} 的影响（环境：22% NaCl，105℃）

境有很大的敏感性。

需要指出的是，材料的断裂韧性和 K_{ISCC} 并不存在简单的比例关系。图 4.29 说明了 Al-Li-Cu-Zr 铝合金中 Li/Cu 原子比对其断裂韧性和 K_{ISCC} 的影响。Li/Cu 原子比影响了该铝合金中析出相的析出顺序，从而影响其力学性能。断裂韧度和 K_{ISCC} 都随 Li/Cu 原子比的增加而下降，但是下降的幅度并不一致。对于钢铁材料而言，在相近的屈服强度下，回火索氏体组织的应力腐蚀开裂敏感性最低，低温回火马氏体组织最高，正火或等温淬火组织介于中间。对于不锈钢在含 Cl⁻ 溶液中的耐应力腐蚀开裂能力而言，马氏体型不锈钢>铁素体型不锈钢>奥氏体型不锈钢。

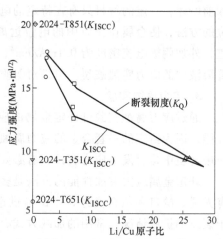

图 4.29　Al-Li-Cu-Zr 铝合金中 Li/Cu 比例对其断裂韧度 K_Q 和 K_{ISCC} 的影响

通过热处理调整材料的显微组织，获得合适的屈服强度，可有效提高材料的应力腐蚀开裂抗力。如通过热处理使马氏体钢的屈服强度降低，能够提高其在海水和含 H_2S 环境中的应力腐蚀开裂抗力。另外，晶粒大小对材料的应力腐蚀开裂有很大的影响。细化晶粒可提高钢的应力腐蚀开裂抗力。材料的加工工艺也会影响材料的应力腐蚀开裂行为。

另外，提高材料纯度、降低材料中的夹杂和消除缺陷也有利于提高钢的应力腐蚀开裂抗力。含氮量超过 0.05%，就能够使奥氏体型不锈钢在含氯环境中发生应力腐蚀开裂，并主要发生以穿晶断裂为主的脆断。

一些结构材料在氯化钠水溶液中的应力腐蚀开裂敏感性的界限应力强度因子见表 4.1。

表 4.1　一些结构材料在 3.5% NaCl 水溶液中的界限应力强度因子 K_{ISCC}

合金	热处理方式	$R_{p0.2}$/MPa	K_{IC}/MPa·m$^{1/2}$	K_{ISCC}/MPa·m$^{1/2}$
35CrMo	淬火+280℃回火	1421	—	16.4
30CrMnSiNi2A	900℃加热+260℃等温+260℃回火	—	62.3	14.5
40CrMnSiMoVA（双真空）	920℃加热+180℃等温+260℃回火	1566	80.6	16.3
300M	900℃、870℃ 1h油淬+316℃回火 2 次	1735.5	68.8	21
4340	900℃空冷+804℃油淬+204℃回火 2 次	1718	55.3	16.3
GH36	1000℃保温 45min+升温到 1140℃×90min 水冷+650℃×15h+780℃×15h 空冷	857.5	101	23
LC4	470℃淬火+140℃×16h 时效	—	—	17
LC9	465℃淬火+110℃×7h+175℃×10h 时效	—	—	21.4
Ti-6Al-4V	800℃×1h，空冷	1078	—	59.5
Ti-7Al-4Mo	960℃×1h 水淬+610℃×16h，空冷	1566	37.2	22.4

注：除 300M 和 4340 钢试验温度为 24℃，其他材料的试验温度为 35℃，而工作介质均为 3.5%NaCl 水溶液。

构件设计不当或加工工艺不合理所造成的残余拉应力也是产生应力腐蚀开裂的重要原因。因此，在设计上应尽量减少应力集中；材料的加工过程中尽量避免构件各部分物理状态的不均匀，必要时应采用退火处理消除加工内应力；设法消除或减少环境中促进应力腐蚀开裂的有害化学物质，也能提高应力腐蚀开裂抗力。例如，通过水净化处理降低冷却水与蒸汽中氯离子的含量，对预防奥氏体型不锈钢的氯脆十分有效。另外，在环境中加入适当的缓蚀剂，能有效地防止应力腐蚀破裂。例如，为了防止锅炉钢的碱脆，可采用硝酸盐或亚硫酸盐纸浆作为缓蚀剂。

除上述措施外，采用电化学和表面涂层保护，也是降低应力腐蚀破裂危害的重要途径。如前所述，一定的材料只有在特定的电位范围内才会发生应力腐蚀破裂。因此，采取外加电位的方法，使金属在介质中的电位远离其应力腐蚀敏感的区域，便可预防腐蚀破裂。据报道，外加阴极电流密度为 $0.1mA/cm^2$，即可阻止 18-8 不锈钢在 42%（质量分数）$MgCl_2$ 沸腾溶液中的应力腐蚀破裂。但是对氢脆敏感的材料，则不能采用阴极保护法。

3. 应力腐蚀实验

通过应力腐蚀实验可评定金属的应力腐蚀破裂敏感性。这里的"敏感性"不表示材料性能，因为给定的一套合金的应力腐蚀性能可以随着环境条件的改变而改变。为确定在给定应用环境中是否发生应力腐蚀，有必要在可能的环境条件下进行模拟实验。

评定金属应力腐蚀性能的方法是多样的，需要根据实验目的选择合适的评定方法。通常有光滑、缺口和预裂纹这 3 类试样供选择。但尖切口或带裂纹的试样，其断裂寿命则取决于裂纹的扩展情况。常用的加载方式有恒位移或恒载荷（GB/T 15970.6—2007）、渐增式载荷或位移（GB/T 15970.9—2007）和慢应变速率（GB/T 15970.7—2017）3 种。

将选定的试样置于一定的环境条件中，施加一恒定载荷（图 4.30a），或恒定位移（图 4.30b 和 c），或逐渐增加应变。根据实验目的获得应力或应力强度因子与断裂时间的曲线。应力腐蚀实验的实验周期一般较长，要保持实验介质的浓度、温度等实验条件不变是比较困难的。而这些条件的变化都将影响实验结果。同时，如何缩短实验周期、加速应力腐蚀破裂过程，也是需要解决的问题。对于采用预裂纹试样的实验方法，应力腐蚀实验的试样是浸在

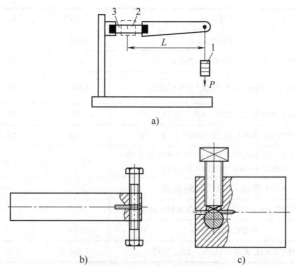

图 4.30　金属应力腐蚀实验的常见加载方式示意图

a）悬臂梁弯曲实验装置示意图　b）预裂纹的双悬臂梁试样采用螺钉加载示意图

c）预裂纹的楔形张开试样采用螺钉和垫块加载示意图

1—砝码　2—介质容器　3—试样

腐蚀介质中的,因此裂纹扩展情况的观察和测量都受到限制。应力腐蚀实验的微区电化学过程的测试,还存在技术上的困难,如微区的电极电位、微区的极化曲线等的测量,目前也相当困难。鉴于应力腐蚀实验的影响因素很多,往往实验结果数据存在很大的分散性,因此需要根据实验目的,制订尽可能详细的实验计划。

现在仅结合应力腐蚀实验方法对表征特定金属和环境组合的应力腐蚀破裂敏感性的几个重要评价参数进行描述。后面介绍的氢脆也可用类似测试方法进行。

4. 应力腐蚀破裂敏感性的表征

1) 临界应力。在特定的试验条件下,应力腐蚀裂纹萌生或开始扩展所对应的应力为临界应力。其测定是以光滑试件或切口试件在环境介质中的拉应力与断裂时间曲线(图4.31)为依据。断裂时间 t_f 随着拉应力的增加而降低。当应力低于一定值时,t_f 趋于无限大,此应力称为临界应力 σ_c(图4.31a)。若断裂时间 t_f 随着外加应力的降低而持续不断地缓慢增长,则采取在给定的时间基数下发生应力腐蚀断裂的应力作为条件临界应力 σ_c(图4.31b)。临界应力是评定应力腐蚀破裂敏感性的重要指标。也可用应力腐蚀断裂或开裂的时间来表示某种金属的应力腐蚀及环境氢脆的敏感性。一般来说,断裂或开裂时间越短,应力腐蚀破裂及环境氢脆的敏感性越大。

应力腐蚀开裂过程是裂纹的形成、扩展到断裂的过程。光滑试样的裂纹萌生期长,可占总寿命的90%。因此,条件临界应力 σ_c 主要适用于形状光滑,即没有高度应力集中构件的应力腐蚀断裂评定指标。

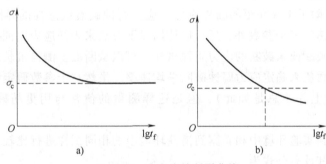

图 4.31　应力腐蚀断裂曲线

a) 存在临界应力　b) 条件临界应力

2) 界限应力强度因子。采用预制裂纹试样,可测定应力腐蚀实验过程中的裂纹扩展速率,并计算应力强度因子 K_I。断裂时间 t_f 随 K_I 降低而增加。当 K_I 降低到某一临界值时,t_f 趋于无限大,此时可认为应力腐蚀断裂不会发生。对应的 K_I 值称为应力腐蚀破裂敏感性的界限应力强度因子($K_{I\,SCC}$),如图4.32所示。高强度钢和钛合金都有明显的 $K_{I\,SCC}$。但对于有些材料(如一些铝合金)却没有明显的 $K_{I\,SCC}$。此时可定义在规定的试验时间内不发生应力腐蚀断裂的 K_I 值,作为应力腐蚀条件临界应力强度因子。

图4.33所示的应力腐蚀裂纹扩展速率 da/dt 与应力强度因子 K_I 曲线,可以分为三个阶段。第Ⅰ阶段,K_I 小于 $K_{I\,SCC}$,da/dt 为0,即裂纹不扩展。当 K_I 大于 $K_{I\,SCC}$ 时,da/dt 随着 K_I 的增大而迅速增加。因此,在该阶段,da/dt 主要取决于应力强度因子。同时,环境介质和温度也会发挥作用。第Ⅱ阶段,da/dt 保持恒定,不随应力强度因子 K_I 而改变。在该阶段,化学腐蚀因素起决定性作用。第Ⅲ阶段,da/dt 随着 K_I 值的增加而迅速增大,当

K_I 达到 K_{IC} 时，裂纹便失稳扩展而引起断裂。此阶段应力强度因子对裂纹扩展发挥主要作用。

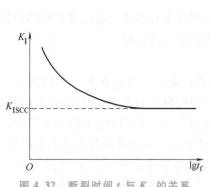

图 4.32 断裂时间 t_f 与 K_I 的关系

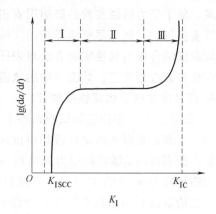

图 4.33 裂纹扩展速度 da/dt 与 K_I 的关系

实际上获得的曲线可能不一定呈现上述的 3 个典型阶段。若为了节约时间，可只获得第 I 和第 II 阶段。此外，获得的应力腐蚀裂纹扩展速率 da/dt 也是评定金属材料应力腐蚀破裂敏感性的重要指标。一般来说，da/dt 越大，则材料的应力腐蚀敏感性也越大。对于预先可能具有裂纹的焊件、铸件或有高度应力集中的构件，应选用应力腐蚀破裂敏感性的界限应力强度因子或应力腐蚀裂纹扩展速率来评定应力腐蚀断裂抗力。

3）其他参数。除了上述介绍的临界应力、应力腐蚀破裂敏感性的界限应力强度因子和应力腐蚀裂纹扩展速率三个参数外，还可以使用以下方法来表征应力腐蚀破裂敏感性。

对于已经完全破断或未破断的应力腐蚀试样，可以从断面上测得最长裂纹长度，用它除以破断时间得到的数值来确定应力腐蚀破断平均速率。虽然这个参数假定裂纹是在试验开始时萌生的（而实际上并非总是如此），但是这样测得的值常与用更精确方法测得的值相吻合。

还可以将暴露到实验环境中和暴露到惰性环境中的相同试样进行比较，用以评定应力腐蚀破裂的敏感性。其计算公式为

$$比值 = \frac{试样在实验环境中得到的结果}{试样在惰性介质中得到的结果} \tag{4.30}$$

可用来比较的比值参数包括：断裂时间、延性（用断面收缩率或断后伸长率表示）、达到的最大载荷、断面上应力腐蚀破裂面积所占的百分数等。

4.4.2 氢脆

1. 氢脆的基本特征

氢脆是一种由氢和应力共同作用下导致金属材料塑性下降或开裂的现象。氢的不同来源，氢在合金中的不同状态，以及氢与金属交互作用的性质，可导致氢通过不同的机制使金属脆化。因此，氢脆可按多种方式分类，根据氢的来源不同，氢脆可分为内部氢脆与环境氢脆。

内部氢脆是由于在材料冶炼或零件加工过程中（如焊接、酸洗、电镀等）吸收了氢而造成的。在焊接过程中，氢是 Fe 与水的反应产物，生成的氢吸附在材料表面然后进入材料；在电镀过程中，氢能进入金属内部。环境氢脆则是由于材料在含氢环境中使用时吸收了氢所造成的。氢很容易吸附在 Fe 表面，这样氢原子通过扩散进入材料内部，从而引起材料的开裂或脆性断裂。钢表面的水也是氢的来源。材料在含氢气的环境中使用，如果没有受到应力，则不会发生氢损伤，但在有应力的条件下，氢很容易进入材料中。

高强度钢及（α+β）两相钛合金对可逆氢脆非常敏感。当这些材料含有微量处于固溶状态的氢时，在低于屈服强度的静载荷作用下，经过一段时间后，氢在三向拉应力区富集，并将出现裂纹，裂纹逐步扩展并导致氢致延滞断裂。氢致延滞断裂应力（或应力强度因子）与断裂时间的关系如图 4.34 所示，与应力腐蚀情况相类似。断裂过程也包含孕育期（裂纹形核）、裂纹稳定扩展和快速断裂 3 个阶段。当外加应力大于氢脆临界应力 σ_{CH} 时，所加应力越大，则孕育期越短，裂纹传播速度越快，断裂提前。材料发生延滞氢脆时，除断面收缩率降低外，其他常规力学性能没有发生异常变化。

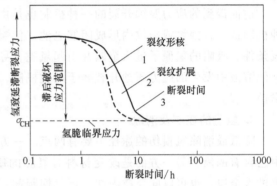

图 4.34　氢致延滞断裂曲线

可逆氢脆裂纹扩展速度（da/dt）与裂纹尖端应力强度因子 K_I 的关系具有与图 4.33 相类似的形式。裂纹扩展过程也可分为 3 个阶段。第 I 阶段，裂纹扩展速度 $(da/dt)_I$ 主要取决于力学因素，与应力强度因子 K_I 呈指数关系，而与温度无关。第 Ⅱ 阶段，裂纹扩展速度 $(da/dt)_{\mathrm{II}}$ 取决于化学因素，与应力强度因子 K_I 无关，而与温度有密切的关系，是典型的热激活过程。第Ⅲ阶段，裂纹前沿的应力强度因子 K_I 趋近于 K_{IC}，裂纹迅速失稳导致断裂。

氢损伤引起的开裂主要有两种表现形式。氢损伤可导致在金属内部形成裂纹，如图 4.35 所示。当金属在加工或使用时，如果金属表面接触一定浓度的氢原子，或者析出的氢位于材料表面下方，可引起氢鼓泡（Hydrogen Blistering），如图 4.36 所示。产生氢鼓泡的腐蚀环境中通常含有硫化氢、砷化合物、氰化物，或者含磷离子等毒素。

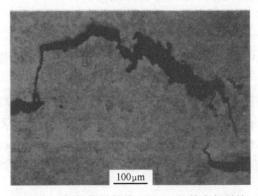

图 4.35　氢损伤引起的 HY130 钢的内部裂纹

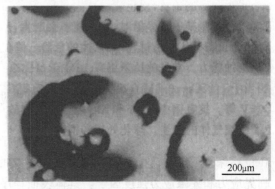

图 4.36　430 不锈钢表面的氢鼓泡

2. 氢脆机理

上述两种开裂形式与氢气分子的形成有关。氢原子很小，很容易扩散进入金属内部，同时它在金属中的扩散速度很快。氢一般在晶界、夹杂、位错等地方聚集，而后结合成氢分子。因氢分子不能扩散便聚集起来，以致在金属内部氢气浓度和压力上升引起开裂。如果聚集的氢气位于表面下方，则会导致金属膨胀而局部变形，引起鼓泡现象。这种现象常见于电化学腐蚀、电解或电镀，以及金属表面能够接触一定浓度的氢原子的场合。低强度钢，尤其是含大量非金属夹杂物的钢，最容易发生氢鼓泡。

前面谈到的应力腐蚀开裂的一种机制也是由氢损伤引起的，有时称为氢致开裂机制。这种机制认为，蚀坑或裂纹内形成闭塞电池，使裂尖或蚀坑底部具有低 pH 值，满足了阴极析氢条件，吸附的氢原子进入金属并引起氢脆，导致应力腐蚀开裂。高强度钢在雨水、海水及其他溶液中发生的应力腐蚀开裂属于此类机制，钛合金在海水中也能发生由氢脆导致的应力腐蚀开裂。

3. 氢脆的控制及消除

降低或消除氢损伤的途径主要有两点。一方面要阻止氢自环境介质进入金属并除去金属中已含有的氢；另一方面是改变材料对氢脆的敏感性。可采取涂（镀）保护层的方法阻止氢进入金属，也可以向介质中加入析氢抑制剂。对氢脆敏感的材料，酸洗和电镀之后应及时地充分烘烤除氢。关于合金对氢脆的敏感性，由于涉及合金的化学成分、组织结构和强度水平，三者的影响互相交错，因而关系比较复杂。对结构钢而言，碳、锰、硫和磷等可提高钢的氢脆敏感性，并且随钢强度水平的提高，它们对钢氢脆的影响越强烈。铬、钼、钨、钛、钒和铌等碳化物形成元素，能细化晶粒，提高钢的塑性，对降低钢的氢脆敏感性是有利的。由于钙或稀土元素的加入，可使钢中 MnS 夹杂物形状圆滑、颗粒细化、分布均匀，从而降低钢的氢脆倾向。促进回火脆性的杂质元素，如砷、锡、铋和硒等对钢的氢脆抗力则是有害的。

材料的强度水平对氢脆敏感性也有重要影响。强度高于 700MPa 的钢便具有较明显的氢脆敏感性，并且随着强度的升高，氢脆敏感性增强。因此氢脆成为高强度钢应用中一个尖锐的问题。含硫化氢油气田所用的钢管，为避免应力腐蚀断裂，规定应控制硬度在 22HRC 以下。为了改善材料对氢脆的抗力，通常需要对材料进行适当的热处理。钢的组织对氢脆的敏感性，大致按下列顺序递增：球状珠光体、片状珠光体、回火马氏体或贝氏体、未回火马氏体。

4. 氢脆的表征

如前所述，氢脆的类型和机制不同，在实际中应根据具体情况采用合理的实验方法表征氢脆敏感性。

与应力腐蚀类似，氢脆敏感性可用临界应力和界限应力强度因子来表征。可使用 GB/T 24185—2009 规定的逐级加力法（Incremental Step Loading Method）来测定钢中的氢脆临界值。逐级加力法的原理为通过逐级降低施加于不同试样的加力速率，使氢扩散并产生裂纹，在位移保持不变的情况下，实验力将随裂纹的萌生而减小。通过实验力-时间曲线可以得到临界应力和界限应力强度因子。具体表征程序如下：

实验之前须通过 GB/T 228.1—2021 关于金属材料室温拉伸的方法，按照规定的实验速率将试样拉断，获得最大拉力 F_m。随后，对其他试样采用逐级加力的方式使施加的力达到 F_m。根据不同的实验准确度确定每级增加的力的幅值，同时保证每级增加的实验力大小相等。例如，要求一试样的准确度为5%，则每级增加的力为 $5\% F_m$，分为20级进行。1号试样每级实验力保持时间为1h，随后的2号、3号等试样每级实验力保持时间为前一个实验的两倍。如图4.37所示。为了提高表征效率，建议当实验力超过 $0.5 F_{in}$（F_{in} 为第 n 个试样采用逐级加力法在给定加力速率和环境条件的试样萌生裂纹时所承受的实验力）时再对每级实验力保持时间加倍。如图4.37中的4号曲线所示。

对1号试样进行逐级加力，记录实验力-时间曲线，当观察到实验力的下降量超过实验的准确度时，记录此刻裂纹萌生的实验力 F_{i1}。具体来讲，实验力下降时，实验力-时间曲线为凸形，即实验力下降速度逐渐增加，可认为裂纹开始扩展，实验力下降时的值即为 F_{in}；当实验力-时间曲线为凹形，即实验力下降速度逐渐降

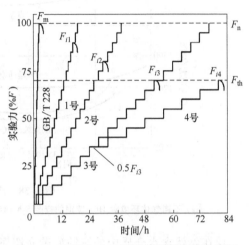

图4.37 逐级加力法确定临界应力的示意图

低，此时不能认为裂纹形成时的实验力为 F_{in}。该现象是由于裂纹尖端应力≥试样屈服强度产生塑性变形、试样发生蠕变等原因引起的；当实验力-时间曲线从凹到凸，则可将曲线拐点定义为裂纹形成时的实验力 F_{in}。

按照相同的方法对此后的试样进行实验，可以获得越来越低的裂纹萌生实验力 F_{in}。如此可获得不随实验速率变化的恒定裂纹萌生时的临界实验力 F_{th}。具体而言，对于裂纹扩展速率较快的材料，将实验力下降 $5\% F_m$ 作为裂纹开始扩展的界线；对于裂纹扩展速率较慢的材料，采用小于 $5\% F_m$ 的实验力下降作为裂纹开始扩展的界线；若实验刚开始便出现实验力下降，则 F_{th} 应保持实验力恒定的最后一级实验力值；再者，如果实验力在某级应保持恒定 y 小时，而实际更短的时间 x 小时就出现实验力下降，则 F_{th} 应为前一级的实验力值再加上本级实验力的增量 $\Delta = (x/y) \times 5\% F_m$。

逐级加力法的实验条件用"实验级数/每级施加的实验力（$\% F_m$）/每级的实验力保持时间（h）"表示，该实验可在氢气环境中进行，也可在空气中进行。

通过上述实验，试样的氢脆应力临界值 S_{th} 可由 F_{th}/A_{net}（试样最小横截面积）得到。具体地，对于紧固件，A_{net} 为试样的应力截面积；对于缺口拉伸试样，A_{net} 为试样缺口处的最小截面积。

4.4.3 腐蚀疲劳

1. 腐蚀疲劳的一般规律

腐蚀疲劳（Corrosion Fatigue，CF）是循环应力和腐蚀介质的共同作用引起金属的疲劳强度和疲劳寿命降低的现象，如图4.38a所示。腐蚀介质有气体和液体。相对于真空而言，空气也应看作腐蚀介质。腐蚀疲劳是许多工业部门经常遇到的重要问题。图4.38b为碳钢钢

丝在空气和海水中的 S-N 曲线，说明腐蚀介质显著降低材料的疲劳寿命。金属材料和结构件的腐蚀疲劳寿命和机理，通常也分成腐蚀疲劳裂纹形成和腐蚀疲劳裂纹扩展两阶段，应分别进行研究和预测。

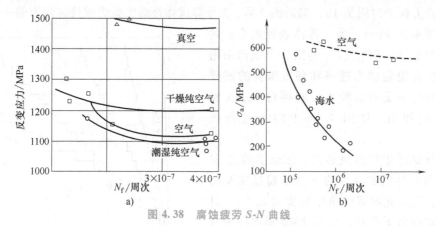

图 4.38　腐蚀疲劳 S-N 曲线

a) 不同气体环境对 H68 黄铜的疲劳 S-N 曲线的影响　b) 碳钢钢丝在空气和海水中的 S-N 曲线

现在仅就含水介质中的腐蚀疲劳介绍腐蚀疲劳的一般规律：

1) 一般而言，在腐蚀疲劳条件下，金属材料的疲劳寿命缩短，疲劳极限降低。

2) 腐蚀疲劳性能与载荷的频率 (f)、波形、应力比 (R) 有密切关系。一般地，f 越低，则每一周循环载荷中材料与腐蚀介质接触时间越长，腐蚀疲劳性能越低。对于载荷波型，三角波、正弦波和正锯齿波对腐蚀疲劳性能的损害较显著。随着 R 的增加，腐蚀疲劳性能变差。

3) 抗拉强度为 275~1720MPa 的碳钢和低合金钢，其腐蚀疲劳极限与静强度之间不存在直接关系，腐蚀疲劳极限在 85~210MPa 之间。

160

4) 是否存在腐蚀疲劳极限主要取决于介质腐蚀性的强弱以及材料在该介质中的耐蚀性。

腐蚀疲劳裂纹是多源的，端口上的疲劳条带受介质的腐蚀作用变得不明显，甚至引起了断口形貌的变化。与应力腐蚀相比，腐蚀疲劳裂纹的扩展很少有分叉的情况（图 4.39）。

2. 金属腐蚀疲劳的控制

正确选材和控制合金的材质是控制金属腐蚀疲劳的最基本的出发点。金属材料在某些介质中，表面微小区域出现孔穴或麻点，随着时间推移进一步发展为小孔状腐蚀坑或孔洞，这种现象称为物点腐蚀（Pitting Corrosion），简称为点蚀或孔蚀。一般说来，抗点

图 4.39　304 不锈钢在温度为 140℃、浓度为 46% 的 NaOH 溶液中的腐蚀疲劳裂纹

蚀性能好的材料，其腐蚀疲劳强度也较高；对应力腐蚀敏感的材料，其腐蚀疲劳强度也较低。钢中的夹杂物，尤其是硫化锰（MnS），往往是孔蚀的发源地，对腐蚀疲劳裂纹形成的影响很大。合金的成分和组织对腐蚀疲劳的影响远不及其对应力腐蚀和氢脆的影响明显。研

究表明：增加钢中马氏体的碳含量，会提高在 3.5%（体积分数）NaCl 水溶液中的腐蚀疲劳裂纹扩展速率。高温回火组织要比低、中温回火组织具有较低的腐蚀疲劳裂纹扩展速率。表 4.2 列举了 10 种典型结构材料在空气、水和 3%（体积分数）NaCl 水溶液中的疲劳强度对比。合理设计和改进制造工艺是控制腐蚀疲劳的重要方面，如：采取消除内应力的热处理，或采取喷丸处理使零件表层处于压应力状态等措施，可避免造成高度应力集中和缝隙腐蚀的几何构形，均可有效地抑制腐蚀疲劳破坏。

表 4.2　10 种典型结构材料的疲劳强度对比

材料	5×10^2 次的疲劳强度/MPa			疲劳强度比值（相对于空气）	
	空气	水	3%（体积分数）NaCl 水溶液	水	3%（体积分数）NaCl 水溶液
低碳钢	250	140	55	0.56	0.22
钢 $[w(\mathrm{Ni})=3.5\%]$	340	155	110	0.46	0.32
钢 $[w(\mathrm{Cr})=1.5\%]$	385	250	140	0.65	0.36
钢 $[w(\mathrm{C})=0.5\%]$	370	—	40	—	0.11
18-8 奥氏体不锈钢	385	355	250	0.92	0.65
Al-Cu 合金 $[w(\mathrm{Cu})=4.5\%]$	145	70	55	0.48	0.38
蒙乃尔合金	250	185	185	0.74	0.74
青铜 $[w(\mathrm{Al})=7.5\%]$	230	170	155	0.74	67
Al-Mg 合金 $[w(\mathrm{Mg})=8\%]$	140	—	30	—	0.21
镍	340	200	160	0.59	0.47

对工作介质进行处理和对结构进行电化学防护也是控制腐蚀疲劳的有效措施。工作介质的处理主要用于封闭系统。例如：去除水溶液中的氧，添加铬酸盐或乳化油可延长钢材的腐蚀疲劳寿命，但应注意对环境保护造成的影响。阴极防护常用于海洋环境金属结构的腐蚀疲劳控制，可取得良好效果；但它不宜用于酸性介质以及有发生氢脆破坏危险性的场合。

以上介绍的各种控制方法，各有其一定的适用范围和条件，应用时应按照具体情况慎重选择。

3. 金属腐蚀疲劳的表征

金属的腐蚀疲劳可使用 GB/T 20120.1—2006 规定的循环失效实验来表征。其原理是在侵蚀性环境条件下，金属或合金的疲劳强度的下降程度取决于环境和实验条件的状况。例如，钢在空气中观察到的明显的疲劳强度极限，在侵蚀性环境中将不再明显，如图 4.40 所示。所以实验的结果是基于部件允许寿命的假设，在逐步减小的交变应力下，使用不同的应力循环次数，使暴露在腐蚀性或其他化学活性环境中的试样产生疲劳裂纹并扩展到足够大，引起失效。目的是由 S-N 曲线确定 N 次循环时疲劳强度 S_N 或疲劳寿命很大时的疲劳强度极限值。本实验是用来确定在相对循环次数多的应力作用下，环境、

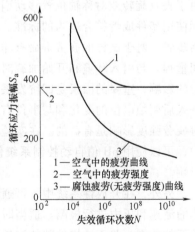

图 4.40　钢的疲劳和腐蚀疲劳 S-N 曲线对比

1—空气中的疲劳曲线
2—空气中的疲劳强度
3—腐蚀疲劳（无疲劳强度）曲线

161

材料、几何形状、表面状况，以及应力等对金属或合金的抗腐蚀疲劳性能的影响。具体程序如下：

对于实验试样，试样可以为圆形、矩形、环形等其他形状。但应减少试样实验段的横截面积以防止装夹端失效。具体的，在腐蚀疲劳实验中常使用两种圆形横截面的试样：

1）工作段与装夹端存在相切的倒角。该类试样适用于轴向加载的实验。

2）装夹端之间有连续半径相连，在中心有最小半径的试样。该类型试样适用于旋转弯曲实验。

上述圆柱形试样的最小横截面直径首选 $\phi 5mm$。此外，针对平直薄板或厚板试样，同样存在上述两种常用的类型。

准备好试样后，需要考虑影响实验时疲劳性能的若干因素，具体如下：

（1）试样尺寸影响　由于残余应力分布、表面积变化等原因，试样尺寸的增大往往会带来疲劳强度的下降，所以往往无法直接从小试样的实验中预测大构件的疲劳性能。

（2）表面粗糙度影响　试样表面越光滑，疲劳寿命越高。因此，除非需要观察试样原始表面的腐蚀能力，否则建议对试样表面进行打磨抛光处理。打磨抛光应与施加应力方向相同。

（3）表面残余应力　表面压应力通常会提高试样的疲劳强度，通过表面喷丸处理可以引入表面压应力，从而改善疲劳性能。因此，除非要模拟存在较大表面参与应力的使用条件，其他情况下均应有意使表面残余应力减小或者保持压应力状态。

（4）环境因素　由于金属环境交互作用的特征，腐蚀疲劳失效实验必须在能密切控制环境的情况下进行。重要的环境因素包括电极电位、温度、溶液成分、pH 值、溶解气体的浓度、流速和压力等。对于气体环境来说，最重要的就是气体的纯度；装置：疲劳试验机应该符合使用要求，保证施加的载荷是轴对称的。其次，环境箱应把试样的工作段完全密封。尽量将试样的装夹部分放在溶液环境之外，以阻止电池效应和缝隙腐蚀。对于环境箱的材料，选用非金属材料时，要保证其在使用环境下是不活泼的。使用金属箱时，应当与试样绝缘防止电池效应。对于气体环境中的实验，首选全金属箱。

实验步骤：试样（脱脂并小心处理）应该固定在所需环境的环境箱试样夹具上，降低由于夹具旋转或对称轴位置移动引起的不对称。用分析纯药品配置的实验环境，应该代表实际使用条件或者符合适当的标准。此外，与引入环境和开始加载时的相对时间量程相关的初始步骤，对于试样的疲劳寿命有非常重要的影响。重要的因素是凹坑发展和氢进入金属的时间量程。与引入环境和开始加载时的相对时间量程相关的初始步骤，对于疲劳寿命有非常重要的影响，重要的因素是凹坑发展和氢进入金属的时间量程。共同的腐蚀瞬时效果有：开始浸入后腐蚀电位的变化和与事件有关的腐蚀产物的生长。考虑到这些因素，评价预暴露时间对疲劳强度影响是有益的。在实验期间对环境应该依据要求进行检测和控制。在无缓冲体系中，可以使用 pH 值自动控制系统使 pH 值保持恒定。否则需要评定 pH 值变化对裂纹生长的影响。

另外，在开放性系统中，可通过溶液中气体冒泡进行充气。在封闭性系统中，必须对气体的流速和压力进行检测。适当时，应该控制系统的压力。实验中的流速应该模拟在使用条件下的范围。关于试样外部的溶液流动取向是非常重要的。注意旋转弯曲实验本质上就是旋转电动机系统，这会创造其自己的局部流体动力学。强烈推荐使用合适的参比电极来测量电极电位，可在测量时减小电位降误差。

通常通过一系列实验来确定疲劳强度，这一系列实验是在逐渐降低应力水平下进行的，直到某一应力振幅在实验期间不会引起任何失效为止。可在变化的平均应力下进行补偿实验。

金属的腐蚀疲劳除可用 GB/T 20120.1—2006 规定的循环失效试验来表征外，还可以通过 GB/T 20120.2—2006 规定的裂纹扩展试验进行表征。其原理是通过循环加载在缺口试样上引起疲劳预裂纹，随着裂纹扩展，调节加载条件直到 ΔK（应力场强度因子范围）和 R 值（应力比）合适于随后测量的 ΔK_{th} 值（临界应力场强度范围因子）或裂纹扩展速率，并且裂纹充分生长使得缺口对它的影响可以忽略，最终可获得裂纹长度、腐蚀疲劳裂纹扩展速率与应力强度因子范围的函数。

思 考 题

1. 高周疲劳和低周疲劳的定义是什么？疲劳裂纹扩展速率如何测定？
2. 蠕变、应力松弛和高温疲劳的定义是什么？蠕变性能的表征参数有哪些，并分别说明其意义。
3. 阐述高温疲劳的一般规律。
4. 磨损实验的类型有哪些？材料的耐磨性能如何评价？
5. 简述黏着磨损、磨料磨损和腐蚀磨损的定义及分类。
6. 接触疲劳的定义是什么？提高接触疲劳抗力的途径有哪些？
7. 应力腐蚀开裂的机理是什么？如何控制？
8. 简要阐述氢脆的表征参数和表征方法。
9. 金属腐蚀疲劳的表征方法是什么？

第5章
材料服役行为评价案例

5.1 应力腐蚀及其服役性能评价案例

5.1.1 油气田开采设备的应力腐蚀概述

在石油天然气开发过程中，通常会产生大量的伴生介质，其中 CO_2 和 H_2S 是最常见和危害严重的两种腐蚀介质，可以对油气开采设备造成严重的腐蚀破坏，尤其是由此产生的应力腐蚀现象已成为制约油气田开发的一个重要因素。

油气设备的应力腐蚀裂纹往往起源于局部的腐蚀缺陷。研究显示，这些裂纹可以从含氯溶液中的凹坑起始点发展，并已开发出模型来预估裂纹平均扩展速度与凹坑至裂纹转变的比例关系。研究还发现，应力腐蚀裂纹最有可能在凹坑的边缘形成，并可能沿坑壁扩展和融合，最终形成完全穿透的裂纹。通过有限元分析，研究人员发现在极低弹性载荷下，应力腐蚀开裂与点蚀的早期阶段有关，应力和应变的集中常见于凹坑的边缘。此外，施加的应力能够增加钝化膜中的活性点浓度，提高材料对局部腐蚀的敏感性。不均匀分布的弹性应力可能导致电偶腐蚀，促进局部腐蚀的发生。例如，有研究表明，在循环应力下，当应力峰值超过屈服强度时，会显著加剧304不锈钢石油管材的点蚀现象。

最具工程代表性的是，钻井管柱常通过螺纹连接在油气开采中使用的卡箍上。然而，管柱内的腐蚀性介质可能会进入连接螺纹之间的缝隙，从而导致缝隙腐蚀。同时，螺纹承受着管柱重量产生的巨大应力，这极大增加了管柱的应力腐蚀开裂的风险。缝隙和应力共存状态下导致的管柱和卡箍螺纹之间的严重腐蚀宏观形貌如图5.1所示。

1. CO_2 的来源及腐蚀特征

油管内壁的腐蚀穿孔或接头不牢均会导致管内的 CO_2 高压向环空中的刺漏，进而对石油管材产生电化学腐蚀。一般认为腐蚀的过程为：CO_2 气体溶于水生成碳酸→碳酸电离降低介质 pH 值→管材发生电化学腐蚀并生成 $FeCO_3$ 等典型的腐蚀产物。CO_2 主要导致电化学腐蚀和应力腐蚀的协同作用，从而引起材料的局部点蚀、穿孔和裂纹扩展，特别是在存在有机

a)　　　　　　　　　b)　　　　　　　　　c)　　　　　　　　　d)

图 5.1　缝隙和应力共存状态下导致的管柱和卡箍螺纹之间的严重腐蚀宏观形貌

a) 联轴器腐蚀　b) 腐蚀槽　c) 腐蚀穿孔　d) 扩展

酸（如乙酸）的环境中，这种现象更严重。通过人工制造的凹坑，Amri 等研究者探讨了乙酸对碳素钢点蚀的影响，并发现点蚀是由凹坑内部电极与外部溶液之间的电化学反应所致，这种反应导致凹坑内部乙酸和 H_2CO_3 的浓度降低。

　　具体来说，应力腐蚀案例中 CO_2 引起的石油套管等部件的腐蚀主要可以分为两种类型：均匀腐蚀和局部腐蚀。均匀腐蚀会导致油管壁的厚度减小和强度下降，可能会引发井筒事故。而局部腐蚀，作为一种非常危险的腐蚀形式，可以在很短的时间内造成金属表面的局部缺陷，经常导致油管穿孔和断裂，这是管道失效的主要方式。局部腐蚀具体还包括点蚀、台面腐蚀和流动诱导的局部腐蚀三种类型。多数研究者认为，CO_2 腐蚀是因为钢铁材料表面形成的腐蚀产物碳酸盐（$FeCO_3$）和结垢产物（$CaCO_3$）膜在不同区域的覆盖不均匀，从而在这些区域之间形成了自催化效应的电偶腐蚀，这加速了钢铁的局部腐蚀过程。在油气田中观察到的腐蚀破坏，主要是由腐蚀产物膜局部破损引起的台面腐蚀或环状腐蚀导致的蚀坑和蚀孔，这种局部腐蚀形成了"大阴极-小阳极"的腐蚀模式，穿孔速度通常较快，造成的危害非常严重。另外，研究者还发现，乙酸的存在的确会阻碍保护性腐蚀产物的形成，从而进一步促进局部腐蚀的发生。

　　影响钢材 CO_2 腐蚀的主要因素包括温度、CO_2 分压、pH 值、介质成分、流动速度、腐蚀产物膜的状况、管材的类型，以及力学特性等。在这些因素中，温度对 CO_2 腐蚀的影响尤为显著且复杂，具体表现在三个方面：首先，温度的变化会影响气体在介质中的溶解度，温度上升通常导致溶解度下降，这可能会抑制腐蚀过程；其次，温度的升高会加快化学反应的速率，从而促进腐蚀的发生；最后，温度的变化还会影响腐蚀产物膜的生成机制，这种膜可能抑制腐蚀，也可能加剧腐蚀，这取决于其他相关条件。在一定温度范围内，随着温度的升高，碳素钢在含 CO_2 水溶液中的腐蚀速率会增大，但当温度达到一定程度时，碳素钢表面会形成一层致密且稳定的 $FeCO_3$ 腐蚀产物膜，这层膜能够减缓腐蚀过程，使得碳素钢的腐蚀速率随着温度的进一步升高而逐渐减小。CO_2 分压对碳素钢和低合金钢的腐蚀速率同样具有显著影响。在温度低于 60℃ 的情况下，裸露的钢表面会生成一层具有保护性的腐蚀产物膜，此时腐蚀速率可以通过 Ward 等人提出的经验公式来描述，即随着 CO_2 分压的增加，钢的腐蚀速率也会相应提高。这是因为 CO_2 的腐蚀过程伴随着氢的去极化反应，而溶液中的水合氢离子和碳酸分解产生的氢离子都会影响这一反应。当 CO_2 分压升高时，溶液中的碳酸浓度增加，导致分解出的离子数量增多，从而加速了腐蚀过程。

2. H_2S 的来源及腐蚀机理特征

　　在油套环空中，由于它是静止且密封的，液面以下的区域会形成缺氧环境。在适宜的温度下，这种环境会增强厌氧菌的活性，它们将环空中的保护液或从地层渗入的水中的硫酸盐转化为 H_2S。此外，井底的 H_2S 也可能通过套管或封隔器的泄漏进入环空，导致 H_2S 浓度不断上升。金属在干燥的 H_2S 气体中不会发生腐蚀，只有在 H_2S 水溶液或水膜中才会出现腐蚀或裂纹。通常认为，水中的 H_2S 会逐渐电离出氢离子，使水溶液呈酸性，金属在这种酸性溶液中会失去电子，发生电化学腐蚀，其代表性的腐蚀产物是 FeS。

在湿性 H_2S 环境中，金属的腐蚀和断裂是应力腐蚀研究的一个重点领域，许多研究者已经在这方面做了大量的工作。在湿性 H_2S 环境下，材料不仅会发生均匀腐蚀，还可能遇到氢致开裂（Hydrogen Induced Cracking，HIC）、点蚀、氢脆和硫化物应力腐蚀开裂（SS-CC）等问题，特别是在我国四川、长庆等地区，这些问题更为严重和复杂。在这些腐蚀形式中，硫化物应力腐蚀开裂和氢致开裂是最主要的破坏方式，它们之间存在联系但也有所区别：硫化物应力腐蚀开裂需要满足应力腐蚀的三个关键条件，即材料的敏感性、特定的介质环境及拉伸应力，而氢致开裂则不一定需要同时满足这些条件。这两种开裂机制之间没有严格的界限，可能是氢致开裂机制，也可能是阳极溶解促进型的硫化物应力腐蚀开裂机制，或者是这两种机制的混合。

3. CO_2/H_2S 的共存体系下的腐蚀特征

随着全球对石油天然气资源的积极开发，以及许多富含 CO_2/H_2S 的油气田的发现，国际和国内对碳素钢和合金钢在 CO_2/H_2S 共同作用下的腐蚀行为和防护技术进行了广泛的研究，并取得了一系列重要成果。研究指出，在 CO_2/H_2S 共同存在的环境中，这两种气体的腐蚀作用既有竞争也有协同效应。当 H_2S 含量较低时，CO_2 的腐蚀作用占主导，H_2S 能够在很大程度上促进腐蚀过程；随着 H_2S 含量的增加，腐蚀转变为以 H_2S 为主导，局部腐蚀开始出现；而当 H_2S 含量继续增加时，局部腐蚀反而会受到抑制。Pots 等人通过研究认为，CO_2/H_2S 共存条件下的腐蚀状态取决于 CO_2/H_2S 的分压比，并将这一腐蚀过程分为三个区域：当 $p_{CO_2}/p_{H_2S}>500$ 时，CO_2 控制整个腐蚀过程，主要腐蚀产物为 $FeCO_3$；当 $20<p_{CO_2}/p_{H_2S}<500$ 时，CO_2 和 H_2S 共同控制腐蚀，腐蚀产物包括 FeS 和 $FeCO_3$；当 $p_{CO_2}/p_{H_2S}<20$ 时，H_2S 控制腐蚀过程，主要腐蚀产物为 FeS。冯星安等人在对四川罗家寨气田高含 CO_2/H_2S 条件下的腐蚀进行分析后认为，该气田的腐蚀以 CO_2 为主导，而 H_2S 是一个重要的腐蚀影响因素。研究还表明，H_2S 对钢铁的腐蚀具有双重作用：一方面，它可以加速钢铁的腐蚀过程；另一方面，电极表面形成的 FeS 保护膜可以抑制腐蚀的进一步发展，这种保护膜的结构和组成与 H_2S 浓度、溶液的 pH 值以及浸泡时间密切相关。

5.1.2 应力腐蚀案例

油气管材、接箍、套管等关键部件的应力腐蚀事故非常普遍，油气管材在酸性环境下腐蚀失效的占比高达 73.8%，其中应力腐蚀失效占比高达 41.6%，由 CO_2、H_2S 及两者耦合作用下的应力腐蚀失效案例已有多起报道。

1. CO_2 应力腐蚀开裂的典型案例

本案例涉及的是中国海洋石油总公司旗下某油田的油管柱因 CO_2 应力腐蚀而导致的失效。失效油管是在 2019 年 3 月安装至井内的，2023 年 5 月在进行打捞作业时，发现中心管遭受了严重的腐蚀并形成穿孔。图 5.2 所示为油管宏观形貌及腐蚀失效分析。在油管下端的外表面，可以观察到呈"麻点状"的小型腐蚀凹坑密集分布，形成一片，这表明该区域的腐蚀是外部环境引起的；同时，在管体外侧的一侧表面发现了沿管轴延伸的细长孔洞，这些孔洞的长度最长达 8cm，并且孔洞周围的表面较为光滑，据此可以判断这些穿孔是由内部腐蚀所致。

在提取油管壁的产物时，从内壁的表层到深层进行了取样，证实内壁表层的腐蚀产物主要由 $FeCO_3$、Fe_3O_4、$CaCO_3$ 及钙镁盐等组成，而深层则主要由二氧化硅构成。由于没有观察到 $FeCO_3$ 结垢的倾向，可以推断 $FeCO_3$ 是腐蚀过程中产生的，且与 CO_2

图 5.2 油管失效分析

腐蚀有关。至于 Fe_3O_4 的形成，有两种可能的原因：一是油管长时间暴露在空气中，管壁表面的 Fe^{2+} 与氧气反应，氧化成 Fe^{3+}，形成了 Fe_3O_4 并附着在管壁上；另一种可能是 $FeCO_3$ 在一定温度和压力条件下分解产生了 Fe_3O_4。

在防沙段的位置，失效的中心管段内部积聚了大量的泥沙，这些泥沙几乎填满了整根油管。随着采出液的流动，携带的泥沙不断地冲刷着管壁，导致管柱壁的厚度逐渐减小。此外，管柱表面的产物膜也被这种动态流动破坏，使得管柱的基体暴露在外。在管柱内部存在酸性气体 CO_2 的环境中，基体材料遭受了 CO_2 腐蚀的作用，进一步加剧了管壁的减薄，并最终在自重拉应力下导致了穿孔和断裂失效。

2. H_2S 应力腐蚀开裂的典型案例

（1）案例 1—油管　2008 年 8 月，某油田使用规格为 $\phi73mm\times5.51mm$ 的 90S 钢的抗硫油管下井，由接箍螺纹连接的油管共下 423 根，总深 4230m，从井口到井底的温度按 2℃/100m 的规律递增分布。2009 年 12 月，距井口的第二根油管发生断裂，断裂处距上接端 2.78m，估算服役时长约为 439 天。图 5.3a 所示为断裂油管的宏观形貌，其中油管断面的 1/3 为平段口，其余呈 45°斜断口，经过大气腐蚀，断口内外表面均锈蚀严重。在断裂油管上取样进行金相检验，如图 5.3b 所示。断裂油管的显微组织为带有一定位向的回火索氏体，其内表面腐蚀形貌如图 5.3c 所示，可以看出，腐蚀已向油管的基体扩展。此外，在油管的内、外壁上均发现了大量的腐蚀坑，且在油管内壁的腐蚀坑底发现了扩展裂纹。这是由于油管在使用过程中受到了均匀和局部腐蚀，使得油管的有效横截面减小，加载在油管上的应力增加，从而在局部腐蚀的坑底部位产生微裂纹。坑底裂纹随着时间的推移，在拉应力的作用下逐步扩展，最终将导致油管发生断裂失效。

对断裂油管的腐蚀产物进行 XRD 物相和 EDS 成分分析，如图 5.3d 和图 5.3e 所示，结果显示，腐蚀产物中含有硫化物，但未发现常见的 CO_2 腐蚀产物（$FeCO_3$），而对该井产出液的检测中却发现有 CO_2 存在。油管腐蚀产物中未检测到 $FeCO_3$ 的原因可能是：在 $p_{H_2S}>$ 70Pa 时（井压 0.28～0.51MPa），以 H_2S 腐蚀占主导作用；在 $p_{CO_2}/p_{H_2S}<200$ 时（井压 3.04～3.23MPa），H_2S 的存在一般会使材料表面优先生成一层 FeS 膜，此膜的形成会阻碍具有良好保护性 $FeCO_3$ 膜的生成，当温度低于 60℃ 或高于 240℃ 时，FeS 膜变得不稳定且多孔，从而会使材料发生局部腐蚀。

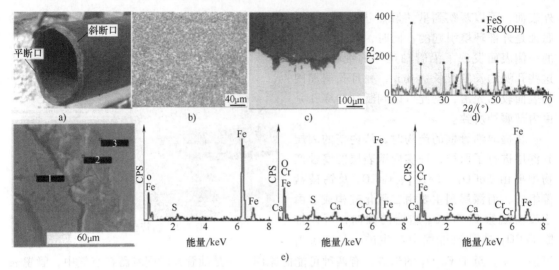

图 5.3　90S 钢级抗硫油管失效分析

a）油管断口宏观形貌　b）断裂油管的显微组织　c）断裂油管的内表面腐蚀形貌

d）腐蚀产物的 XRD 谱　e）腐蚀产物的能谱分析位置及结果

（2）案例 2—接箍（一）　哈萨克斯坦肯基亚克某油井 2004 年 8 月 1 日投产，油井温度梯度为（2.5~3）℃/100m。2006 年 8 月修井作业时发现第 158 根油管断裂，如图 5.4a 所示，在 700~1000m 井深处油管腐蚀十分严重。8 根油管接箍腐蚀穿孔，29 根油管接箍腐蚀变薄变形，其他油管接箍外表面有不同程度的点蚀坑。对腐蚀产物进行分析发现，腐蚀油管内壁覆盖物中的物质主要是 $BaSO_4$ 和 $BaFeO_3$；接箍腐蚀产物中 S 含量大幅度提高，约有 22%（质量分数，余同）的 FeS；而从接箍腐蚀坑刮取的覆盖物的物相中 FeS 约占 60%；更

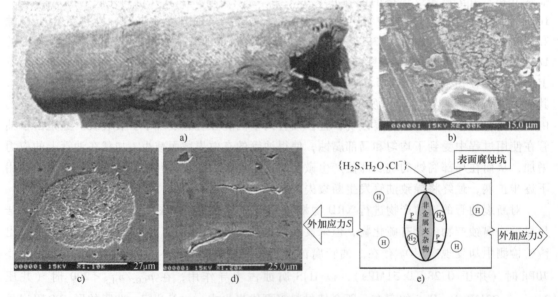

图 5.4　哈萨克斯坦肯基亚克某油田抗硫油管失效分析（一）

a）油管接箍表面腐蚀穿孔形貌　b）腐蚀坑底裂纹形貌　c）接箍腐蚀坑附近横截面孔洞微观形貌

d）接箍腐蚀坑附近横截面微裂纹形貌　e）接箍外壁腐蚀机理图解

深入基体附件的腐蚀坑底部的黑色腐蚀产物则100%是FeS。

接箍外壁腐蚀坑覆盖层有龟裂形貌，刮去腐蚀坑覆盖层后发现微裂纹具有垂直于外加应力方向的表面层状排列特征，如图5.4b所示。氢已经进入接箍材料内的"陷阱"，围绕非金属夹杂在腐蚀坑底部形成了不规则的孔洞和微裂纹，如图5.4c所示，孔洞具有氢气泡积聚形成的空穴特征，微裂纹具有氢在晶界积聚形成的三角形空穴裂纹特征，主要呈沿晶界扩展（图5.4d）。经分析，油管接箍外壁腐蚀是由于环境H_2S腐蚀损伤引起的，包括环境剥蚀和内部氢致开裂；断裂是由应力导致氢致开裂所致。

（3）案例3—接箍（二）　某油田注水井选用ϕ73.02mm×5.51mm规格的P110钢级加厚油管进行注水作业时，因不能有效注水而起出油管。在提升油管过程中，发现第8根至20根（距井口86～200m直井段）范围内的13根加厚油管的接箍出现纵向贯穿开裂，开裂形貌如图5.5a所示。从图5.5b可见，裂纹已贯穿了接箍部位的管壁，接箍表面存在钳印，开裂处内外表面无异常磨损。接箍上的裂纹表面比较平整，为典型脆性断裂特征。裂纹起始于外表面，并向内壁及两侧呈放射性扩展。接箍内部均有轻微的局部腐蚀，断口被一层黄灰色腐蚀产物覆盖，可见明显的裂纹源、扩展区及最终瞬断区。贯穿裂纹附近横截面上发现微裂纹，其形貌如图5.5c所示，裂纹呈分支状扩展，符合硫化物应力开裂裂纹特征。

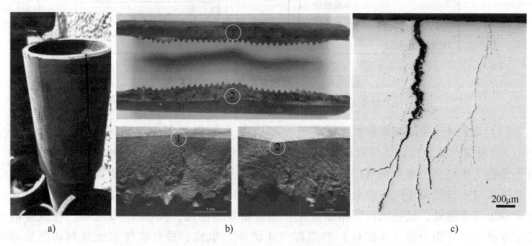

图5.5　哈萨克斯坦肯基亚克某油田抗硫油管失效分析（二）

a）油管接箍纵向开裂形貌　b）开裂接箍裂纹表面形貌　c）开裂接箍微裂纹形貌

对腐蚀产物进行分析发现，产物中含有10%～20%（质量分数，余同）的FeS，证实了P110钢级油管接箍失效是硫化物应力腐蚀所引起的脆性开裂，具体过程如图5.6所示。首先，氢离子与管材反应，获得电子生成氢原子吸附在材料的表面，由于氢原子本身的活性较高，钢表面形成的氢原子复合成氢分子。然而，由于硫化氢或硫氢根离子等毒化剂的存在，氢原子到氢分子的复合过程会受到阻碍，因此，钢表面会出现较高浓度的氢原子聚集。由于钢表面的氢原子浓度高于钢内部的氢原子浓度，氢原子会在浓度梯度的作用下通过物理吸附和化学吸附进入钢材的内部，且在扩散过程中氢原子会被氢陷阱所捕获，并在可逆氢陷阱（内部晶格间隙）或不可逆氢陷阱（位错、晶界、夹杂物等）处聚集合成氢分子。接箍外表面在下井上扣过程中存在大钳夹痕，夹痕处形成应力集中，氢会在应力梯度的作用下扩散到该应力集中处并进行富集，形成微裂纹。一方面富集的氢原子会在裂纹尖端复合成氢分子，随着更多氢原子的扩散和富集，裂纹尖端的氢压越来越大；另一方面，氢原子扩散到裂纹尖端后，会降低裂纹处钢材新鲜表面的表面能。根据以上分析可知，富集到裂纹尖端的氢原子会促进裂纹的扩展，最终导致油管接箍的开裂。

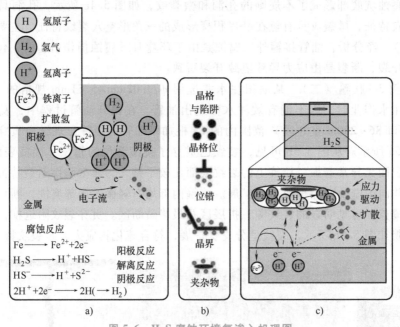

图 5.6 H₂S 腐蚀环境氢渗入机理图

a）氢渗入机理图 b）氢陷阱 c）钢内部氢扩散及聚集

（4）案例 4—柴油加氢装置 该案例为 2018 年 5 月 18 日某柴油加氢装置高压空冷器 A-801 应力腐蚀泄漏事故，该装置正常预硫化工作时 H₂S 浓度较高，最高时达到 20000mg/m³，由于预硫化期间会生成大量水，因此工况为典型的湿性 H₂S 工况。该装置的泄漏位置在空冷器进口与出口管箱中间空隙处（图 5.7a），有 5 片空冷器共 30 个管接头发生泄漏，均在空冷器出口管箱处，且在出口管箱靠翅片管侧有微量水渗出，如图 5.7b 所示。在发生泄漏的空冷器出口管箱中部（A 试样）和端部（B 试样）取样，并且将管箱螺塞侧切除后进行磁粉检测，结果显示：A 试样上 24 个管接头角焊缝上均有裂纹，B 试样上 11 个管接头角焊缝中 10 个有裂纹；裂纹既有径向，又有环向；径向裂纹基本从角焊缝上开裂并扩展，止于管板侧热影响区，环向裂纹位于管接头管板侧的焊缝热影响区。该空冷器前期预硫化工作时，A、B 试样分别仅有 5 个和 4 个管接头发生泄漏（如图 5.7c 中黑圈所示），这说明该空冷器管接头在使用中已存在大量没有整体贯穿的裂纹。

将图 5.7c 中 B 试样上的 X2 管接头沿管子轴向剖开，发现管接头两侧管板熔合线上均有裂纹。裂纹自管板侧焊缝表面热影响区粗晶区或熔合线开裂，扩展至热影响区细晶区终止。裂纹主要以穿晶扩展为主，如图 5.8a 所示。在试样 A 的 M1 管接头上选取一径向裂纹，将其剖开，断口的宏观形貌如图 5.8b 所示。裂纹断口颜色呈咖啡或褐色，人工剖开断口的颜色为白色；断口较平，某些部位略有折皱；断口表面有腐蚀产物覆盖，具有脆性开裂特征。扫描电镜下对清洗后的断口的微观形貌进行观察，如图 5.8c 所示，裂纹断口微观形貌以解理开裂为主（见图中"1"），人工剖开处则为韧窝形貌（见图中"11"）。

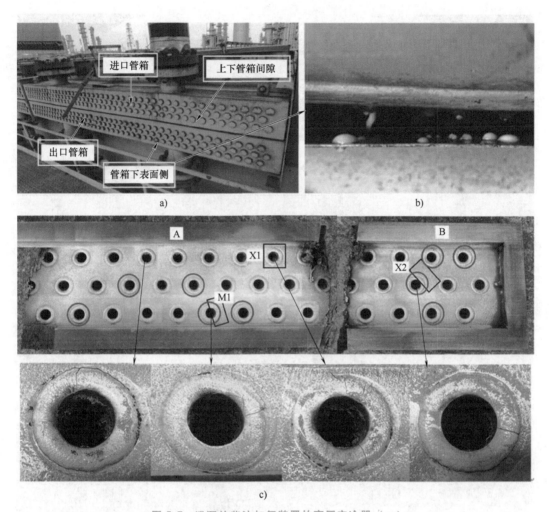

图 5.7　泄漏的柴油加氢装置的高压空冷器（一）

a）高压空冷器进出管箱　b）管箱靠翅片管侧泄漏　c）管箱宏观形貌与管接头裂纹

对 M1 管接头断口上的腐蚀产物进行能谱分析发现，断口表面主要腐蚀性元素为 O 和 S，其中 S 元素含量最高，为 35.76%（质量分数）。对 X2 管接头管板侧热影响区上裂纹缝隙内的腐蚀产物进行能谱分析发现，其主要腐蚀性元素也为 O 和 S，其中 S 元素含量最高，为 30.34%（质量分数）。开裂的管接头角焊缝金属和管板侧热影响区硬度偏高，其金相组织中存在马氏体组织，断口微观形貌主要呈解理特征。能谱分析结果显示，断口表面和裂纹缝隙内有较高含量的 S 元素，呈现典型的硫化物应力腐蚀开裂特征，因此确定高压空冷器管接头泄漏为湿性 H_2S 工况下的应力腐蚀开裂，而空冷器管接头焊缝和管板侧热影响区硬度超标是导致管接头发生湿硫化氢应力腐蚀开裂的主要原因。尤其是在预硫化工作状态的高浓度 H_2S 工况下，应力腐蚀开裂更易发生。

3. H_2S/CO_2 耦合作用应力腐蚀开裂的典型案例

塔河油田地处西北，井下环境较为恶劣，套管要在 CO_2、高 H_2S 耦合的复杂工况下服役。本案例研究了塔河油田某油井管件的应力腐蚀失效原因。该井管件使用材料为 P110 钢，服役阶段 H_2S 平均含量为 12.27mg/m³（分压为 0.15~0.26 kPa）；CO_2 平均含量 4.08%

图 5.8 泄漏的柴油加氢装置的高压空冷器（二）

a）高压空冷器进出管箱　b）管箱靠翅片管侧泄漏　c）管箱宏观形貌与管接头裂纹

（分压为 0.76 ~ 1.31MPa）；注气阶段氧含量为 0.7% ~ 2.5%，水质矿化度较高，管材处于 CO_2/H_2S/高矿化度耦合的复杂工况下。

图 5.9a、b 展示了失效油管断裂处的宏观形态和断口的微观形貌。观察发现，断口整体上相对平滑，这与脆性断裂的特点相吻合。在微观尺度上，管材的腐蚀形貌呈现出不平整的状态，这表明腐蚀速率不一致，存在局部腐蚀现象。综合分析管材失效区域的拉应力状态及其服役环境，可以推断管材是由应力腐蚀引起的脆性断裂。

对失效区域内的腐蚀产物进行了成分和物相组成的分析，分析结果如图 5.9c、d 所示。分析发现，失效区域的腐蚀产物主要由 S、O、Cl、Ca、C 和 Fe 元素构成，形成的化合物包括 $FeCO_3$、FeS、$CaCO_3$ 和 Fe_2O_3。这表明，管材在服役环境中遭遇了 CO_2、H_2S 以及表面结垢层下腐蚀共同作用下的复合型局部腐蚀。由于腐蚀环境中矿物质含量较高，形成的垢层会附着在管壁上，而未附着区域和附着区域之间的电位差异会引起电偶腐蚀。在 FeS 或 $FeCO_3$

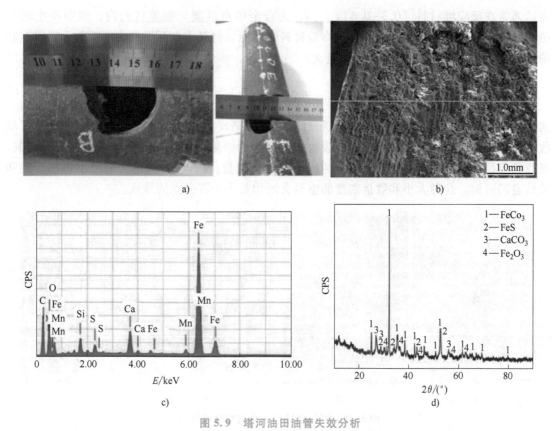

图 5.9 塔河油田油管失效分析

a) 失效油管的宏观形貌 b) 断口处的显微形貌 c) 失效区域附近的 EDS 成分分析 (内壁取样点成分构成)
d) 失效区域腐蚀产物的 XRD 衍射结果

的沉积过程中，流体的冲刷作用会影响腐蚀产物膜的均匀性，导致局部区域腐蚀加速，从而诱发点蚀。环境中高含量的氯离子 (Cl^-) 会促进点蚀的进一步发展。酸性环境和水解反应产生的氢离子 (H^+) 会渗透到点蚀区域，与金属元素反应形成脆性的氢化物，降低了腐蚀前端裂纹的塑性。此外，由于管材在镦粗区域的应力梯度变化较大，工作状态下在镦粗处会产生显著的应力集中，这会促进裂纹的扩展。最终，管材在应力腐蚀和局部腐蚀的共同作用下断裂失效。

5.2 核用材料服役性能评价案例

5.2.1 核用材料服役性能概述

反应堆所用材料长期服役性能下降甚至失效是关乎核安全的关键因素。核用材料在反应堆高温、辐照、载荷及腐蚀性环境下长期服役，可能发生复杂的性能和结构的改变，主要包括：辐照肿胀及蠕变、辐照脆化、辐照诱导偏聚和析出等。

1. 辐照肿胀及蠕变

（1）辐照肿胀及生长 辐照肿胀的产生主要是由辐照产生的空洞引起的，其次还有氦泡。通常在反应堆材料（0.3~0.6）T_m（T_m 为合金熔点温度）温度区间内，辐照产生的空位和空洞会导致材料发生体积肿胀，降低材料的性能。材料中空洞形成的驱动力是辐照引起的过饱和空位，驱动力由式（5.1）定义：

$$S_v = \frac{C_v}{C_v^0} \qquad (5.1)$$

式中，C_v^0 为空位的热平衡浓度。在辐照过程中，缺陷反应形成缺陷团簇，团簇要么通过吸收相同类型的缺陷而长大，要么通过吸收相反类型的缺陷而收缩。要使一组缺陷成为空洞，吸收的空位型缺陷数量必须多于吸收的间隙型缺陷数量。图 5.10 所示为辐照不锈钢、铝和镁的空洞示例。这种大小和数量密度的空洞会增加数十个百分点的肿胀。

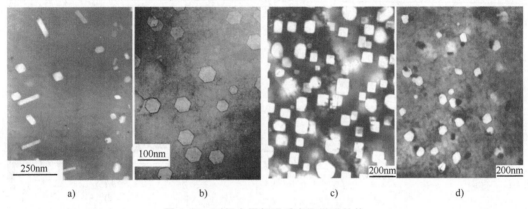

图 5.10　不同金属辐照后空洞微观结构
a）不锈钢　b）铝　c）、d）镁

辐照生长指在辐照环境中，材料在没有施加应力的情况下保持体积恒定的尺寸变化。在许多材料中都观察到了辐照生长现象，如在铀合金、锆合金和石墨材料中的辐照生长现象与机理受到了广泛关注。

辐照生长是最早在铀合金中发现的一种现象。研究发现，金属铀会在中子辐照下发生明显的尺寸变化，一个方向伸长，一个方向收缩。Buckley 基于特定晶面上的缺陷优先聚集提出了一个铀辐照生长的机制模型，如图 5.11 所示。Buckley 模型提出铀的辐照生长依赖于金

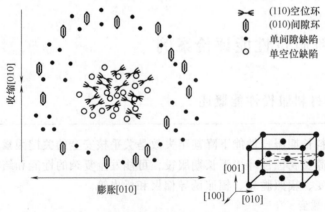

图 5.11　金属铀辐照生长的 Buckley 模型

属轴线胀系数的各向异性及级联碰撞热尖峰产生的应力。位错环优先在垂直于最低线胀方向上的密排晶面上聚集。辐照生长的结果是金属轴在垂直于（010）晶面的方向上生长，在垂直于（100）晶面的方向上收缩。

虽然锆的线胀系数各向异性度比轴小，但锆的辐照生长可以用类似于轴的辐照生长机制进行解释。在级联碰撞热尖峰应力的作用下，间隙位错环优先在 $\{10\bar{1}0\}$ 晶面族上形成，而空位位错环优先在（0001）面上形成。锆辐照生长位错环模型如图 5.12 所示。

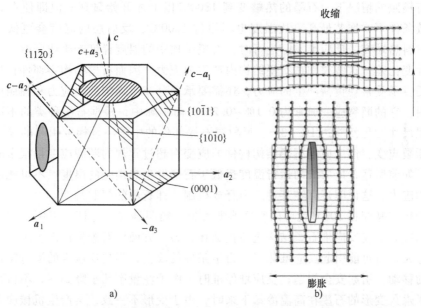

图 5.12　Zr 的晶面示意图以及 Buckley 提出的金属 Zr 辐照生长位错环模型

在石墨中，碳原子通过共价键结合形成的平行六边形基平面在较弱的范德华力作用下堆叠。在中子辐照下，碳原子从它们的平衡晶格位置被撞击到整个微观结构的间隙位置，如图 5.13 所示。随着进一步的损伤累积和空位团簇在基平面内的增长，基平面开始收缩或塌陷。由于石墨晶体的各向异性结构，被撞出的原子优先扩散至基面之间的较低能量区域中并开始积累。这些间隙原子由小团簇聚集成大团簇，最后重新排列成新的基平面，从而导致石墨晶体在 c 轴方向（垂直于基平面）膨胀，并在 a 轴方向（平行于基平面）收缩。实际情况下，在制造冷却过程中，由于应力作用在原子基面间形成的 Mrozowski 裂纹优先

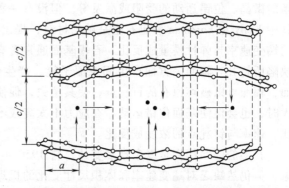

○　石墨晶格上的碳原子
●　辐照产生的间隙碳原子

图 5.13　石墨晶体的辐照损伤

175

沿 a 轴方向排列，提供了足够的空间来容纳辐照引起的 c 轴膨胀。因此，在较小的辐照剂量下，由于 c 轴膨胀被抵消，石墨在体积上由于 a 轴收缩而表现为净体积收缩。随着辐照的进

一步进行，越来越多的裂纹闭合，最终不能再抵消 c 轴的膨胀。同时微晶尺寸变化的不相容性导致平行于基面定向的新孔隙的产生，这使得石墨的体积收缩率逐渐下降并最终停止收缩开始膨胀。

（2）辐照蠕变　材料在保持应力不变的条件下，应变随时间延长而增加的现象称为蠕变。辐照能够显著增加蠕变速率，使得辐照蠕变超过由热蠕变引起的速率，或在热蠕变可以忽略不计的温度范围内诱导蠕变。辐照蠕变是由辐照诱导缺陷生成、应力产生和辐照诱导微观结构变化等引起的。

在没有辐照的情况下，石墨的热蠕变到 1800℃ 以上才开始显现。但即使在高温气冷堆的假想事故条件下，堆芯最高事故温度也不超过 1600℃，反射层的温度会更低，因此无须考虑石墨材料热蠕变。反应堆实际运行时，石墨结构中的温度梯度产生线胀差，中子注量梯度产生尺寸变化差，这些差别在石墨结构内产生内应力。因而石墨结构零部件在反应堆运行时，除了需要承受常规负荷产生的应力，还需要承受分布不均匀的热应力和辐照应力。石墨是脆性材料，它的断裂应变通常为 0.1%~0.2%。而实际中，根据石墨种类的不同，仅辐照引起的石墨尺寸变化就能达 1%~3%。反射层石墨部件的中子注量梯度引起的尺寸变化值远超石墨的断裂应变，但反应堆石墨结构构件的应变在超过常规的断裂应变量很多时，并没有发生破坏。如前所述，反应堆的运行温度远低于石墨发生热蠕变的温度，不可能由热蠕变消除石墨中的应力，这说明还存在某种应力释放机制，即石墨的辐照蠕变。

石墨的辐照蠕变在 300℃ 就可以明显地觉察到。辐照蠕变是一柄双刃剑，它一方面消除了石墨中的应力，使反应堆石墨结构避免被破坏；另一方面使石墨构件产生永久变形，如果永久变形过大，有可能引起反应堆热工水力学条件的改变，影响反应堆的运行特性，甚至妨碍控制棒的移动，引起安全问题；反应堆停堆时，中子注量率几乎降到零，不再存在辐照蠕变，产生了永久变形的石墨在高温冷却下来时，由于变形不一致，会产生机械应力。

石墨的辐照蠕变在较低的温度下就可以发生，历史上有多种辐照蠕变的机制被提出，如晶界滑移、微晶 c 方向的伸展受阻、点缺陷沿应力梯度方向移动、由辐照引起的内应力产生新的微晶、位错运动的受阻或激发等。但没有一种机制能很好地解释所有的实验测量结果。其中 Kelly 和 Foreman 假定石墨是单相材料，提出沿基面滑移是石墨变形的唯一机制，石墨的蠕变速率与弹性模量成反比。石墨基面通常含有较高密度的位错，位错被密度不高的晶格缺陷所钉扎。辐照一方面产生间隙原子簇，产生新的晶格缺陷，形成新的钉扎点；另一方面，辐照可以破坏原有的钉扎点，使其消失，促使位错运动。此外，当缺陷产生的应力足够大时，也会促使基面位错运动。在应力不太高或不太低的情况下，位错运动速度与应力成正比、速率与钉扎点的浓度成反比。

石墨的辐照蠕变是复杂且多变的，自 1950 年以来，研究者一直在试图解释辐照蠕变现象，但仍然缺乏对蠕变速率和体积尺寸变化的机理理解，这阻碍了在高中子剂量下准确预测石墨行为的能力。

2. 辐照脆化

辐照脆化在核工业和航空航天等具有高强度辐射环境的领域受到了广泛的关注，是一种处于辐照环境下的材料的特殊现象，其是指材料在受到中子、高能电子或其他高能粒子辐照后，其力学性能尤其是冲击韧性显著降低的现象。这种现象的发生主要是辐照导致材料微观结构发生变化造成的，长时间暴露在辐照下会使得材料内部发生大量缺陷，如空位、位错环和间隙原子等。这些缺陷阻碍了位错运动，进而引发材料宏观性能的退化，呈现出材料变脆的表现。

3. 辐照诱导偏聚和析出

为了使结构更加稳定，晶界的能量存在趋于减小的倾向，其中一种方式就是晶界与其他类型的缺陷发生相互作用。如晶界与点缺陷（杂质原子）间的相互作用，合金元素或杂质元素向晶界迁移或远离晶界，在此富集或消耗。这种金属中溶质原子和杂质原子的空间再分布就是偏聚现象。当溶质原子由于富集作用浓度超过溶解度时，新相就会经形核和长大析出，称为辐照诱导析出。

辐照诱导偏聚实际上是点缺陷作用下长程辐照诱导溶质重新分布形成的。辐照产生点缺陷和缺陷团簇，它们大致随机分布在材料中。可移动的缺陷会移动到晶体结构中的位错、晶界和其他缺陷处进行结合。由于原子运动通过缺陷移动来实现，因此，原子通量与缺陷通量相关联。任何缺陷与特定合金成分的优先关联和成分在缺陷扩散中的参与的难易程度，都决定合金元素的移动方向。

图 5.14 所示为在辐照下，驱动 50% A-50% B 二元合金成分偏聚过程的示意图。空位和间隙原子均向晶界移动，导致缺陷浓度分布的形成。对于空位（图 5.14a），空位向晶界移动的同时，相反方向上形成 A 原子与 B 原子通量。然而，如果 A 原子在空位移动中的参与度较大，而 B 原子在空位移动过程的参与度较小，则会导致晶界上 A 原子的净损失和 B 原子的净增加，形成如图 5.14c 所示的浓度梯度。对于间隙原子，它们流向晶界的通量也由 A 和 B 原子的通量组成。如果 B 原子在间隙通量中的参与度大于 A 原子，则会导致 B 原子的净增加和相应的 A 原子的净减少，这些过程如图 5.14b 所示。这个例子显示，无论是空位还是间隙原子向晶界移动，都可能导致一种合金元素的净积累和另一种合金元素的对应减少。元素 A 是富集还是贫化取决于不同原子参与缺陷移动的相对难易程度。

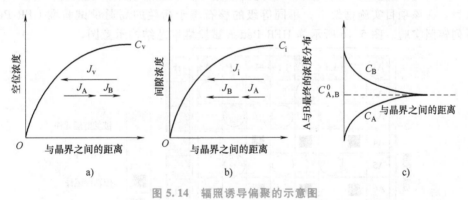

图 5.14　辐照诱导偏聚的示意图

a）向晶界迁移的空位形成的空位浓度分布图，原子的反向迁移通量 A>B　b）间隙向晶界迁移形成的间隙浓度分布图，原子的反向迁移通量 B>A　c）A 和 B 的浓度曲线

5.2.2　核用材料服役性能评价案例

1. 核石墨的辐照生长

1942 年 12 月 2 日，位于芝加哥大学的人类历史上第一座实现自持核链式反应的反应堆

Chicago Pile-1 成功实现临界，标志着人类进入了"核时代"。该反应堆自持核链式反应的实现离不开作为慢化剂的石墨，自此之后，石墨材料已被用于 100 多个热中子核反应堆的慢化剂，其中许多反应堆今天仍在运行。例如，英国的 Magnox 反应堆和 AGR 反应堆，德国的 AVR 和 THTR 反应堆，日本的 HTTR 反应堆，我国的 HTR-10 和 HTR-PM 高温气冷堆均采用石墨作为慢化剂材料。图 5.15 所示为典型的石墨堆内构件。

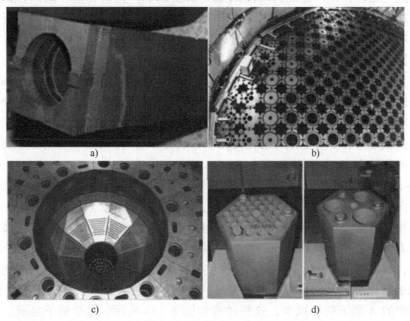

图 5.15　石墨堆内构件

2001 年，为了建立一个石墨辐照行为的数据库，欧盟启动了一项名为 INNOGRAPH 的实验项目。在该项目实施框架下，不同等级的核石墨于荷兰的高通量试验堆 HFR Petten 进行了系列辐照实验。图 5.16 所示为 HFR Petten 试验堆堆芯结构示意图。

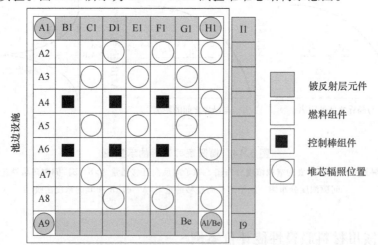

图 5.16　HFR Petten 试验堆堆芯结构示意图

为了探究辐照温度及辐照剂量对石墨性能的影响，在该项目的实施框架下共进行了四次辐照实验，分别为 INNOGRAPH-1A，INNOGRAPH-1B，INNOGRAPH-2A 和 INNOGRAPH-

2B。图 5.17 所示为石墨辐照引起尺寸变化的理论曲线，展示了四次辐照实验的剂量范围。INNOGRAPH-1A 实验的辐照温度为 750℃，目标辐照损伤为 8dpa；部分 INNOGRAPH-1A 的实验样品被挑选后在 750℃下继续进行第二次辐照实验，达到 24dpa 的累计辐照损伤后停止，该批次实验命名为 IN-NOGRAPH-1B。INNOGRAPH-2A 实验的辐照温度设置为 950℃，目标辐照损伤为 5dpa；然后部分实验样品在该温度下继续进行 IN-NOGRAPH-2B 实验，直至达到 16dpa 的累计辐照损伤。

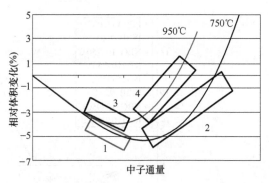

图 5.17　INNOGRAPH 项目框架下的四次辐照实验
1—INNOGRAPH-1A　2—INNOGRAPH-1B
3—INNOGRAPH-2A　4—INNOGRAPH-2B

图 5.18a 所示为 INNOGRAPH 项目的一种辐照实验台架。该台架由 8 个垂直堆积金属桶组成，根据实验要求，每个金属桶内有三个或四个通道用于堆垛石墨样品。图 5.18b 所示为一个带有四个通道的金属桶及能够装载的石墨样品。每个实验台架内装有 24 个热电偶，放置在不同的径向和轴向位置，用于检测辐照温度。

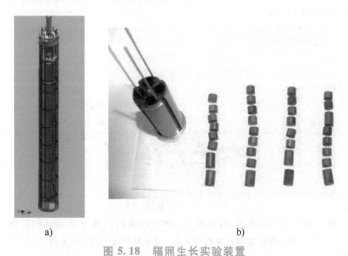

a)　　　　　　　　　　　　　　b)

图 5.18　辐照生长实验装置
a）辐照实验台架示意图　b）用于装载石墨实验的金属桶

接下来介绍该项目得到的部分实验结果。为了证明石墨材料的性能随中子通量的变化具有温度依赖性，绘制了在 750℃和 950℃辐照温度下，四种石墨的体积变化与辐照剂量的关系，如图 5.19 所示。图中的符号代表着数据点，虚线或者实线表示对数据点进行拟合的五阶多项式。从图中可以看出，石墨在 950℃时的收缩和膨胀过程比在 750℃时更快。

石墨体积的变化是所有方向尺寸变化共同作用的结果。图 5.20 所示为 750℃样品沿晶粒方向和垂直晶粒方向的尺寸变化随中子通量的变化。结果表明，石墨的尺寸变化显示出了明显的各向异性。

2. 石墨辐照蠕变

辐照蠕变是材料在辐照环境下的特有现象。2012 年，英国启动了一项名为 ACCENT

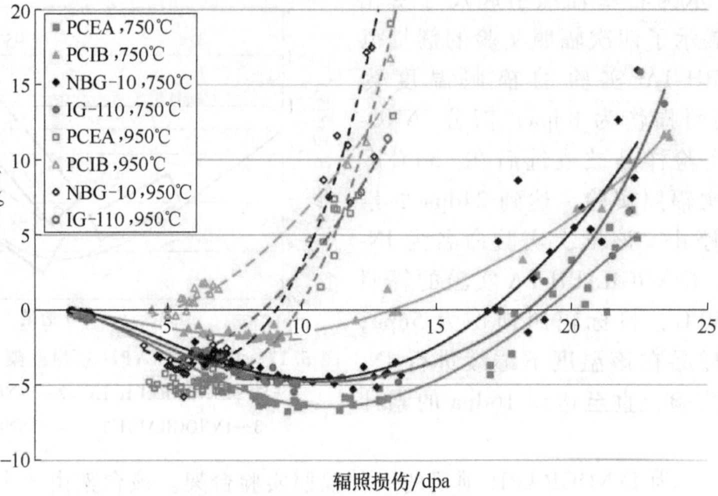

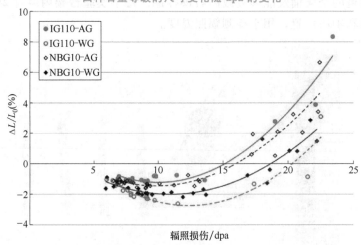

图 5.19　在 750℃（实心符号和实线）和 950℃（空心符号和虚线）下，
四种石墨等级的尺寸变化随 dpa 的变化

图 5.20　NBG-10 和 IG-110 在 750℃的辐照温度下随 dpa 的变化
（实心符号表示垂直晶粒方向，空心符号表示沿晶粒方向）

（AGR Carbon Creep Experim ENT）的辐照实验项目，该项目旨在建立一个石墨尺寸变化和材料特性数据库，以支持英国的 AGR 堆的持续运行。ACCENT 项目在 HFR Petten 中对石墨样品进行了辐照，以在短时间内模拟 AGR 堆退役的条件。项目采用的辐照装置如图 5.21 所示。ACCENT 辐照装置采用模块化设计，每个装置内含有六个模块用于放置成对的石墨样品，每对试样中的一个试样在无载荷下辐照，而另一个试样则承受连续的压缩载荷。24 个 K 型热电偶被插入装置的不同高度，用于检测温度。

辐照引起的蠕变应变定义为在相同辐照条件下，受力样品和未受力参考样品之间的尺寸差异。对于 ACCENT 项目，样品尺寸是在室温下无负载测量的，因此应当对热应变和弹性应变的差异进行矫正。然而，由于样品负载小且辐照温度相对较低，差异很小，因此并未对数据进行矫正。图 5.22 所示为样品的蠕变应变随辐照剂量的变化，同时还显示了样品辐照退火阶段的应变响应。

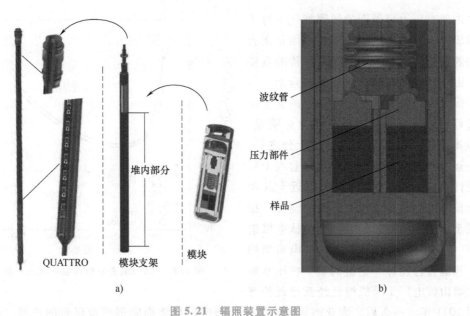

图 5.21 辐照装置示意图

a）ACCENT 辐照装置整体示意图，每个装置内含有六个模块 b）模块的横截面示意图

除了 ACCENT 项目，石墨的辐照蠕变现象在历史上已被大量研究。石墨的蠕变应变 ε_c 可由经验公式（5.2）给出：

$$\varepsilon_c = \frac{a\sigma}{E_0}\left[1-\exp(-b\gamma)\right]+k\sigma\gamma \quad (5.2)$$

式中，a 和 b 为常数；σ 为施加的应力；E_0 为辐照前的弹性模量；γ 为快中子通量；k 为稳态蠕变系数。

稳态蠕变系数（k）取决于三个主要的实验条件：施加的应力、辐照剂量和温度。早期的辐照实验已经表明 k 与施加的应力呈线性关系。在恒定拉伸试验中发现 k 与辐照

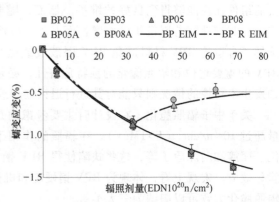

图 5.22 ACCENT 项目某样品沿加载方向的辐照应变数据，浅色数据点表示样品经退火处理后的应变

剂量成正比关系，但在压缩试验中发现 k 与辐照剂量成反比关系。k 的温度依赖性主要在 300℃ 以上的温度下进行研究，研究发现，在 300~600℃ 的温度范围内，k 大致与温度无关，而在 600℃ 以上，k 与温度有线性关系。Campbell 研究了从 150℃ 到 1000℃ 的石墨辐照蠕变现象，并创建了图 5.23 所示的 k 与温度的关系图。这张图表明，k 与温度的关系存在三个不同的区域。

3. 压力容器钢辐照脆化案例

反应堆压力容器（Reactor Pressure Vessel，RPV）是核反应堆不可更换的核心构件，装载着核燃料和一回路高温高压的冷却水，是放射性裂变产物与环境之间的一道重要屏障，长期承受着高温、高压、快中子的高强度辐照。这道屏障有着至关重要的作用，因为 RPV 对核燃料元件的完整性有着潜在影响，如若 RPV 发生故障，则会导致反应堆堆芯过热从而损伤核燃料元件。

181

国内外对压力容器钢的辐照脆化进行了大量的研究，其中一个很重要的原因是压力容器钢的性能评价是核电站延寿评价的重要内容。由于社会对核能的认知不够全面，核电站的设计一向较为保守，有一定的安全裕量才进行延寿。延寿的经济效益十分明显，延寿成本甚至不到新建核电站的十分之一，各国在运核电站大多建于 20 世纪七八十年代且设计寿命大都为 40 年，所以近十几年来大批核电站面临着退役或延寿的选择。据统计截至 2019 年，美国共计 93 台核电机组延寿 20 年，法国已批准 30 多台核电机组的延寿。我国自行设计、建造的第一座压水堆核电站秦山核电厂 1 号机组已经获准延长有

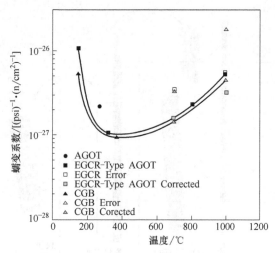

图 5.23　稳态蠕变系数与温度的关系图

效期至 2041 年。不久后，大亚湾核电站等早期核电站也将面临退役或延寿的抉择。与直觉相反的是，核电厂寿命其实重点取决于不翻新或不更换的部件，这是因为那些经常维修或更换的组件往往能够得到良好的维护。然而，随着反应堆的运行，RPV 将长期持续受到辐照作用，其韧性随着服役年龄的增长而退化。虽然在设计之初就考虑到了辐照脆化这一机制，选择了合适的 RPV 材料避免 RPV 因破裂或脆性断裂导致反应堆无法正常运行。但是因为 RPV 的重要地位和辐照脆化的独特危害性，必须尽一切努力降低辐照脆化水平来保护 RPV，如发生不可控的情况则只能对其进行退火处理或提前退役，这显然是难以接受的。

关于中子辐照脆化，在设计时主要考虑的是 RPV 的核心腰线区域，该区域通常累积通量超过 $10^{17} n/cm^2$（$E>1MeV$）。在辐照的作用下，RPV 钢产生一系列的微结构缺陷，如空位、团簇和间隙原子等，这些缺陷使得 RPV 钢的韧脆转变温度向高温区移动，这就是辐照脆化效应。宏观上看，体现为 RPV 钢硬度和机械强度不断提高的同时失去韧性。RPV 钢的辐照脆化大致可以归纳为三大类：

1）基体损伤，如空隙、间隙团簇、位错环和间隙杂质。

2）溶质团簇，如直径为 1~3nm 的含铜或其他溶质（如镍、锰和硅）的团簇。

3）晶界偏析，如磷等脆化元素的偏析。

辐照脆化引起的韧脆转变温度上升是影响核电站安全运行和寿命的主要因素。韧脆转变是体心立方金属的常见现象，韧性和脆性的转变发生在某一温度范围内，该温度范围的中心温度被称为韧脆转变温度，如图 5.24 所示，图中DBTT 为韧脆转变温度（Ductile-To-Brittle Transition Temperature）。图 5.24 中曲线通常由 Oldfield 提出的双曲切线模型拟合夏比冲击试验数据得出。

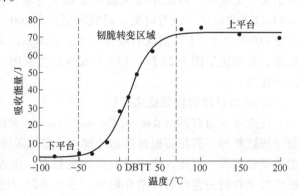

图 5.24　低强度钢的韧脆转变曲线

夏比冲击试验是一种常用的力学性能测试方法，通过测试在冲击载荷作用下金属材料断裂过程吸收的能量，来快速评估材料抵抗断裂的能力。其以试验加工简便、测试效率高和数据对缺陷敏感等优势而被广泛运用，也是标准化程度最高的韧性评价方法之一。夏比冲击试验用摆锤撞击试样后弹起的高度差来计算吸收能量，吸收能量越大表示试样的韧性越好。

RPV 钢的辐照脆化评价往往通过抽取监督试样来开展。以下是一个典型的监督试样测试案例，帮助读者形象化辐照脆化分析检测过程。该案例的辐照监督管取自法国法马通（Framatome）压水堆第四回路 N4 系列，这些辐照监督管连接在反应堆压力容器（RPV）内部的下方位置。辐照监督管包含剂量监测器、温度传感器和由 RPV 材料加工而成的机械测试试样（这些试样将被用于冲击测试、拉伸测试、弯曲测试和韧性测试）。大多数法国电力集团（EDF）压水堆都具有 6 个辐照监督管，其中 4 个随反应堆的起动而启用，另外 2 个作为备用辐照监督管根据需要在后续插入反应堆。由于这些辐照监督管的存在，可以对运行中的 RPV 进行提前预测，包括但不限于退役条件。

本案例中各辐照监督管的情况见表 5.1，其中有辐照监督管的辐照时长和其中包含的力学测试试样的类型和数量。接下来，由于辐照计划的时间安排，本案例的介绍将围绕着辐照监督管 U 展开，辐照监督管 U 在 290℃ 左右（辐照监督管配备的温度警告传感器保证温度不超过 296.5℃）的环境下辐照 9.2 年后取出（相当于 RPV 运行 10 年时间）。本案例的目的是评估 10 年等效中子辐照后的 RPV 力学性能。辐照监督管参考点计算出的通量为 $0.86 \times 10^{11} \mathrm{n/cm^2/s}$（$E>1\mathrm{MeV}$），测量到的通量为 $0.88 \times 10^{11} \mathrm{n/cm^2/s}$，计算值与测量值相差 2%。9.2 年来测得的通量为 $1.42 \times 10^{19} \mathrm{n/cm^2}$（$E>1\mathrm{MeV}$）。C2 RPV 壳体和 C1/C2 壳体焊缝的化学成分见表 5.2。

表 5.1 N4 系列装置的 RPV 中子脆化监视程序（辐照监督管的基本信息，其中 KCV 表示冲击韧性试验，T 表示拉伸试验，CT 表示紧凑拉伸韧性试验，B 表示弯曲试验）

辐照监督管	辐照时间	等效 RPV 年限	试样数量			
			基体金属	焊接金属	焊接热影响区（HAZ）	参考金属
U	9.2 年	10 年	15KCV,5T,6CT,1B	15KCV,4T,6CT	15KCV	15KCV
Z	15 年	20 年	30KCV,5T,6CT,1B	15KCV,4T,6CT	15KCV	—
V	19 年	30 年	15KCV,5T,6CT,1B	15KCV,4T,6CT	15KCV	15KCV
Y	29 年	40 年	15KCV,5T,6CT,1B	15KCV,4T,6CT	15KCV	15KCV
W	闲置	—	30KCV,5T,6CT,1B	15KCV,4T,6CT	15KCV	—
X	闲置	—	30KCV,5T,6CT,1B	15KCV,4T,6CT	15KCV	—

表 5.2 未辐照试样的化学成分

［除 N 以 10^{-6} 表示外，其他元素成分均以质量分数（%）表示］

化学元素	C	S	P	Si	Cr	Mo	Mn	Ni	Co	Cu	As	Sn	N
C2 RPV 壳体	0.157	0.003	0.007	0.18	0.190	0.490	1.29	0.69	0.007	0.07	0.011	0.009	50
C1/C2 焊缝	0.068	0.005	0.007	0.44	0.050	0.560	1.64	0.64	0.005	0.030	0.011	0.009	60

冲击韧性测试的结果如图 5.25 所示。C2 RPV 壳体（基材和焊材）的冲击韧性变化为 20℃，C1/C2 壳体焊缝的冲击韧性变化为 15℃。参考材料未观察到冲击韧性变化。通过与参考材料的对比显然可知辐照给 RPV 的冲击韧性带来了影响。

拉伸试验在 300℃下进行，其结果见表 5.3，表中 YS 为屈服强度（Yield Strength），UTS 为极限拉应力（Ultimate tensile strength）。相较于未经辐照的试样，辐照监督管 U C2 RPV 壳体的屈服强度和极限抗拉强度分别提升了 24MPa 和 30MPa，C1/C2 壳体焊缝的屈服强度和极限抗拉强度分别提升了 19MPa 和 16MPa。

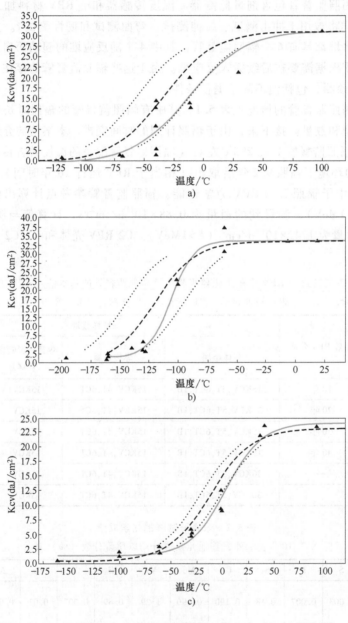

图 5.25　冲击韧性测试
a）C2 壳体　b）C2 热影响区　c）C1/C2 壳体焊缝

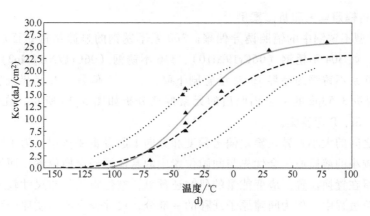

图 5.25　冲击韧性测试（续）

d）参考材料；辐照监督管 U 试样试验结果（蓝色曲线），无辐照试样（虚线）

表 5.3　拉伸试验结果

项目	YS/MPa	UTS/MPa	伸长（%）	缩颈（%）	ΔYS/MPa	ΔUTS/MPa	dpa（10^{-2}）
			C2 壳体				
未辐照	421	557	20	75	—	—	—
辐照监督管 U	445	587	20	72	24	30	2.44
			C1/C2 焊缝				
未辐照	498	617	20	70	—	—	—
辐照监督管 U	517	633	20	68	19	16	2.29

零塑性转变温度（RT_{NDT}）是判断 RPV 是否能够继续安全使用的重要参数，可以通过落锤试验得出这一数据，也可以根据化学成分，利用公式计算而得。零塑性转变温度变化量（ΔRT_{NDT}）计算值和测量值的比较结果见表 5.4，可以发现 ΔRT_{NDT} 测量值明显小于计算值，这表明理论计算的结果包含有一定的安全裕度。

表 5.4　零塑性温度变化量（ΔRT_{NDT}）计算值和测量值的比较

ΔRT_{NDT}	ΔRT_{NDT} 计算值（以未辐照试样化学成分计算）	用于完整性分析的 ΔRT_{NDT} 计算值（以化学成分计算）	辐照监督管 U 试样测量得到的 ΔRT_{NDT}
C2 RPV 壳体[①]	46℃	47℃	20℃
C1/C2 焊缝[②]	46℃	47℃	15℃

[①] 计算标准差为 10.8℃。

[②] 计算标准差为 13.3℃。

185

通过上述结果的分析可知本案例中 RPV 未发现故障，力学性能的变化在预测范围之内，可以按原计划继续运行。未来的情况可按计划由其他辐照监督管预测。

辐照脆化导致的 RPV 钢韧脆转变温度的改变取决于多因素的协同作用，如中子通量、工作温度、化学成分和热处理工艺等。因此，单纯依靠经验来判断 RPV 的辐照脆化情况是十分不合理的。进行类似上述的辐照脆化检测分析是很有必要的，核电站应重视监督试样的设计，合理规划分析流程，尽早预测危险的到来，将辐照脆化的风险降到最低。

4. 核用材料辐照偏聚和析出案例

1）奥氏体型不锈钢中的辐照诱导偏聚。300 系不锈钢的显微结构是面心立方晶体结构的奥氏体组织，如 304 不锈钢（06Cr19Ni10）、316 不锈钢（06Cr17Ni12Mo2）等。辐照诱导偏聚会导致 300 系不锈钢的晶界 Cr 含量急剧下降。Si 发生偏聚，在晶界处富集。304 不锈钢在 288℃下剂量 3.5dpa 的中子辐照后的元素偏聚分析如图 5.26 所示，在晶界处 Cr、Mn 含量降低，Ni、Si、P 等富集。

溶质原子之间的大小差异在确定偏析程度和方向上起着重要作用。为了减少晶格中的应变能量，尺寸较小的溶质原子会优先与间隙位置中的基体原子交换位置，而尺寸较大的溶质原子则倾向于留在置换位置。应变能量的研究还预测，空位将优先与尺寸较大的溶质原子交换。在高温辐照过程中，作为间隙原子迁移的一部分，尺寸较小的溶质原子可能会以间隙原子形式迁移，而尺寸较大的溶质原子会逆向迁移。这种不成比例的溶质原子参与缺陷迁移的现象会引起溶质的重新分布，在晶体缺陷处产生尺寸较小的溶质富集而尺寸较大的溶质减少的现象。

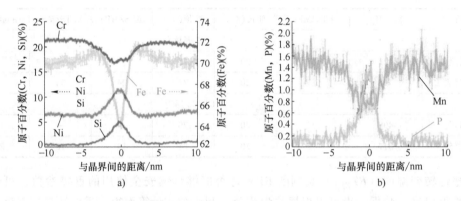

图 5.26　304 不锈钢辐照后晶界区域的 STEM-EDS 元素分析

a) Fe、Cr、Ni、Si　b) Mn、P

2）铁素体/马氏体（F/M）钢中的辐照诱导析出。在 F/M 钢中，辐照诱导形成沉淀相，典型的新相有 M_6C、χ 和 α' 相。在辐照下，F/M 钢中会形成原子团簇。团簇中元素的含量与该合金整体中不同金属元素的含量有关。如图 5.27 所示为 T91、HCM12A 和 HT-9 在 400℃、7dpa 剂量的质子辐照后富 Cu、富 Ni/Si/Mn、富 Cr 析出物的分布。在 T91 中 Cr 的含量较低，因此没有形成富 Cr 团簇，相类似的是 HT-9 中的 Cu 元素。三种钢中 Ni 和 Si 的含量相近，都形成了富 Ni/Si 团簇。

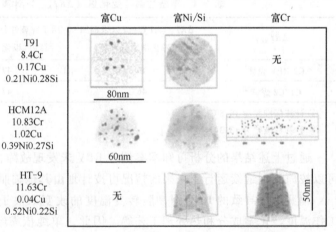

图 5.27　T91、HCM12A 和 HT-9 中各合金元素含量及 400℃下辐照 7dpa 后析出物的分布

5.3　飞机部件疲劳失效案例

5.3.1　某直升机尾旋翼齿轮箱壳体服役性能

镁合金具有低密度的优势，可使直升机和其他类型飞行器减重。目前，铸造镁合金已成功应用于变速器壳体。除质量轻外，镁合金还具有良好的阻尼能力，可弹性吸收振动能量，使其不会通过齿轮箱外壳壁传递，从而减少齿轮箱的噪声和振动。尽管具有上述优点，但大多数镁合金耐蚀性较差，这可能导致维修成本增加。同时，飞机在起飞和着陆过程中往往承受疲劳载荷，因此，还必须考虑材料的疲劳强度。这里以某直升机尾旋翼齿轮箱中央壳体为例，说明其失效过程和机理。

1. 壳体服役背景

某直升机尾旋翼齿轮箱中央壳体如图 5.28 所示，由 ZE41A-T5 ［标称成分：3.5% ~

5.0% （质量分数，余同）的锌，0.75% ~
1.75%的稀土（RE），0.4% ~1.0%的锆，其余
为镁］砂型铸造而成。

ZE41A-T5 镁合金孔隙较少，无微缩孔，并
且具有良好的室温拉伸、疲劳性能和抗蠕变性，
被广泛应用在相对较高的温度范围（<250℃）。
然而，这种合金的耐蚀性普遍较差，在维修和大
修过程中，由于材料表面易出现崩裂和划痕，
在中心壳体的连接点处经常出现腐蚀损坏。在
对其中一台旋翼齿轮箱中央壳体进行例行维护
时，发现变速器连接螺栓孔之间的中心壳体的

图 5.28　某直升机尾旋翼齿轮箱中央壳体

一个腹板上出现了由氧化层疲劳损伤造成的裂纹。

镁合金铸件的失效分析非常困难，因为其氧化速度很快，即使新出现的裂纹也会被严重腐蚀。此外，由于没有明显的疲劳条纹等断裂特征和典型的脆性断裂模式，疲劳失效分析尤其困难。因此，对这些故障的分析通常依赖于裂纹的形状，特别是与缺陷或应力有关的裂纹，以及零件的服役历史，这意味着不能详细掌握失效循环次数等详细信息。

该机型以前出现过两例旋翼齿轮箱中央壳体裂纹，均被确定为疲劳裂纹，其原因是外壳底座后连接孔附近的圆角半径过小，导致应力集中。但本次发现的裂纹与圆角半径无关，似乎是由铸造缺陷造成的，这引起了人们对铸造质量以及内部损伤的怀疑。因此，对该旋翼齿轮箱中央壳体的制造记录进行了审查，没有发现相关缺陷。为了检查投入使用的外壳是否有含有其他缺陷，对这些中心外壳（特别是腹板和底座周围）进行了涡流无损检测（NDT），检测对象包括：新铸件、新组装件，以及返回修理和大修的旋翼齿轮箱中央壳体。调查发现了一些裂纹以及氧化物夹杂造成的缺陷，其中这些夹杂物似乎尚未引发疲劳裂纹。

对开裂的外壳进行了低倍显微镜检查，根据裂纹的"拇指甲"形状得出结论，所有裂纹都是疲劳造成的。腹板上的裂纹是由氧化物产生的，而吊耳上的裂纹则是由于圆角半径过

小产生的（与应力集中有关）。唯一例外的是钳工操作造成的表面粗糙导致了一个外壳腹板裂纹。除了有缺陷外壳外，其余外壳完全合格，没有发现任何缺陷。根据这些发现，对中心壳体进行了一系列设计修改，包括增加腹板厚度、增大圆角半径，以及采用一种相对较新的铸造合金 WE43A-T6［标称成分为 3.7%～4.3% 的钇、2.4%～4.4% 的稀土（RE）、0.4%～1.0% 的锆、其余为镁］。WE43A-T6 的疲劳性能与 ZE41A-T5 相当，耐蚀性明显改善。不过，WE43A-T6 只用于新的齿轮箱，而 ZE41A-T5 材质外壳则继续用于已投入使用的齿轮箱。经验表明，ZE41A 材质外壳可以继续使用，尽管要增加无损检测频率，因为这些在用外壳数量和发现裂纹的数量很多，但从未有腹板裂纹扩展到外壳主体。

2. 壳体疲劳开裂失效

在对 ZE41A-T5 材质中心外壳进行 NDT 检测时，发现了一个"短寿命"的 ZE41A-T5 材质中心外壳裂纹。对产生裂纹的旋翼齿轮箱中央壳体进行调查，是外壳运行 200h 后，进行例行无损检测中发现的裂纹。裂纹位于中央壳体的端口面、齿轮箱底座和输出壳体连接法兰之间的中央腹板上。需要说明的是，该外壳在生产后进行过 NDT 检测，没有发现任何损伤迹象。为深入理解该开裂现象，在失效分析过程中，还对以前所有旋翼齿轮箱中央壳体故障调查进行了回顾。

首先，对外壳进行目视检查，旨在寻找可能引起裂缝的损伤，并确定裂缝的具体位置。从外壳上切下含有裂纹部分，并将裂纹切开以检查断裂表面，使用光学显微镜、扫描电子显微镜（SEM）进行裂纹观察，使用电子能谱（EDX）分析裂纹周围元素成分。对断裂表面检查显示，河流花样源自腹板"鼻部"上的一个小型铸造缺陷，如图 5.29 所示。从这些特征可以看出，裂纹是由疲劳引起的，并且裂纹是在铸造缺陷处开始的。然后，它通过腹板传播与其他一些铸造缺陷相交。此外，一个较大的缺陷（直径约为 2mm）位于几毫米之外。疲劳裂纹长 11mm，包括腹板的整个厚度。起点处的缺陷长度约为 0.9mm，深度约为 0.3mm。SEM 观察表明，裂纹源区显示相对光滑的"铸态"表面，具有可见的结晶状特点，如图 5.30 所示，断裂面相对完整。这表明腹板受到拉伸疲劳载荷。从断裂表面的清洁区域获得 EDX 光谱，并且发现成分与合金 ZE41A-T5 一致。还从一个铸造缺陷中进行 EDX 分析，可以清楚地看出，它们是氧化膜。

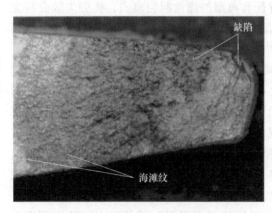

图 5.29　ZE41A-T5 材质外壳端口
中心腹板的断口形貌图

图 5.30　ZE41A-T5 材质壳体腹板
疲劳裂纹源区的铸造缺陷

上述旋翼齿轮箱中央壳体失效调查结果表明，该疲劳裂纹似乎是由其中一个腹板中的铸造缺陷引发的，并已扩展到腹板中。缺陷被鉴定为薄氧化膜；当浇注过程中发生湍流时，会在铸造镁合金中产生该缺陷。在本次调查中发现，外壳在生产后进行了全面的无损检测，没有发现异常。不过，鉴于该裂纹的尺寸小，无损检测显然很难检测出裂纹源的铸造缺陷类型。结合先前的故障调查经验发现，在维修或者全面检修期间使用涡流无损检测法检查的所有"使用过的"外壳都显示出涡流信号，只有一个"未使用过的"外壳没有显示缺陷信号。这表明，未使用的外壳内部的初始缺陷要么是紧密闭合的，要么在表面被一层金属"掩盖"（可能是来自铸件清理操作的涂抹金属），但是当外壳在使用中承受载荷时，这些缺陷会张开，可能进一步引发疲劳裂纹。除了外壳之外，开裂还涉及壳体前端和中心处，或连接的凸耳处。

外壳底座角落的裂纹表明该部位受振动转矩载荷，尤其在左端前部和右端后部承受特别高的拉伸载荷。在早期的失效研究中，注意到了这种高应力，但大部分重点放在了铸件缺陷和尺寸误差上。然而，尽管外壳底座角落的裂纹可能对疲劳性能有害，但它们并不是造成失效的主要原因，而只是高疲劳载荷引起裂纹萌生的特征示例。

铸造缺陷，特别是氧化物缺陷，是镁合金铸件的共同特征。这是因为镁的氧化物的形成亥姆霍兹自由能较低，因此几乎不可能完全防止氧化物夹杂物。作用在该飞机旋翼齿轮箱中央壳体上的疲劳载荷可能会随着时间的推移而发生变化。服役多年的飞机的演变可能包括重大变化，如不同的旋翼、不同的发动机和不同任务设备的结合，所有这些都会显著改变飞机的重量和动力学。此外，安装了这些特定齿轮箱的飞机在其使用寿命内重量增加了约30%，这将增加整个飞机的应力。

根据上述分析，可知在该壳体的端口中央腹板中发现了厚度方向的贯穿疲劳裂纹，断裂面几乎没有损坏，表明该腹板上的载荷仍然是拉伸载荷。裂纹是由从腹板一角的一个小型铸造缺陷引发的，经鉴定为氧化物。该铸件之前进行过无损检查，未发现任何缺陷。结合这些外壳失效调查记录，裂纹的产生更可能与服役应力有关，并非铸件质量。对这些外壳进行了材料和几何形状优化，希望能够解决该开裂问题。

3. 材料与结构改进后的疲劳开裂

在对前面的故障调查完成两年后，采用WE43A制造了旋翼齿轮箱中心外壳，并采用了新的结构设计，增加了腹板厚度和圆角半径。然而在例行检查中发现了一个开裂的旋翼齿轮箱中心外壳，其飞行时间不足70h。

目视检查发现左端前腹板有裂纹。从外壳上切下包含裂纹的材料截面，并将裂纹切开以露出断裂表面。使用显微镜初步检查显示，腹板前端有一个暗淡的深色缺陷（图5.31），其余断裂表面呈现结晶状特点。

图5.31 WE43A外壳端口前腹板中的裂纹表面

裂纹从腹板前端扩展了13mm，有证据表明在几个位置存在弯曲的裂纹前缘，这表明裂纹是由疲劳引起的。使用SEM观察断裂表面，在相邻晶粒中明显存在不同的断裂面。尽管断裂表面没有表现出其他轻合金铸件典型的疲劳条纹或穿晶失效模式，但目前的断裂特征与之前在镁合金铸件中看到的明显裂纹相似。

　　腹板前端的缺陷宽度约为 3mm，延伸至表面以下约 1mm（图 5.32）。利用背散射电子（BSE）成像模式表明，相对于断裂的其余部分，缺陷具有相对光滑的表面。对这一区域进行检测，发现了第二个缺陷。取出含有该缺陷的材料部分分析。该缺陷是一个长度至少为 1.5mm 的"线性缺陷"，其两个表面看起来像"表皮"，富含较高原子序数的元素，富含钇和钕，如图 5.33 所示，与裂纹源的缺陷类似。图 5.34 所示为该缺陷的一个区域，其中富含钇元素的"表皮"上的"褶皱"清晰可见。

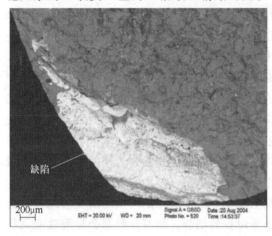

图 5.32　WE43A 外壳上腹板疲劳
裂纹源的铸造缺陷

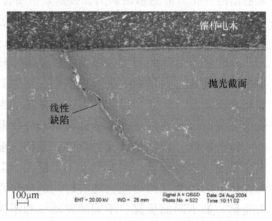

图 5.33　WE43A 材质外壳上与裂纹腹板相邻
区域的线性铸造缺陷

　　尽管这个外壳是用新材料和改良设计制造的，但是该腹板失效与该部分先前发生的裂纹一致。疲劳源缺陷出现在断裂面上，缺陷表面未显示任何断裂特征。这类缺陷由折叠的氧化膜或"表皮"组成，是湍流或"瀑布"（铸造过程中熔融金属掉落到模具的下层）造成的，其几何形状对疲劳性能的破坏尤为严重。通过改进铸造工艺和在模具设计、熔融材料通过模具的路线以及浇注过程中的细节关注，可以最小化这些缺陷的存在，但这可能会影响组件成本。最重要的

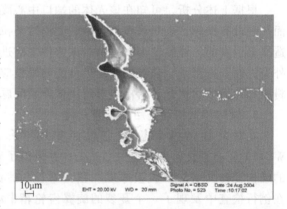

图 5.34　WE43A 材质外壳中的线性铸造缺陷中的褶皱

是，在外壳上相对较小的脱漆区域内，存在几个钇（和钕）含量较高的缺陷，这表明，要么这个区域更容易形成缺陷，要么整个外壳都有类似的缺陷。

　　根据上述分析，得到左端前腹板出现的疲劳裂纹似乎是由一个线性缺陷引起的，该缺陷被鉴定为富含钇的氧化物表皮。同时，在与裂纹腹板相邻的外壳区域也发现了一个大小和成分相似的缺陷，也可能会进一步发展为疲劳裂纹。

5.3.2　某直升机尾旋翼齿轮箱壳体材料力学性能分析

　　在探讨了直升机尾旋翼齿轮箱壳体的服役性能和失效案例后，接下来将分析该材料的力

学性能，以更全面地理解其性能特点。上述分析表明，WE43A 材质外壳裂纹可能与夹杂物有关，也可能与夹杂物等缺陷无关，因此有必要对 WE43A 材料的成分、静态强度和疲劳强度等进行评估。

首先对该材料进行化学成分检验。表 5.5 为该材料的化学成分分析结果，可见该材料的化学成分合格。

表 5.5 铸件的化学分析结果和 WE43A 材质的成分要求

元素	元素质量分数(%)	元素含量限制范围
钇	3.85%	3.7%~4.3%
钕	2.00%	2.0%~2.5%
稀土元素	2.66%(2.00%Nd+0.06%Yb+0.11%Er+0.28%Dy+0.21%Gd)	2.4%~4.4%
锆	0.45%	0.40%~1.0%
锌	0.17%	≤0.2%
锂	0.12%	≤0.2%
锰	0.02%	≤0.15%
铜	<0.01%	≤0.03%
铁	<0.01%	≤0.01%
硅	<0.01%	≤0.01%
镍	<0.005%	≤0.005%
镁	基体	基体

将外壳切片，制备拉伸和疲劳试样，按照相关测试标准，使用相关设备开展拉伸和轴向疲劳试验。表 5.6 显示了 WE43A 材质铸件、WE43A 材质合格铸件的平均拉伸性能以及 WE43A 材质内部材料拉伸性能的规定值。可见，该外壳的拉伸性能完全满足要求，且还表现出比合格铸件更高的屈服强度和抗拉强度。图 5.35 所示为测得的疲劳结果。很明显，这种外壳的疲劳强度有所提高，但标准偏差较大，几乎是鉴定数据的两倍。还进行了统计平均差检验，这表明数据集中的差异具有统计学意义。

表 5.6 WE43A 铸件和该类合格铸件与内部材料规范要求相比的拉伸性能

样品编号	名义屈服强度-0.2%/MPa	极限强度/MPa	伸长率(%)
T1	189	267	6.0
T2	188	255	4.0
T3	186	266	6.0
T4	189	254	4.0
WE43A 材质铸件的平均性能	188	261	5.0
WE43A 材质合格铸件的平均性能	181	246	5.1
WE43A 材质规范要求性能	≥155	≥225	≥2.0

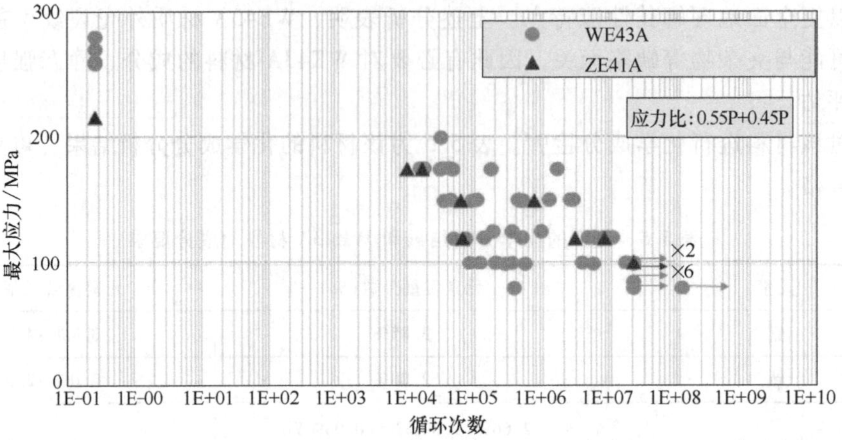

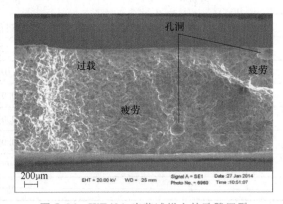

图 5.35　外壳的疲劳 *S-N* 曲线

最后采用显微镜观察断裂表面，得到可能的失效原因。图 5.36 所示的断口形貌表明疲劳失效始于两个孔隙（其中一个仅部分显示）。为了确定富钇氧化物表皮对 WE43A 的疲劳强度的影响，对疲劳结果与裂纹起源处的特征进行分析。结果表明，孔隙率对疲劳性能的影响程度不如线性氧化膜和其他熔渣夹杂物大。

对试样疲劳断裂表面检查，在裂纹起源处有富钇氧化物表皮和其他有害特征。对这些缺陷的疲劳数据分析表明，富钇氧化皮

图 5.36　WE43A 疲劳试样上的孔隙开裂

（和其他类型的氧化膜）比气孔或收缩腔等特征对疲劳强度的影响更大。据估计，富钇氧化物表皮会使疲劳耐久极限降低约 13%。

上述分析表明：首先，WE43A 材质外壳试样的拉伸性能超过了之前在合格铸件上测得的结果，疲劳性能与 WE43A 材质合格铸件试件疲劳结果比较表明，疲劳强度有所提高，但结果表现出较大的分散性，其次，富含钇的氧化皮似乎同时存在于表面和内部，该缺陷被证明比气孔或缩孔不利于疲劳性能。

192

5.3.3　某直升机尾旋翼齿轮箱壳体结构设计与工艺改进

本节所述的疲劳裂纹分析尤其困难。由于在对外壳进行设计修改的同时引入了一种新材料，这意味着对裂纹根本原因的确定一直没有定论。调查显示，裂纹很可能是由多种因素造成的。首先，在没有可见缺陷的情况下发生的故障证实，该外壳的工作状态非常接近其疲劳极限。其次，一些缺陷的尺寸较大（和类似缺口的几何形状），表明这种材料的清洁度总体上不能令人满意。

虽然近些年来，可能是由于早期 WE43A 出现故障后对铸造工艺进行了改进，短时间使用后出现裂纹的情况有所减少，但定期的在役无损检查中仍会偶尔发现裂纹。因此决定，由

于使用 WE43A 材料的成本较高，而且生产必要质量的铸件可能需要更高的成本，因此不能继续在此应用中使用这种合金。因此，该外壳恢复使用更容易铸造（也更便宜）的 ZE41A-T5 材料，但保留了 WE43A 材料在铸造工艺和外壳设计方面的改进。此外，还对使用中的原始铸件和外壳进行了更彻底的检查。

此外，在不可能进行重大的设计变更基础上，还研究了降低这些外壳疲劳载荷的方法。因此，改进材料质量和限制将外壳安装到齿轮箱平台上时引入的任何制造应力，可能会为这些齿轮箱的疲劳性能带来最大益处。

在设计新壳体结构时，考虑到这些故障调查的经验教训，特别是在可能的情况下，铸件的形状被简化，以确保在铸造过程中使材料更好地流动。此外，由于腐蚀导致的废品率很高，新设计确保减少湿气捕获，并从强化保护处理中获益。

在某些情况下，由于铝合金熔模铸造更接近有限元模型，因此可以减轻铸件的重量。然而，镁合金的成本优势和阻尼特性意味着这些合金仍在广泛使用，而且随着新型镁合金的开发，也在对其进行评估。

思　考　题

1. 反应堆材料辐照肿胀是如何发生的？

2. 简述石墨的辐照蠕变现象有哪些影响因素，以及它们是如何影响核反应堆的运行。

3. 对于 RPV 来说，材质性能时效退化的主要原因是中子辐照导致的硬化和脆化。为了保证压力容器在全寿命周期内的完整性，思考压水堆核电厂 RPV 在设计时需要重点关注材料的哪些参数。

4. 由于 RPV 容积有限，可放置的辐照监督管不多，随时间推移，特别是随着反应堆延寿评价要求的增多，辐照监督管逐渐短缺。那么，有什么办法可以满足日益增长的评价需求？

5. Ni 基合金如 Ni-18Cr 等是第四代核反应堆重要的候选堆芯材料。已知 Ni 基合金中元素的辐照诱导偏聚行为与奥氏体 Fe 基合金类似，主要依赖于空位驱动的逆 Kirkendall 效应。在 400℃ 下对 Ni 基合金进行辐照，试分析 Ni 和 Cr 两种合金元素在晶界处是富集还是减少。

第6章
材料服役行为高效评价发展趋势

6.1 机器学习技术在材料服役评价中的应用及发展趋势

金属材料在实际应用环境中的性能表现被称为金属材料的服役行为，可以反映材料的性能优劣，其中包括疲劳寿命、蠕变寿命、腐蚀速率等指标。然而，设计测试实验来评估材料的服役性能需要耗费大量的时间和资源。为了节省成本和时间，可以将金属材料的成分组成、测试环境条件等因素作为特征输入到机器学习模型中，以实现对金属材料服役行为的准确预测。这种方法可以为金属材料的设计和金属材料性能的提高提供可靠的思路，从而满足更多实际应用的需求。

6.1.1 金属材料疲劳寿命预测

金属材料及其结构的疲劳断裂将导致严重的安全事故并带来一定程度的经济损失，一直以来是材料科学领域极为重要的研究课题。因此，准确预测金属材料的疲劳寿命是一项具有深远意义的工作。近年来，人们利用机器学习模型预测金属材料的疲劳寿命，实现了对于不同强度金属材料 S-N 曲线的预测。例如，研究人员利用支持向量机（Support Vector Machine，SVM）模型对 Ti-6Al-4V 合金的关键几何缺陷特征进行训练，并采取交叉验证的网络搜索方法对参数进行拟合，预测疲劳寿命与实验疲劳寿命之间的决定系数（R^2）可达 0.99，表明 SVM 模型对金属材料疲劳寿命具有较强的预测能力。有学者采用支持向量回归（Support Vector Regression，SVR）对缺陷特征和疲劳寿命之间的关系进行建模，平均绝对百分比误差低至 0.101。针对疲劳寿命半经验公式的局限性，有学者提出了两种机器学习模型用于优化疲劳寿命与输入特征之间的映射关系，机器学习模型预测精度（$R^2 \geqslant 0.922$，均方误差 MSE $\geqslant 0.116$）与半经验公式的预测性能相比（$R^2 \leqslant 0.847$，MSE $\geqslant 0.237$），表现出优异的预测能力，表明机器学习预测疲劳寿命具有可行性。同时，也有学者采用一种基于合金特征和化学成分的机器学习方法，对不锈钢 AISI 304、AISI 310、AISI 316 和 AISI 316FR 等材料的疲劳寿命进行了研究。如图 6.1 所示，其流程包括数据采集、合金特征构建、特征筛选和模型训练/测试四个步骤。在输入合金特征和化学成分的条件下，比较了八种不同算法的精度，其中 SVR 和人工神经网络（Artificial Neural Network，ANN）表现最佳，其中 ANN 模型的训练数据集和测试数据集的均方根误差分别为 0.14 和 0.17，分别比 SVR 模型的均方根误差高 40%和 31%。

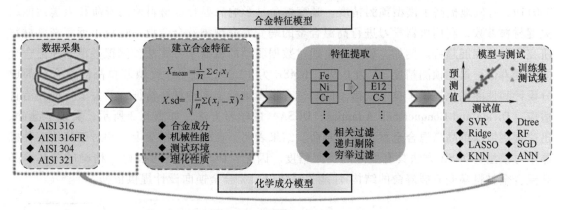

图 6.1　奥氏体型不锈钢疲劳寿命的机器学习模型预测

　　为了在样本量有限的情况下实现对金属材料疲劳寿命的精准预测，有研究人员提出了一种基于迁移学习（Transfer Learning，TR）概念的疲劳强度预测和高通量合金设计模型。如图 6.2 所示，该模型的第一层使用基于卷积神经网络（Convolutional Neural Networks，CNN）或基于传统机器学习算法的简化机器学习（Simplified Machine Learning，SML）来预测钢材的准静态力学特性。第二层将预测的钢材准静态力学特性与高周疲劳强度联系在一起。对比不同非 TR 模型疲劳强度预测的结果表明，在样本量较少的情况下，TR 模型对于疲劳强度的预测存在明显优势。

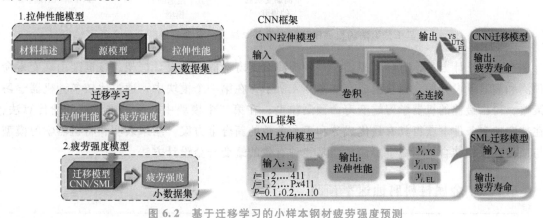

图 6.2　基于迁移学习的小样本钢材疲劳强度预测

6.1.2　金属材料蠕变寿命预测

　　蠕变寿命是金属材料在高温服役环境下的重要性能指标之一。然而，高成本的蠕变测试限制了传统试错法开发新合金的效率。同时，蠕变机理的复杂性和影响因素的多样性极大地增加了物理建模和仿真设计的难度。利用机器学习来预测蠕变等长期服役性能，可以大大节省时间和资源成本。例如，研究人员利用机器学习建立了定量模型来预测 Cr-Mo 钢的蠕变寿命，采用 Larson-Miller 参数（LMP）、Manson-Haferd 参数（MHP）和 Manson-Succop 参数（MSP）来代替蠕变寿命作为目标特征。结果表明，将蠕变寿命替换为 LMP、MHP 和 MSP 三个参数作为目标特征后，随机森林模型预测的精度 R^2 值为 0.9641，均方根误差 RMSE 为 0.0119，有效地提高了模型预测精度。蠕变寿命是影响高温合金材料使用寿命和力学性能的关键材料参数，利用机器学习进行高温合金的蠕变寿命预测及合金设计也成了近年来该材料研究领域的发展趋势。例如，研究人员通过数据驱动的机器学习算法预测镍基单晶高温合金的蠕变寿命，得到预测精度 R^2 为 0.96，RMSE 为 12.25，为下一代镍基单晶高温合金的成分设计和性能优化提供了技术支撑。同时，有学者结合了多种材料特征，开发了一种分治自适应（Divide and Conquer Self Adaptive，DCSA）的学习方法，如图 6.3 所示，实现了准确、迅速预测镍基单晶高温合金材料蠕变寿命。结果表明，在蠕变数据集上，相对于其他五种机器学习模型，DCSA 方法具有更高的预测精度。因此，DCSA 模型可以建立精确的镍基单晶高温合金材料蠕变断裂寿命的结构-性能关系映射，为合金逆向设计提供依据。

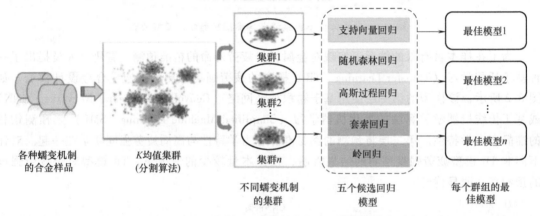

图 6.3　基于分治法的机器学习预测镍基单晶高温合金蠕变断裂寿命过程

　　在合金设计方面，有学者提出了一种提高蠕变寿命的合金设计框架，该框架由蠕变寿命预测和高通量设计两个模块组成。如图 6.4 所示，在第一个模块中，通过比较各种机器学习策略，得出最佳的机器学习蠕变寿命预测模型；在第二个模块中，采用带滤波的遗传算法，在特定蠕变条件下获得具有最优成分和工艺参数的新合金方案。结果表明，将机器学习模型与遗传算法相结合进行蠕变寿命预测是一种有效的蠕变合金设计方法。

6.1.3　金属材料腐蚀速率预测

　　金属材料的腐蚀，包括化学腐蚀、海水腐蚀以及大气腐蚀等，广泛影响着航空航天、交通、石油、化工等行业领域，带来了较高的维护成本和安全隐患，准确预测金属材料腐蚀速率对于高性能材料的设计至关重要。在化学腐蚀方面，研究人员以 26855 个低碳钢腐蚀速率数据为基础，以化学成分和腐蚀条件为输入特征，训练随机森林模型。结果表明，经训练的随机森林模型可以很好地预测低碳钢的腐蚀速率，腐蚀速率的时间分布主要取决于缓蚀剂的使用剂量，而最终的腐蚀速率主要取决于环境的恶劣程度。在海水腐蚀方面，有学者基于85 组低合金钢的海水浸泡腐蚀数据，以化学成分和环境因素为输入特征训练优化随机森林

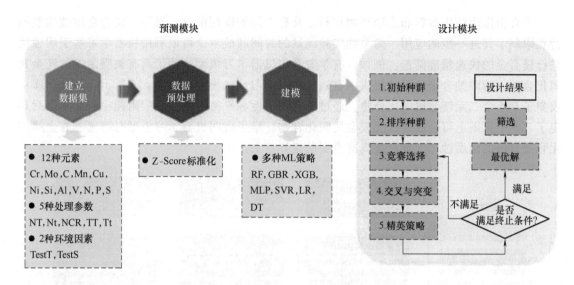

图 6.4　低合金钢蠕变寿命预测

模型。结果表明，基于机器学习的腐蚀速率预测模型表现出了良好的低合金钢海水腐蚀速率预测精度，为腐蚀研究提供了有效的数据支撑。在大气腐蚀方面，日本国立材料研究所（NIMS）基于其数据库中大气腐蚀数据，探索材料、环境因素和腐蚀速率之间的关联，提出了一种基于机器学习研究低合金钢海洋大气腐蚀行为的建模方法，建立了一种预测精度较高的随机森林腐蚀速率优化预测模型，训练集和测试集的 R^2 分别为 0.94 和 0.73，预测精度良好。大气腐蚀是一种广泛存在且具有较大危害的腐蚀，准确且实时的大气腐蚀监测对于金属材料的选择和设计有着重要的指导意义。有研究人员基于 Fe/Cu 型电偶腐蚀传感器对碳钢的大气腐蚀进行了监测，并训练随机森林模型来预测瞬时大气腐蚀。如图 6.5 所示，左侧为随机森林模型的预测过程，以降雨状态、温度、相对湿度（RH）、空气中污染物质含量等参数作为输入，每个分类回归树模型都被训练用于预测。右侧为每个分类回归树（Classification and Regression Tree，CART）模型的训练和预测过程。结果表明，随着时间的增加，在不考虑锈蚀形成情况下，模型变得更加不准确。而在模型中考虑锈蚀形成时，数据点的分布沿对角线延伸，但并没有随着暴露时间的增加而变宽，表明预测精度稳定。

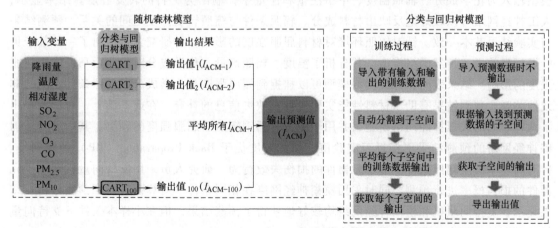

图 6.5　基于机器学习的 Fe/Cu 腐蚀传感器大气腐蚀性能预测

镁合金作为结构材料和生物医用材料，具有广阔的应用前景。然而，镁合金耐蚀性差的特点限制了其进一步的应用。为节约实验测试的时间和成本，可以利用机器学习基于耐蚀性进行镁合金的快速精准筛选。例如，有学者利用机器学习模型预测了具有氢吸附能的镁金属间化合物，为耐蚀合金的设计提供了有效的机器学习预测模型。如图 6.6 所示，从数据库中收集了 995 个二元镁金属间化合物，经过能量稳定性、平衡电位、氢吸附能等特征筛选后确定了 329 个原则上可合成的二元镁金属间化合物，结果表明机器学习模型对筛选具有金属间化合物特征的耐腐蚀二元镁合金具有重要的指导意义。

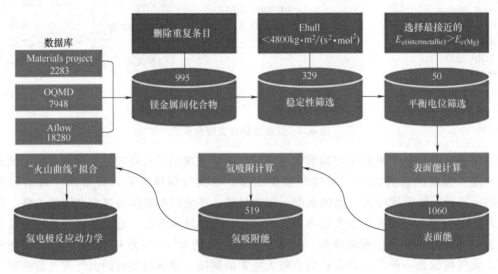

图 6.6　机器学习预测二元镁合金耐蚀性

6.1.4　辐照性能预测

压力容器的辐照性能与材料成分、辐照条件、微观结构等密切相关。针对辐照环境对材料辐照转变温度的影响，有学者提出一种基于人工神经网络的压力容器辐照脆化预测模型，模型输入为化学成分、辐照温度、中子注量和注量率，输出为材料的转变温度。结果显示，人工神经网络可以较好地反映出材料成分、辐照条件与辐照转变温度之间的关系，预测结果与实验结果基本一致。针对辐照环境对材料屈服强度的影响，有研究人员提出了一种基于贝叶斯框架的人工神经网络模型，并分析了温度、辐照剂量、化学成分对辐照后马氏体钢屈服强度的影响。结果表明，神经网络模型可以捕捉到屈服强度与化学成分及辐照条件之间的非线性关系，预测结果有助于材料性能实验设计及缺失信息的补充。在此基础上，有学者提出了两种不同的人工神经网络模型，并用于压力容器钢辐照后屈服强度的预测。其中贝叶斯训练神经网络的预测结果更接近于实验值，预测精度优于 Back Propagation（BP）神经网络。针对高功率微波辐照条件下电子元器件的损伤失效行为，研究人员采用支持向量机对电子元器件的损伤概率进行预测，同时采用模糊神经网络在相同条件下对算例进行了预测分析。结果显示，支持向量机和模糊神经网络均较好地获得了预测结果，但在小样本条件下支持向量机的预测精度更高，预测结果也更为稳定。

6.1.5　金属材料的氢脆敏感性预测

除预测金属材料的疲劳、蠕变、腐蚀性能、辐照损伤之外，机器学习还可用于预测金属材料的氢脆敏感性。对于大多数金属材料而言，氢原子的存在将降低其力学性能，导致材料的韧性和疲劳寿命降低，并增大材料的脆性，导致脆性断裂。然而，氢脆的机理目前尚不明晰。因此，通过使用机器学习算法分析与氢脆相关的特征，可以为解决含氢环境下材料脆化问题提供解决思路。研究人员使用机器学习方法预测合金元素和实验条件对奥氏体钢的氢环境脆化指数的影响。他们使用算法分析输入特征与氢环境脆化指数的相关性，并评估了四种机器学习模型的预测效果。结果发现随机森林（Random Forest，RF）模型的准确率最高。此外，针对氢导致的金属材料性能恶化，也有学者采用多层前馈反向传播的机器学习模型预测充氢铝合金的拉伸强度，模型预测精度 R^2 可达 0.9900，同时采用单层前馈反向传播的机器学习模型预测伸长率，模型预测精度 R^2 可达 0.9932。

6.1.6　机器学习技术在材料服役评价中的发展趋势

如上所述，机器学习在预测金属材料的服役性能方面已经取得了一定进展，但仍有较大的发展空间。

1）数据是开展机器学习的基础，依托文献报道的相关实验结果可获得大量数据，但由于实际实验测试过程中实验条件存在偏差或信息采集缺失，后续机器学习准确性将受到一定影响。因此，构建完善的数据标准，可极大推动机器学习在材料科学研究中的应用。

2）建立完备的材料数据库是大数据时代材料学发展的必经之路，但现有数据库普遍存在类似数据完整性不够、数据质量欠缺等问题。需要建立完备的材料大数据共享平台，进一步推动未来新材料服役性能的预测。

3）算法是机器学习的核心部分之一。现有的主流算法在大部分情况下已经能够实现对材料服役性能的准确预测，但在面对如数据量不足等问题时，其结果往往难以令人满意。通过开发新的算法或探索不同算法间的联系，可以提高机器学习的预测精度并扩大其使用范围。

4）与传统的物理建模方式不同，机器学习的黑箱特性使得预测金属材料服役性能的过程难以被解释。将机器学习与热力学或动力学模型相结合，深度挖掘材料不同性能参数间的物理规律，在提高机器学习准确性的同时，能够帮助人们更好地认识材料本身所具备的性能。

6.2　增材制造材料的服役评价进展

随着增材制造技术的发展，增材制造金属材料的静态/准静态力学性能与锻件性能基本相当，甚至优于锻件，但增材制造金属材料的疲劳性能与锻件仍有一定差距，且疲劳寿命分散性较大。相关研究表明，增材制造金属材料的疲劳性能与其表面质量、内部缺陷、微观组织结构及残余应力状态等因素密切相关。利用增材制造技术制备金属材料时不可避免地会产生夹渣、气孔、微裂纹等缺陷，当这些含有缺陷的金属材料在服役过程中，承受交变载荷时，极易引起疲劳破坏。

6.2.1 增材制造材料疲劳寿命评估模型

为了准确预测评估增材制造金属构件的疲劳寿命，科研工作者经过不懈努力，对不同结构的疲劳寿命创建了不同的评估模型，例如通过对疲劳断裂原理的研究与探索，将材料的缺陷及内部结构特征与疲劳过程的演变关联起来的疲劳寿命评估方法，是目前预测增材制造金属构件疲劳寿命较为准确的方法。常用的疲劳寿命评估方法主要包括经验公式及其参数的随机化处理模型、反映疲劳寿命离散性的统计模型、基于材料内部结构特征的疲劳寿命预测统计模型、基于疲劳物理原理和材料内部结构特征的疲劳寿命预测概率模型、多节点结构的广布疲劳损伤的概率模型等疲劳寿命预测方法。例如，有学者采用单轴载荷（$R=-1$）、单轴载荷（$R=0$）、纯扭载荷、多轴载荷等寿命预测模型研究了基于缺陷的增材制造 316L 不锈钢疲劳寿命的预估模型，其中采用修正的 Wöhler 曲线方法（Modified Wöhler Curve Method，MWCM）进行多轴疲劳寿命预测，预测结果整体趋势与实验数据相吻合。此外，考虑到增材制造/激光熔覆涉及母材、熔覆材料，以及激光源之间的能量转换问题，有学者通过分析熔覆过程中的能量耗散转换效应，并将之与构件的疲劳寿命之间建立相关联系，最终确定了如式（6.1）所示的激光熔覆构件疲劳裂纹萌生寿命的评估模型。

$$N_i = \frac{2\pi E\gamma_s - 4(1-\nu^2)\sigma^2 a - \pi E\left[P(1-\varepsilon)\eta - \dfrac{2}{3}Whv_s\rho_s(c_s\Delta T + \Delta H)\right]}{\pi Eft\Delta\sigma\Delta\varepsilon_p} \tag{6.1}$$

式中，N_i 为裂纹萌生寿命；E 为弹性模量；γ_s 为裂纹表面能；ν 为泊松比；σ 为应力峰值；a 为裂纹半径；P 为激光功率；ε 为遮光率；η 为基体吸热效率；W 为熔池宽度；h 为熔池深度；v_s 为激光扫描速度；ρ_s 为基体密度；c_s 为基体材料比热容；ΔT 为基体熔点温度与环境温度之差；ΔH 为基体的相变潜热；f 为能量吸收系数；t 为裂纹形成时滑移带的宽度；$\Delta\sigma$ 为应力范围；$\Delta\varepsilon_p$ 为应变范围。

6.2.2 基于机器学习的增材制造材料疲劳寿命评估方法

材料的疲劳寿命数据具有明显的离散性特征，离散性可通过离散系数来表征，离散系数越高则反映出材料的疲劳性能越差。在高应力水平状态下，材料疲劳寿命的离散系数约为2，而在低应力水平状态下，材料疲劳寿命的离散系数高达 100 左右，其主要原因是疲劳裂纹萌生位置和裂纹生长速率均具有内在的离散性特征，由于材料的内部结构、服役载荷及工作环境的差异，疲劳寿命的不确定性更加明显。疲劳寿命数据的离散性特征，增加了构建疲劳寿命评估模型的难度，降低了疲劳寿命评估模型的准确性。随着现代技术的发展，利用机器学习技术分析疲劳数据，搭建疲劳寿命数据库，构建疲劳寿命评估模型，可以弥补疲劳寿命数据离散性的影响，从而提高疲劳寿命预测的准确性。有研究基于数据驱动的增材制造铝合金的疲劳寿命预测模型，对于不同的增材工艺，计算了不同循环载荷作用下的增材制造合金 Al-Si-10Mg 的疲劳寿命，建立了不同数据驱动模型的数据库，并根据建立的驱动模型预测了增材制造合金 Al-Si-10Mg 的疲劳寿命，所有的预测寿命均处在 2 倍误差带以内，验证了基于数据驱动的疲劳寿命评估模型的适用性。同时，有研究人员测试了增材制造 6005A-T6 铝合金试样在不同应力比 R 下的疲劳裂纹扩展速率，基于反向传播神经网络（Back Propagation Neural Network，BPNN）、SVR、K 最近邻算法（K-Nearest Neighbor，KNN）和 eXtreme Gradient Boosting（XGboost）机器学习模型，建立应力比 R 与应力强度因子范围 ΔK 双驱动控制的疲劳裂纹扩展速率模型，并从准确度和效率等角度对不同机器学习方法建立的疲劳裂纹扩展速率模型进行综合评估，并与系统 Forman 方程拟合结果进行对比分析。结果表明，传统 Forman 方程的拟合精度 R^2 为 0.82，MSE 为 3.804×10^{-14}，而 4 种机器学习模型的拟合精度 R^2 均大于 0.99，MSE 均小于 10^{-16}，4 种机器学习模型均能体现出裂纹扩展速率的非线性特征，实验结果训练集与测试集有良好的拟合效果，且采用机器学习方法建立的裂纹扩展速率模型准确性均高于传统 Forman 方程。

利用机器学习等人工智能手段预测增材制造金属材料疲劳裂纹的萌生和扩展行为，评估金属材料的疲劳寿命，为预测和提升增材制造金属材料的寿命提供了新思路。机器学习等人工智能技术在改善增材制造金属材料工艺技术、提升成形件疲劳寿命等领域迅速发展，将推动增材制造金属材料疲劳延寿技术的发展，也是未来研究的重点。

6.3 复合材料的服役评价进展

6.3.1 C/C 复合材料疲劳性能进展

1. C/C 复合材料疲劳性能

C/C 复合材料是新材料领域重点开发、研究的一种高温结构材料，具有高强度、高模量、低密度（理论密度为 2.2g/cm^3，实际密度为 $1.5 \sim 2.10\text{g/cm}^3$）、低蠕变、低线胀系数、耐摩擦、耐烧蚀、抗热振、高温性能稳定，以及良好的生物相容性等特点，广泛应用于固体火箭发动机喷管、喉衬，战略导弹的端头帽和防热套，航天飞机的鼻锥帽和机翼前缘的热防护系统，飞机制动盘和人体的关节、骨骼、牙齿等，具有广阔的应用前景。

C/C 复合材料作为一种高温结构材料，实际应用中将不可避免地承受不规律应力或应变的作用。这些作用使材料损伤逐步累积，在一定的循环周期下突然断裂，危害性极大。由于疲劳破坏是工程材料失效的主要形式，因此对其疲劳性能的研究具有重要意义。

影响材料疲劳性能的因素为载荷形式、尺寸、表面粗糙度、温度和环境等，对于 C/C 复合材料，纤维的预制体、组织结构和密度、空隙等也会影响其性能。目前人们对 C/C 复合材料的疲劳性能已经做了一些研究工作，根据载荷类型可以将 C/C 复合材料的疲劳性能分为拉-拉疲劳、弯-弯疲劳、剪切疲劳。

（1）C/C 复合材料的拉-拉疲劳性能 拉-拉疲劳性能研究是在一定温度、介质、频率、载荷波形、应力比条件下，选择拉伸载荷类型的疲劳测试，首先通过升降法测定材料的疲劳强度与疲劳寿命（S-N）曲线，借助扫描电子显微镜（SEM）对疲劳试样外观形貌及断裂面的微观结构进行观察，分析 C/C 复合材料的疲劳机理。

循环次数表征了材料的使用寿命，在材料疲劳性能研究时，大多数学者考虑了循环次数的影响。不同循环次数下层压 C/C 复合材料的疲劳极限达到材料静态强度的 93%，循环周期超过 10^4 次材料不发生断裂，"界面损伤"增加了 C/C 复合材料强度的强化机理。

由于航空用的部件多数采用增强纤维三维整体编织的结构，为了进一步开发 C/C 复合材料在军用飞机上的应用，研究人员对 3D 整体编织 C/C 复合材料在最大应力为静态强度的 90% 情况下进行拉伸疲劳实验，发现材料抗弯强度随着疲劳次数的增加而增加，断裂模式由脆性断裂演化到假塑性断裂，同时也提出界面弱化、纤维与基体间的内摩擦力的增加、残余应力减小对 C/C 复合材料剩余强度增加有积极作用。除了以上提到的界面控制强化理论，也有学者发现，在疲劳载荷下，C/C 复合材料内部热解碳沉积之间发生微摩擦，引起基体皱褶现象，该现象也证明了疲劳振动导致 C/C 复合材料微摩擦，从而也影响材料的疲劳性能。

除了上述 C/C 复合材料光滑试样的疲劳测试，应力集中也是 C/C 复合材料疲劳性能的主要影响因素。有学者对 3 种 C/C 复合材料光滑试样和双边缺口试样进行了拉-拉疲劳性能研究，发现 3 种光滑 C/C 复合材料的疲劳极限为静态强度的 85% ~ 92%，缺口试样在循环 10^6 次后，剩余强度随着疲劳应变的增加而增加，暗示缺口促进了材料应力集中的释放，从而提高了 C/C 复合材料的疲劳强度。也有学者对不同类型缺口的 C/C 复合材料试样进行了疲劳性能测试，发现纤维的方向、缺口的形状和应力比会影响材料的疲劳极限，缺口的深度对疲劳极限没有影响。同时也指出材料的疲劳极限由其实际承载能力决定，与应力集中无关，缺口试样在循环载荷下强度降低。因此，应力集中对 C/C 复合材料的疲劳性能起积极作用还是加速疲劳损伤，目前尚未有很好的解释，需要进行更深入的研究。

当 C/C 复合材料的疲劳极限在静态强度的 90% 左右时，剩余强度不会由于疲劳加载减小反而增大，说明其具有优异的室温疲劳性能。但作为高温结构材料，C/C 复合材料存在一个致命的弱点，即在高于 450℃ 的氧化气氛中会迅速被氧化，严重影响其各项性能，甚至引发事故。为了加快 C/C 复合材料在高温条件下的有效应用，研究人员将覆有 SiC 涂层的 C/C 复合材料在甲烷燃气（火焰中心温度为 1300℃）风洞中进行拉-拉疲劳测试。结果表明，材料受到的大部分损伤发生在前 50 次循环，随着循环次数的增加，逐渐稳定，并在 600 次循环后稳定。风洞试验中，试样在疲劳载荷下比未疲劳试样的强度高。同时，通过 SEM 观察，发现氧化失效及界面脱粘是材料失效的主要原因。此外，不同应力水平下 SiC 涂层 C/C 复合材料在 1300℃ 下的拉-拉疲劳行为表明，应力水平越高，材料的寿命越短，基体、纤维及基体与纤维界面的氧化失效引起材料失效。

（2）C/C 复合材料的弯-弯疲劳性能　C/C 复合材料使用环境复杂，为确保安全使用，人们对 C/C 复合材料的弯-弯疲劳性能进行了研究。2D C/C 复合材料在空气和油介质、不同应力比、不同循环次数下的疲劳性能测试结果表明，空气介质中，应力比为 0.8，循环 10^6 次弯-弯疲劳测试的试样的剩余强度增加，应力比为 0.9 时，剩余强度减小，当循环次数为 10^7 次时，剩余强度均降低；而在油介质中，应力比为 0.9，循环次数为 10^7 次时其剩余强度未降低；并提出疲劳载荷后界面结合影响材料的弯曲性能。通常材料在不同的应用环境下，其承载大小不相同。因此，有学者研究了不同应力水平下 C/C 复合材料的弯曲疲劳性能。采用静态强度的 90%、80% 的应力水平，对 2D 碳布叠层 C/C 复合材料在不同循环次数下进行弯曲疲劳性能研究，结果表明在高应力水平下随着循环次数的增加，剩余强度增大；循环次数介于 10^4 ~ 10^5 时，强度增加较小，当循环 10^6 次时，高应力水平下试样的剩余强度比低应力水平下小。同时，该学者通过 SEM 观察断口形貌，发现随着疲劳循环次数的增加，纤维与基体的界面结合被弱化，从而提高了材料的疲劳强度。

早期人们的研究主要关注于 2D C/C 复合材料，且发现疲劳强化主要是界面弱化做出了贡献，对 3D C/C 复合材料性能的研究相对较少。有学者系统研究了 3D 整体编织 C/C 复合材料的弯-弯疲劳性能，讨论了应力水平、循环次数对 C/C 复合材料疲劳性能的影响，结果发现，3D 整体编织 C/C 复合材料的疲劳极限为静态强度的 92%，材料的剩余抗弯强度随着疲劳循环次数的增加而增加，断裂模式由脆性断裂过渡到较高程度的假塑性断裂，并提出疲劳过程中空隙演化弱化了 C/C 复合材料界面，从而提高了 C/C 复合材料的剩余抗弯强度的理论。

（3）C/C 复合材料的剪切疲劳性能　对于 C/C 复合材料，不同应力水平、不同应力比及不同介质，均将对最终的疲劳性能产生影响。在剪切疲劳加载后，材料的剩余强度降低；水和油介质均加快强度降低，油介质强度降低速率相对较小；同时用陶瓷材料的"楔形效应"可以解释材料的剪切断裂机理。如今，单独对 C/C 复合材料剪切疲劳性能的研究较少，大多采用对比试验研究剪切疲劳性能，C/C 复合材料剪切疲劳的专题研究未来应重点考虑。

到目前为止，根据以上 3 种疲劳性能研究方法可以看出：材料承载的应力、循环次数及载荷类型均可直接反映其疲劳性能。但是，人们所关注的影响因素主要包括循环次数、应力水平、载荷类型等，而关于应力比、频率、介质环境等因素对 C/C 复合材料疲劳性能影响的研究甚少。此外，测试手段主要采用 SEM 观察断口形貌，分析疲劳机理，疲劳过程中材料结构变化检测未得到较好的研究。同时，C/C 复合材料疲劳后的物理性能（热导率、线胀系数、电阻率等）的变化，也需要进一步探讨。

2. C/C 复合材料的疲劳损伤特点

疲劳损伤是指当材料或结构受到多次重复变化的载荷作用后应力值没有超过材料的强度极限，甚至比弹性极限还低的情况下就可能发生的破坏现象。复合材料是两种或多种性质不同的组分构成的材料，其疲劳性能与单相材料大不一样，如金属材料，作为一种单相材料，在受交变载荷作用下往往出现一个单一的主裂纹，这一主裂纹控制着最终的疲劳破坏；而 C/C 复合材料由多相组成，结构复杂多样，在交变载荷下的破坏机理必然不同于金属材料。结合 C/C 复合材料疲劳性能目前的一些研究工作，可以归纳出其疲劳损伤具有以下几个特点。

（1）多种损伤形式　C/C 复合材料由碳纤维、碳基体、孔隙及界面组成，各组元均将影响 C/C 复合材料的疲劳性能。根据近年来人们对 C/C 复合材料疲劳性能研究的总结发现：在一定载荷、频率下，通过 SEM 观察，随着疲劳循环次数增加，首先基体产生微小裂纹，纤维出现脆断或者拔出，纤维与基体间的界面出现纵向裂纹或者裂纹遇到界面的阻碍发生偏转，界面处纤维与基体脱粘，最终导致材料失效。这些损伤形式与复合材料的拉伸疲劳损伤形式一致。在这些损伤形式中，纤维的断裂是瞬间的，是一种突发过程，界面和基体的损伤是渐进的，有累积扩展的过程，且这些损伤会相互作用和组合，表现出更复杂的疲劳损伤行为。这也成功地解释了 C/C 复合材料的疲劳极限能够达到静态拉伸强度的 90% 左右，而金属的疲劳强度仅是静态拉伸强度的 40%~50%。C/C 复合材料疲劳损伤的主要特点之一是具有多种损伤形式，界面脱粘、基体开裂、裂纹偏转、分层、纤维断裂或拔出等。

（2）剩余强度增加　表 6.1 列出了几种光滑 C/C 复合材料试样在不同循环次数后的剩余强度。从表 6.1 中明显看出，疲劳加载后 C/C 复合材料的剩余强度会随着循环次数的增加而增加，但循环次数达到某一值时，增幅将逐渐减弱。因此，剩余强度不会无限制提高，而是存在一定增幅极限。C/C复合材料在疲劳加载过程中，存在的多种损伤形式，吸收加载过程的能量，从而提高了材料的强度。疲劳循环加载不仅没有降低C/C复合材料的强度，反而提高了其强度，这一"剩余强度增加"现象是其他传统材料所不具有的，也正是这种异常的"剩余强度增加"现象，表明C/C复合材料具有良好的抗疲劳性能。

表6.1 不同循环次数下光滑C/C复合材料试样的剩余强度

材料	循环次数			
	0	10^4	10^5	10^6
压层 C/C 复合材料/MPa	229	236	248	256
2D 碳布叠层 C/C 复合材料/MPa	88	118	120	126
正交对称铺层 C/C 复合材料/MPa	179	—	199	189
3D 整体编织 C/C 复合材料/MPa	215	224	243	240

（3）测试数据分散性大 在疲劳分析中，疲劳性能测试数据常常具有较大的分散性，C/C复合材料作为各向异性材料，疲劳测试数据更是如此。研究人员在对3D C/C复合材料的静态拉伸测试中发现，3D C/C复合材料的性能指标分散性较大，拉伸强度和弹性模量的分散度均高于21%。众所周知，金属材料疲劳数据分散度的影响因素较多，包括材质本身的不均匀性、试件加工质量及尺寸的差异、实验载荷的误差、实验环境（温度、湿度等）及其他因素。C/C复合材料疲劳性能研究过程中，几乎忽略了这些影响因素。为了使实验结果尽可能地准确、可靠，在进行疲劳性能测试时，所用的实验试样最好由同一块复合材料板切割而成，以尽可能降低C/C复合材料疲劳性能测试数据的分散性。

材料自身的不均匀性是不可避免的，为了更好地了解、掌握C/C复合材料的疲劳性能，有必要利用统计分析方法处理测试数据。早期，有学者利用两参数威布尔分布预测复合材料的疲劳寿命，其预测结果与实验数据相当吻合。C/C复合材料疲劳寿命研究过程中，也采用这种分析方法估算了材料的静态强度和疲劳寿命数据，发现试验数据与威布尔分布估算具有很高的相关系数。也有学者采用散点作图法绘制C/C复合材料的S-N曲线，研究发现S-N曲线呈明显的三段式，与前人提出的应力控制C/C复合材料的疲劳断裂相一致。

3. C/C复合材料疲劳性能研究发展趋势

材料的"工艺-结构-性能"三者相互联系、相互影响。C/C复合材料的疲劳性能不仅与材料的制备工艺、组成结构相关，还与C/C复合材料的疲劳性能测试参数相联系。在不同的载荷形式、应力水平和循环次数下，C/C复合材料都表现出不同的疲劳行为。为了扩大C/C复合材料的实际应用范围，C/C复合材料的疲劳性能仍是人们研究的重点和热点课题。结合目前研究现状，提出以下有待于进一步研究的方向：

1）C/C复合材料疲劳性能实验数据分散性较大，急需建立一种能够准确处理实验数据的分析方法。

2）研究高温环境、不同介质、不同应力比条件下C/C复合材料的疲劳性能。

3）确定C/C复合材料的疲劳损伤与其断裂行为之间的关系。

4）完善C/C复合材料的疲劳损伤机理。

5）建立C/C复合材料疲劳强度与疲劳寿命的预测模型。

6.3.2　SiC/SiC 复合材料疲劳与蠕变性能研究进展

SiC/SiC 复合材料由于具有耐高温、低密度、抗氧化等特点，在航空航天发动机、可重复使用飞行器等方面具有广阔的应用前景。常见的 SiC/SiC 复合材料制备工艺包括化学气相沉积工艺（Chemical Vapor Infiltration，CVI）、前驱体浸渍裂解工艺（Polymer Impregnation and Pyrolysis，PIP）、熔融渗硅工艺（Melt Infiltration，MI）及上述工艺的复合工艺。由于服役环境的特殊性，SiC/SiC 复合材料更关注长时性能，包括疲劳性能、蠕变性能、持久性能及抗氧化性能等，其中疲劳性能与蠕变性能涉及热/力/氧多场耦合服役环境，更接近实际应用时的多场耦合服役环境，是目前研究的热点与重点。

SiC/SiC 复合材料的疲劳性能测试通常是在一定温度及交变载荷作用下，表征材料的力学性能衰减情况或者破坏行为；蠕变性能测试通常在一定温度及单一载荷作用下，测量材料随时间的变形量。

与树脂基复合材料及金属基复合材料不同，SiC/SiC 复合材料基体的断裂伸长率低于纤维的断裂延伸率。基体产生裂纹后，纤维将起到桥联作用，并将应力重新分布，从而提高了材料的韧性及可靠性。

1. SiC/SiC 复合材料疲劳失效机制及影响因素

SiC/SiC 复合材料的疲劳失效主要是在交变应力的作用下，裂纹附近纤维与基体界面发生摩擦磨损，且随着循环次数的增多，界面剪切应力显著降低，致使纤维与基体脱粘及基体开裂。疲劳失效受诸多因素影响，如温度、载荷及环境等。

（1）温度对 SiC/SiC 复合材料疲劳行为的影响　温度对 SiC/SiC 复合材料疲劳行为的影响，主要是高温使得纤维发生蠕变，从而降低复合材料的高温疲劳性能。在室温条件和 160MPa 应力下，循环 10^7 次后，采用 CVI 工艺制备的 SiC/SiC 复合材料的拉伸强度与初始拉伸强度相同；而在 75MPa 应力，氩气气氛，1000℃下循环 10^7 次后，材料拉伸强度低于初始拉伸强度。这表明高温下疲劳失效机理与室温有所不同，在 1000℃高温下，SiC 基体的蠕变速率非常低，因此 1000℃时的疲劳失效机理主要是由于纤维的蠕变及界面滑移阻抗变化引起。也有学者证明 SiC/SiC 复合材料在 600℃与 1200℃温度下表现出的疲劳行为不同，1200℃下其疲劳失效机制主要是由于纤维发生蠕变，而在 600℃时，主要由纤维内部裂纹的扩展及纤维与基体的界面性能降低引起。同时也有研究结果表明，采用 CVI 工艺制备的自愈合复合材料在 1200℃时的疲劳行为主要受 Hi-Nicalon 纤维影响。

（2）载荷对 SiC/SiC 复合材料疲劳行为的影响　疲劳失效与载荷相关，尤其以比例极限（材料所承受的应力和应变保持正比的最大应力）为界限，载荷的影响更加明显。主要是由于在比例极限以下时，基体不发生开裂，在比例极限以上时，基体开始产生裂纹。熔渗工艺制备的复合材料，在高应力载荷条件下（>179MPa），失效主要是由于基体开裂，纤维承担主要的载荷，而在低应力载荷条件下（<165MPa），失效主要由纤维失效引起。而 CVI 工艺制备的自愈合复合材料在 1300℃空气及水汽环境下，随着载荷的增加，疲劳寿命缩短，并且当载荷超过比例极限时，材料的应变明显增加。此外，也有研究表明，高温下疲劳失效受裂纹产生、裂纹扩展、界面脱粘及纤维桥联与拔出控制，当应力大于比例极限时，纤维承载主要的疲劳载荷，当应力小于疲劳极限时，基体主要承载疲劳载荷，而在二者之间时，纤维

与基体共同承载疲劳载荷。通常，当复合材料比例极限较高时，疲劳极限也较高。

（3）频率对 SiC/SiC 复合材料疲劳行为的影响 1200℃时，SiC/SiC 复合材料在频率为 0.1Hz、1.0Hz 及 10Hz 时的疲劳实验结果表明，在空气环境下，频率较低时，其疲劳性能表现更佳。当频率为 10Hz、80MPa［约为 37%极限拉伸强度（UTS）］应力水平时，疲劳寿命大于 $2×10^5$；当频率为 1Hz、100MPa（约为 46%UTS）应力水平时，疲劳寿命大于 $2×10^5$；当频率为 0.1Hz、110MPa（约为 51%UTS 应力水平时，疲劳寿命大于 10^5。在水汽环境下，随着频率的增加，在相同应力条件下，复合材料的疲劳寿命表现出缩短的趋势。尽管在频率较低时，复合材料暴露在气氛下的时间更长、材料更容易发生氧化，但研究表明，氧化对于高温疲劳行为的影响并非主要因素，高频下纤维及基体更易产生裂纹并且导致裂纹的扩展可能是疲劳失效的主要原因。即使在室温条件下，加载频率对于材料疲劳寿命也有影响，频率为 50Hz 时材料的疲劳极限低于频率为 1Hz 和 10Hz 时，主要是由于高频加载更容易在基体中产生缺陷。

（4）环境对 SiC/SiC 复合材料疲劳行为的影响 发动机零件通常处于燃气环境下，而燃气对于疲劳寿命有重要影响。通常疲劳寿命在燃气环境中比在静态环境下显著缩短，一方面是由于材料存在热梯度引起的应力，致使基体更容易开裂；另一方面，燃气环境下气体的流速更快，更容易导致材料发生氧化。采用熔渗工艺制备的 SiC/SiC 复合材料，在空气及燃气环境气氛下其拉-拉疲劳性能测试结果表明，材料的强度及抗氧化性均降低，且燃气环境下降幅更大，在相同应力条件下，在静态炉内疲劳寿命要明显长于燃气环境，主要是由于燃气环境下产生的热梯度引起的应力叠加，致使基体更容易开裂。采用 MI 工艺与 CVI 工艺制备的 SiC/SiC 复合材料，分别在静态氧化环境与燃气环境中进行高温疲劳试验，结果表明，燃气环境下疲劳寿命较短，而环境阻隔涂层（Environmental Barrier Coating，EBC）由于可以阻挡氧气的进入，因此能够有效提高燃气环境下的疲劳寿命。有研究表明，当温度为 1205℃时，疲劳寿命在燃气环境下比在实验室静态环境下降低约 100 倍。同时也有研究表明，CVI结合 MI 工艺制备的复合材料在 750℃干燥空气环境和湿氧环境下，水汽环境能够加速 BN 界面层的失效，从而降低材料的疲劳寿命。

2. SiC/SiC 复合材料蠕变失效机制及影响因素

SiC/SiC 复合材料的蠕变一般分为 3 个阶段，如图 6.7 所示，首先是应变速率逐渐降低的阶段Ⅰ，然后是应变速率稳态阶段Ⅱ，最后是应变速率快速上升至断裂的阶段Ⅲ。通常而言，阶段Ⅰ产生的应变量较小，而阶段Ⅱ产生的应变量较大，并且随着时间的变化更加明显。蠕变曲线中出现的阶段数量与应力大小及温度条件相关。在高载荷状态下，通常没有加速至断裂阶段，甚至是稳态阶段。SiC/SiC 复合材料的蠕变性能取决于各组分的蠕变性能、纤维与基体蠕变性能的匹

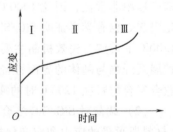

图 6.7 恒定载荷条件下
复合材料蠕变曲线

配性等因素。蠕变性能不仅与各组分的微观结构密切相关，包括晶粒尺寸、组分、孔隙结构及分布等，而且与纤维类型、温度及载荷、环境及基体类型等因素密切相关。

复合材料的蠕变行为通常是在特定的气氛及恒定载荷条件下，通过测量高温下试样随时间的变形量进行表征。当温度达到能够使各组分发生蠕变时，纤维与基体蠕变的不匹配性使得低蠕变速率组元承受更多的力，而高蠕变速率组元承受较小的力。当纤维的蠕变速率小于

基体的蠕变速率时，力从基体转向纤维，并且致使纤维过载而导致断裂；当纤维的蠕变速率大于基体的蠕变速率时，力从纤维转移到基体，从而使基体发生开裂，导致纤维起到承载的作用，并且暴露于环境气氛。蠕变失效机理不仅包含短时力学性能中表现出的基体开裂、界面脱粘、纤维桥联、纤维断裂及拔出，而且包含各组分的蠕变及应力的再分配，氧化诱导的裂纹扩展等。SiC/SiC 复合材料在真空环境下，1300～1430℃范围内的蠕变实验结果表明，当温度高于 1400℃时，蠕变断裂时间明显缩短，蠕变速率增加了 3 个数量级，主要是由于高温使得 SiC 纤维中的 SiO_xC_y 相重结晶成 SiC 和 C，并且 SiC 晶粒发生明显的长大。

（1）纤维类型对 SiC/SiC 复合材料蠕变行为的影响　复合材料中纤维的抗蠕变性能越好，则制备的复合材料抗蠕变性能越好，因此，代次高的纤维所制备的复合材料通常抗蠕变性能更好。纤维类型对单纤维束微型复合材料在 1200℃空气气氛下的蠕变行为影响实验结果表明，采用 Hi-Nicalon S 纤维比采用 Hi-Nicalon 纤维增强的复合材料具有更好的抗蠕变行为，主要是由于 Hi-Nicalon S 纤维抗蠕变性能更加优异。Hi-Nicalon 纤维比 Nicalon 纤维有更好的抗蠕变性能，因此，其制备的复合材料具有更好的抗蠕变行为。不同近化学计量比的 SiC 纤维制备的复合材料蠕变实验结果表明，蠕变及断裂行为主要与纤维的蠕变行为相关，Sylramic-iBN 纤维制备的复合材料抗蠕变性能最好。

（2）温度及载荷对 SiC/SiC 复合材料蠕变行为的影响　在较低温度及低于裂纹开裂应力时，蠕变主要表现为与时间相关的行为。在温度超过组分的稳定温度时，纤维中的热不稳定相将影响蠕变行为。对于 Nicalon 纤维而言，该温度大约在 1200℃，对于 Hi-Nicalon 和 Hi-Nicalon S 纤维而言，该温度约为 1400℃，对于 Sylramic-iBN 纤维而言，该温度在 1800℃附近。当载荷超过基体开裂应力时，基体中的裂纹将成为氧气传输的通道，引起纤维及界面层的氧化，从而降低纤维的强度，并引起载荷的再分配。CVI 工艺制备的自愈合复合材料在 1200℃下的蠕变实验结果表明，在高温下，复合材料的蠕变行为主要取决于纤维的蠕变行为及界面的滑移，未发现明显的由蠕变引起的基体开裂。另有研究结果表明，采用 CVI 工艺制备的复合材料蠕变与温度及载荷密切相关，温度的升高或应力的增大，致使蠕变断裂时间缩短，并且稳态蠕变速率增加，主要蠕变损伤模式包括基体开裂、界面脱粘和纤维蠕变。同时也有研究表明，复合材料中缺陷的数量主要取决于载荷的大小，而缺陷的尺寸与蠕变时间密切相关。

（3）环境对 SiC/SiC 复合材料蠕变行为的影响　环境中的氧可以对复合材料造成氧化，尤其是界面层通常为氧化的薄弱环节，从而造成对复合材料蠕变行为的影响。采用 Sylramic-iBN 纤维增强及熔渗工艺制备的 SiC/SiC 复合材料在 220 MPa 应力状态下的蠕变实验结果表明，当温度为 1204℃时，在氩气气氛下，即使存在较低含量的氧，也能够使复合材料发生类似于空气气氛的氧化。但是在真空气氛下，复合材料的蠕变行为未受氧气影响时，表现出更优异的性能，蠕变速率比空气气氛低 2 个数量级。Nicalon 纤维增强的 SiC 基复合材料在空气中的抗蠕变性能明显低于在氩气气氛中的抗蠕变性能，主要是由于在空气气氛中碳界面层及纤维发生了氧化，并且 Hi-Nicalon 纤维增强的 SiC 基复合材料表现出类似的行为。

（4）基体类型对 SiC/SiC 复合材料蠕变行为的影响　不同制备工艺制备的复合材料基体类型有明显区别，而基体类型对于复合材料的蠕变行为有重要影响。PIP 工艺制备的复合材料蠕变行为与纤维的蠕变数据相差不大，主要是由于 PIP 工艺中基体的裂纹较多，不能承担更多的载荷。当归一化到相同纤维体积分数时，CVI 工艺与 MI 工艺制备的复合材料蠕变速率相当，虽然 MI 工艺制备的基体中含有 10%~15% 的自由硅。Nicalon SiC 纤维增强的自愈合基体的蠕变速率高于 Nicalon SiC 纤维增强的普通碳化硅基体，主要是由于自愈合基体中含有玻璃相，而玻璃相在高温下使基体变软并且可以促进纤维与基体的滑移，致使蠕变变形量增加。

CVI 工艺与 PIP 工艺制备的复合材料的蠕变行为研究结果表明，CVI 工艺制备的复合材料蠕变行为与纤维及基体均密切相关，而蠕变机理与载荷相关。在高应力时，蠕变主要受纤维的蠕变主导；在中间应力时，基体与纤维共同主导蠕变行为；而在比例极限应力以下时，蠕变主要由基体主导，且基本不发生蠕变行为。而 PIP 工艺制备的复合材料蠕变行为由纤维主导，且与应力大小无关，复合材料很快达到稳态蠕变。因此，制备工艺（影响基体类型）对复合材料的蠕变行为有较大影响。采用熔渗工艺制备的复合材料基体开裂强度较其他工艺更高，主要是由于采用熔渗工艺制备的复合材料，基体较为致密；其次，在硅凝固过程中，体积胀大，并且硅的线胀系数低于碳化硅，使得基体相对于纤维处于压应力状态，有利于提高材料的基体开裂强度，从而影响材料的蠕变行为。

3. SiC/SiC 复合材料疲劳与蠕变性能研究发展趋势

尽管目前在 SiC/SiC 复合材料疲劳及蠕变性能方面已经有较为广泛的研究工作，但未来仍有大量的研究工作有待开展。首先，目前 SiC/SiC 复合材料疲劳及蠕变的研究多从宏观角度出发，对微观结构的变化及内在机理的研究涉及较少。由于 SiC/SiC 复合材料中纤维类型、编织方式、界面层体系、制备工艺及服役环境等存在较大的区别，在复合材料实际应用前应进一步开展更加细致的疲劳及蠕变性能研究。此外，随着声发射、电阻检测、原位 CT、原位 SEM，以及机器学习和人工智能等技术不断地发展，将其与 SiC/SiC 复合材料疲劳性能及蠕变性能测试相结合，可以获得更加丰富的材料损伤演化和失效行为信息。

6.3.3　颗粒增强铝基复合材料疲劳性能进展

颗粒增强铝基复合材料（Particle-reinforced Aluminum Matrix Composites，PAMC）一般是指以 SiC、Al_2O_3、TiC 等陶瓷颗粒为增强体，以 Al 及其合金为基体组成的一类复合材料，具有低密度、高比强度、高比刚度、耐磨损、抗疲劳等一系列优点。随着科技的发展，传统材料逐渐无法满足现代产业的苛刻要求，作为传统金属材料的有力竞争者和替代者，PAMC 成为人们研究的热点。现在 PAMC 已经逐渐应用到航空航天、汽车制造、核能等产业，因此，对其疲劳性能的研究也尤为重要。

1. PAMC 疲劳性能的影响因素

（1）增强体体积分数　通常认为随着增强颗粒的体积分数提高，复合材料的疲劳寿命也会相应提高。这是因为当材料承受一定载荷时，随着增强颗粒体积分数的增多，更多的载荷通过界面传递到更多的颗粒上，每个颗粒承受的载荷减小，基体承受的载荷也相应减小，从而提高复合材料的疲劳强度。此外，材料弹性模量和加工硬化率升高，疲劳过程中弹性应变和塑性应变降低，同样也可以增加材料的疲劳性能。

有研究表明，随着体积分数的增加，复合材料的抗拉强度、疲劳强度均逐渐升高且明显高于合金材料。但也有研究中发现，PAMC 的疲劳强度随体积分数升高没有明显的提高。近几年的研究表明，并不是在所有 PAMC 体系中，疲劳性能均随着增强体体积分数的增加而提高，这是因为随着增强颗粒体积分数升高，增强颗粒出现团聚的可能性增大，颗粒断裂增多，材料塑性变形能力降低，微裂纹过早出现，这些缺陷的增加抵消了疲劳性能的提高；同时疲劳性能还可能和增强体与基体界面结合性有关。另一方面，颗粒体积分数的增加会促进基体晶粒细化，且在材料制备加工过程中颗粒会破碎金属间化合物，得到尺寸较小的金属间化合物，有利于提高材料的疲劳性能。

（2）增强颗粒尺寸　大量研究表明，随着增强颗粒尺寸的减小，复合材料的抗拉强度、疲劳强度均升高。在一定体积分数的 PAMC 中，颗粒尺寸越小，颗粒之间的平均间距也越小，位错绕过颗粒的曲率增大，所需的驱动力增加，加工硬化率升高，最终导致复合材料的强度升高。同时，裂纹扩展过程中遇到颗粒阻碍的概率增加，裂纹发生偏转次数增多，裂纹闭合效应升高。另一方面，随着颗粒尺寸减小，颗粒自身缺陷减少，颗粒的强度升高，颗粒在裂纹扩展中断裂的可能性降低，从而提高复合材料的疲劳性能。对于亚微米级颗粒以及纳米级 PAMC，由于颗粒尺寸小，容易发生团聚，疲劳的研究较少，仍需要进一步研究。

（3）基体晶粒尺寸　复合材料基体中晶粒尺寸大小是控制近门槛区疲劳裂纹扩展的一个重要因素。粗大的晶粒可以提高裂纹扩展门槛值，增加裂纹扩展抗力。有学者研究了 SiC/A356 铸造复合材料疲劳裂纹扩展性能，铸造复合材料由于大尺寸晶粒，裂纹扩展曲折，断口表面粗糙，具有比粉末冶金法制备的材料更高的裂纹闭合效应，因此铸造复合材料裂纹门槛值高于粉末冶金复合材料。也有研究发现同样的现象，不过这一现象只发生在铸造复合材料中，而在粉末冶金制备的复合材料和合金中，晶粒尺寸比较细小，对近门槛区影响不大。

（4）析出相　析出相对材料的强度和疲劳性能也有重要的影响：析出相越细小、分布越均匀，材料的抗拉强度和疲劳强度越高。为了降低体系亥姆霍兹自由能、提高析出相钉扎位错的能力，许多合金体系中的析出相与基体是共格或半共格关系，在循环变形过程中可以被位错剪切，与基体一起变形，形成局部应变或驻留滑移带，变形后不能再抵抗进一步的变形，滑移带处容易开裂成为裂纹萌生源，对材料疲劳性能影响较大。增强颗粒还可以阻碍塑性变形时可逆滑移的产生，这有利于疲劳强度的提高。对颗粒增强铝基复合材料在 T6 和 T8 状态下的析出相进行对比发现，在 T8 状态下，析出相细小，析出相之间的间距较小，具有较高的抗拉强度，但在疲劳过程中，析出相容易被剪切变形，降低疲劳强度。而在 T6 状态，析出相比较粗大，抗拉强度低，但不可变形，疲劳性能较高。过时效使第二相颗粒粗大，颗粒间距变大，疲劳强度降低。因此要获得较好的疲劳性能，应使复合材料基体中的析出相尺寸适中，不会被剪切变形，并且与基体保持共格或半共格关系，这样疲劳性能最高。

（5）表面状态　材料的表面状态对疲劳性能也有重要影响，这里的表面状态主要是指表面粗糙度和应力状态。疲劳裂纹通常萌生在材料表面的大颗粒、金属间化合物、气孔、增强相与基体间的界面、划痕等缺陷处。因此表面粗糙度对于材料疲劳性能至关重要，表面粗糙度越小，表面缺陷越少，疲劳裂纹从表面萌生较少或者萌生较晚，从而可以延长材料的疲劳寿命。在颗粒增强铝基复合材料表面镀 Ti，通过镀层遮盖了表面缺陷，减小了表面粗糙度，延长了疲劳寿命。同样，表面存在压应力也有利于提高复合材料的抗疲劳断裂能力。此外，还可以通过喷丸强化，在复合材料表面产生压应力场并且可以使表面附近的微观组织发生改变，改善 SiC 颗粒增强铝基复合材料的疲劳性能。

（6）温度　随着温度的升高，复合材料的抗拉强度和疲劳强度均逐渐减小。在高温下裂纹萌生通常发生在基体中，尤其是靠近颗粒末端或尖角处。复合材料在高温下很少出现颗粒断裂，大多数损伤是颗粒界面脱粘或孔洞的形成。这是因为随着温度升高，增强体颗粒逐渐软化，基体过时效，界面析出物增多，界面传递载荷能力差，界面结合强度降低，颗粒阻碍裂纹扩展作用减小，裂纹优先在界面或基体中扩展，疲劳裂纹扩展速度加快，颗粒增强效果消失。例如，对 SiC 增强 6061Al 复合材料不同体积分数在高温下的疲劳性能研究结果表明，SiC 的强化效果在 200℃时有较大的减弱，在 300℃时完全消失；且随着温度的升高和颗粒体积分数的增大，复合材料断裂韧性减小，裂纹扩展速率增加，颗粒断裂逐渐减少；在 300℃时，基体断裂占主导，大多数颗粒和基体脱粘成为高温疲劳失效的形式。

2. PAMC 疲劳裂纹萌生

PAMC 疲劳寿命主要由两部分组成：疲劳裂纹萌生寿命和裂纹扩展寿命。复合材料在低周疲劳中裂纹萌生在疲劳寿命的早期阶段，在总寿命的前 10%，低周疲劳寿命以裂纹扩展寿命作为主导。在高周疲劳中裂纹萌生得较晚，在总寿命 70%～90%时，裂纹萌生寿命主导高周疲劳寿命。因此疲劳裂纹萌生是疲劳研究的一个重点。PAMC 的疲劳裂纹萌生机制有以下几个方面。

（1）裂纹萌生于颗粒与基体之间的界面 对于液态法制备的 5%（质量分数）SiC/2014Al 基复合材料挤压锭而言，由于制备加工温度较高，在颗粒与基体界面容易发生界面反应，$CuAl_2$、（Fe，Mn）$SiAl_{12}$、$Cu_2Mg_5Si_6Al_5$ 等界面反应产物在复合材料界面附近生成。这些反应物脆性较大且形状不规则带有尖角，容易产生应力集中，当复合材料受到循环载荷时，容易发生界面失效，疲劳裂纹易于界面处萌生。当在 Al-12Si 中加入不同体积分数的 SiC 挤压铸造成复合材料时，在较高的应力水平下疲劳裂纹萌生于颗粒与基体的界面。粉末冶金法制备的复合材料由于制备温度低，界面反应少，界面结合力强，裂纹则较少于界面处萌生。

（2）裂纹萌生于颗粒断裂和团聚 颗粒断裂与颗粒的强度和大小紧密相关。大颗粒容易在低于复合材料屈服强度循环载荷下发生断裂而成为裂纹萌生源。在复合材料制备时控制颗粒大小且使其均匀分布，裂纹将萌生于界面或其他缺陷处。在材料制备过程中，混合不均匀将形成增强颗粒团聚，而团聚颗粒与基体界面结合较差，易导致应力集中，容易发生颗粒断裂或界面脱粘，成为裂纹萌生源，这对复合材料疲劳性能影响较大。

（3）裂纹萌生于无特殊微观组织处 15%（体积分数）SiC 增强 2 系铝合金材料的疲劳性能测试结果表明，一部分疲劳裂纹源处并无增强颗粒开裂现象，化学成分与周围基体一致，断口形貌与邻近区域也无明显差别，将这一种现象称为无特殊微观组织特征。这可能是由于复合材料制备中颗粒分布不均匀，局部颗粒少，基体富集，基体强度相对较低，裂纹优先在此萌生。

（4）裂纹萌生于金属间化合物 SiC/2124Al 基复合材料的疲劳性能测试结果表明，裂纹萌生于试样表面或近表面的大尺寸金属间化合物。同时，有学者发现在载荷作用下复合材料试样表面的应力明显高于试样内部，因此在表面的金属间化合物比在内部承受更大的应力，更容易成为裂纹萌生源。

（5）裂纹萌生于其他缺陷 铸造法制备的复合材料中可能出现较大的孔洞，有可能成为疲劳裂纹萌生源。此外，材料加工过程中在表面产生的划痕等也可能成为疲劳裂纹萌生源。

3. PAMC 疲劳裂纹扩展

对金属材料的疲劳裂纹扩展动力的研究表明，裂纹扩展由裂纹尖端的应力强度因子幅 ΔK 控制：

$$\Delta K = K_{\max} - K_{\min} = Y\Delta\sigma\sqrt{\pi a} \tag{6.2}$$

式中：Y 为几何修正因子；$\Delta\sigma$ 为循环载荷过程中的应力差值；a 为裂纹长度；$K_{\max}$、$K_{\min}$ 分别代表每个循环中的最大和最小应力强度因子。Paris 等也得出裂纹扩展速率和应力强度因子幅的关系

$$\frac{\mathrm{d}a}{\mathrm{d}N} = A\Delta K^m \tag{6.3}$$

式中，A 和 m 由每种材料通过标准实验确定，并且裂纹扩展速率与 ΔK 可以通过 S 形曲线表达，如图 6.8 所示。S 形曲线可分为 3 部分，即门槛区、稳态扩展区和快速失稳扩展区。疲劳裂纹萌生后，疲劳裂纹扩展速率极小或裂纹长度小于晶粒尺寸，该区域被认为是裂纹扩展的门槛区，该区域内存在一个裂纹扩展门槛值，当应力强度因子幅小于门槛值时可认为裂纹不扩展。稳态扩展区中 $\dfrac{\mathrm{d}a}{\mathrm{d}N}$ 与 ΔK 有良好的对数关系，可以用式（6.3）表达，利用这一关系可进行疲劳裂纹扩展寿命预测。在快速失稳扩展区时，最大应力强度因子接近材料的断裂韧性，裂纹扩展速率较大，材料快速断裂。复合材料中增强颗粒的加入增加了裂纹扩展门槛值和 m 值，同时复合材料的断裂韧性减小。

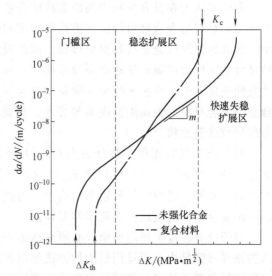

图 6.8　裂纹扩展速率和应力强度因子幅的关系

（1）裂纹门槛区扩展　在裂纹门槛区，裂纹扩展速度对于材料的微观结构十分敏感，在该区域裂纹扩展的驱动力较小，当裂纹遇到阻碍时，裂纹扩展沿较弱的路线延伸。当裂纹与微观结构相互作用时，裂纹扩展驱动力发生微小的波动可能会引起裂纹扩展速度发生较大的变化，甚至裂纹扩展停止。在金属材料中，晶界是裂纹扩展中典型的障碍，并且裂纹在晶粒间扩展时不断改变方向从而使裂纹表面粗糙。对于颗粒增强铝基复合材料，在裂纹门槛区其裂纹尖端的应力场较小，不足以使尖端的颗粒断裂，裂纹主要在基体或近界面基体中扩展。在裂纹扩展路径的起始段较少或几乎没有断裂的增强颗粒。当裂纹扩展遇到颗粒时，裂纹通常发生偏转或弯曲，从而导致裂纹扩展过程中消耗的能量增加，裂纹扩展困难，裂纹的扩展速率降低。同时裂纹扩展侧面的表面粗糙度增加，一方面是晶界对裂纹扩展阻碍引起的，另一方面与增强颗粒的尺寸和颗粒之间的距离有关。PAMC 中增强颗粒的加入使复合材料基体中位错密度增加，晶粒尺寸变小，有利于均匀变形，裂纹沿结晶平面扩展不明显。

裂纹闭合效应是指在裂纹扩展阶段，裂纹尖端上下表面发生接触后，会降低裂纹尖端应力强度因子的范围，从而降低裂纹扩展速率。裂纹闭合效应越大，材料疲劳裂纹扩展抗力越大。在疲劳过程中裂纹闭合的程度由 K_{op}（裂纹完全张开时的应力强度因子）表示。如果

K_{op} 大于 K_{min}，裂纹扩展有效驱动力减小，裂纹扩展速率减小。以上规律适用于低 R 水平下，当 R 很大时，K_{op} 大于 K_{min}，裂纹闭合效应不起作用。

有研究认为裂纹闭合效应是由裂纹尖端后残余应变引起；也有研究认为是由于在疲劳过程中，裂纹张开，表面暴露在空气中长时间发生腐蚀氧化，由氧化诱导裂纹闭合。此外，还有研究认为是裂纹扩展过程中遇到颗粒、第二相粒子或者晶界等发生偏析，使断口粗糙度变大，由粗糙诱导裂纹闭合。其中，粗糙诱导裂纹闭合被大多数研究者认可，通过裂纹闭合提高了裂纹扩展抗力。但至今仍未发现裂纹表面的粗糙度和裂纹扩展门槛值之间的联系，且这一机制也不能解释一些实验中合金材料的裂纹闭合程度高于颗粒增强铝基复合材料而展示出更高的裂纹扩展抗力现象。

有研究认为在复合材料中高的裂纹闭合程度是由小的裂纹张开位移主导而不是粗糙度。由于复合材料与合金材料相比有更高的刚度和强度，使得在承受拉伸载荷时裂纹张开位移较小，卸载时裂纹比合金材料更早接触，因此裂纹闭合程度高，裂纹扩展抗力大。在合金中晶粒尺寸通常作为微观长度控制裂纹粗糙度，而在复合材料中由颗粒尺寸、颗粒间距、晶粒尺寸共同决定。但是在粉末冶金法制备的复合材料中，颗粒分布均匀，基体晶粒多为等轴晶，合金与复合材料的表面粗糙度差异变小，因此 PAMC 在门槛区较高的疲劳性能可归结为较小的裂纹张开位移。

对铸造法制备体积分数分别为 6%、13%、20% 的 SiC 增强 Al-Cu 基复合材料的裂纹扩展速率的研究表明，合金材料的 K_{op} 明显高于复合材料的 K_{op}，然而复合材料裂纹扩展速率明显高于基体。将裂纹扩展速率用有效应力强度因子幅表示，消除裂纹闭合带来的影响，可以看出复合材料的裂纹扩展速率和基体接近。

对于疲劳裂纹扩展门槛值，有研究认为增强颗粒的加入使其增加，也有研究认为减小，这些差异可能是由于测量门槛值的方法和材料不同造成的。PAMC 微观结构引起的粗糙裂纹扩展路径和更小的裂纹张开位移应该是 PAMC 裂纹扩展抗力和裂纹扩展门槛值较高的原因。

(2) 亚稳态扩展和快速断裂 疲劳裂纹亚稳态扩展时裂纹尖端的塑性区面积比门槛区时明显增大，可包围几个晶粒大小，裂纹尖端应力强度因子变大，裂纹扩展的驱动力大到足够克服裂纹扩展过程中遇到的阻碍，裂纹沿垂直于载荷轴的方向扩展。微观结构对裂纹扩展的影响较小，无论是时效状态还是颗粒分布状态，对裂纹扩展驱动力的影响均较小。在该阶段由于颗粒断裂、颗粒与基体界面的失效而造成裂纹扩展速率加快。SiC 增强 7 系铝基复合材料的疲劳性能测试结果表明，复合材料疲劳性能的提高可归结为较低的裂纹扩展速率和裂纹尖端可逆滑移机制。目前对于复合材料裂纹尖端塑性区的大小、变形机制，以及颗粒对其影响未有系统的阐述，仍需大量的实验研究。

在裂纹扩展速率公式（6.3）中，m 的值一般在 2~3 之间，而在复合材料中此值为 4 甚至更大。亚稳态扩展区域较短，因为随着 K_{max} 接近材料的断裂韧性，裂纹扩展速率将急剧增加，导致 PAMC 快速断裂。复合材料中较大的 m 值和较快的裂纹扩展速率是由该区域的几种断裂机制共同作用的结果，其中最主要的就是颗粒断裂。颗粒断裂的影响因素有：①基体局部约束力；②颗粒尺寸；③颗粒团聚度；④颗粒空间位向。随着颗粒尺寸增大，体积分数增大，基体强度增大，颗粒断裂趋势增大。有研究表明，颗粒断裂的面积分数与 K_{max} 的平方呈线性关系，颗粒断裂面积分数饱和后的数值非常接近试样在静态拉伸时断口表面颗粒断裂面积分数。除颗粒断裂，亚稳态扩展区域断裂机制还包括界面脱粘、韧窝形成、第二相断裂等。15%（体积分数）SiC/2009Al基复合材料的疲劳性能研究结果表明，疲劳断裂发生在疲劳核心区，主要由微孔、韧窝和撕裂脊组成，随着疲劳裂纹的扩展，增强颗粒开裂现象逐渐明显，并出现增强颗粒与基体界面脱粘现象。因此疲劳断口是宏观脆性断裂，局部韧性断裂。对于SiC/Al-20Si基复合材料的疲劳性能研究结果表明，SiC颗粒为4.5μm，尺寸较小，不容易发生断裂，与Al基体界面结合良好，SiC颗粒由于具有较高的强度而难以被破坏，裂纹从增强颗粒与基体的界面通过。因此，Si颗粒的脱离、Si相的断裂，以及SiC颗粒与基体界面的脱粘是该材料疲劳断裂失效的主要机制。SiC颗粒有效地承载载荷，阻碍裂纹扩展，提高了复合材料的疲劳性能。

由以上对于裂纹扩展不同阶段断裂机制的研究可知，选择合适的增强颗粒体积分数及较小的颗粒尺寸，控制制备工艺，提高增强颗粒分布均匀性，改善增强颗粒与基体的界面结合性，可以使PAMC具有良好的疲劳性能。

4. PAMC疲劳性能研究趋势

在过去几十年里，已有较多关于颗粒增强复合材料疲劳性能的研究工作，为复合材料的实际工程应用起到了重要的指导作用。但在PAMC的疲劳方面，仍有诸多问题尚待解决。PAMC的疲劳裂纹主要萌生于试样表面或近表面的金属间化合物、颗粒聚集、大颗粒、增强相与基体界面、划痕、气孔等缺陷，同时裂纹扩展受晶粒尺寸、增强颗粒尺寸及其分布、增强颗粒与基体界面结合状态、第二相等因素影响。疲劳的影响因素众多，且其交互影响十分复杂，需要更加系统、更加深入的研究。与PAMC疲劳相关的一些重要结论仍空缺，如有学者认为在较低应力下存在平台，低于该应力平台材料疲劳寿命趋于无限，但对于这一点未有较充分的证据，仍需进一步的实验证明。同时，为适应工程技术需求，有必要开展10^7以上周次的PAMC超高周疲劳实验。此外，针对多轴非比例的PAMC疲劳行为研究也将成为又一研究热点。

思　考　题

1. 总结归纳机器学习在材料服役评价中的应用。
2. 结合公式（6.1），阅读相关文献，分析总结工艺参数对增材制造材料疲劳性能的影响规律。
3. C/C复合材料的疲劳损伤特点有哪些？
4. 分别简述SiC/SiC复合材料疲劳和蠕变失效机制及影响因素。
5. 影响颗粒增强铝基复合材料疲劳性能的因素有哪些？简述其具体影响。
6. 颗粒增强铝基复合材料疲劳裂纹萌生机制包括哪些？

参 考 文 献

[1] 张秀华, 刘怀举, 朱才朝, 等. 基于数据驱动的零部件疲劳寿命预测研究现状与发展趋势 [J]. 机械传动, 2021, 45 (10): 1-14.

[2] LIU Z K. Thermodynamics and its prediction and CALPHAD modeling: Review, state of the art, and perspectives [J]. Calphad, 2023, 82: 102580.

[3] TANG F, HALLSTEDT B. Using the PARROT module of Thermo-Calc with the Cr-Ni system as example [J]. Calphad, 2016, 55 (2): 260-269.

[4] WANG W Y, LI P, LIN D. DID Code: A bridge connecting the materials genome engineering database with inheritable integrated intelligent manufacturing [J]. Engineering, 2020 (6): 612-620.

[5] YU Q, QI L, TSURU T, et al. Origin of dramatic oxygen solute strengthening effect in titanium [J]. Science, 2015, 347: 635-639.

[6] ERDELY P, STARON P, MAAWAD E, et al. Effect of hot rolling and primary annealing on the microstructure and texture of a beta-stabilised gamma-TiAl based alloy [J]. Acta Materialia, 2017, 126: 145-153.

[7] ZOU C, LI J, ZHU L, et al. Electronic structures and properties of TiAl/Ti2AlNb heterogeneous interfaces: A comprehensive first-principles study [J]. Intermetallics, 2021, 133: 107173.

[8] WANG W Y, ZHANG Y, LI J. Insight into solid-solution strengthened bulk and stacking faults properties in Ti alloys: a comprehensive first-principles study [J]. Journal of Materials Science, 2018, 53: 7493-7505.

[9] YUAN G J, ZHANG X C, CHEN B, et al. Low-cycle fatigue life prediction of a polycrystalline nickel-base superalloy using crystal plasticity modelling approach [J]. Journal of Materials Science & Technology, 2020, 38 (3): 28-38.

[10] LIU L, WANG J D, ZENG T, et al. Crystal plasticity model to predict fatigue crack nucleation based on the phase transformation theory [J]. Acta Mechanica Sinica, 2019, 35 (5): 1033-1043.

[11] PRITHIVIRAJAN V, RAVI P, NARAGANI D, et al. Direct comparison of microstructure-sensitive fatigue crack initiation via crystal plasticity simulations and in situ high-energy X-ray experiments [J]. Materials & Design, 2021, 197: 109216.

[12] 赵洋洋, 林可欣, 王颖, 等. 基于位错模型的增材制造构件疲劳裂纹萌生行为 [J]. 焊接学报, 2023, 44 (7): 1-8.

[13] DU Z, TANG K, FERRO P. Quantitative analyses on geometric shape effect of microdefect on fatigue accumulation in 316L stainless steel [J]. Engineering Fracture Mechanics, 2022, 269: 108517.

[14] 刘阳, 王忠政. 基于有限元分析的疲劳裂纹扩展及寿命计算 [J]. 金属制品, 2022, 48 (1): 13-16.

[15] 何振鹏, 邓殿凯, 刘国峰, 等. 基于内聚力模型的复合材料裂纹扩展研究 [J]. 复合材料科学与工程, 2022 (1): 5-12.

[16] BUSARI Y O, MANURUNG Y H P, LEITNER M, et al. Numerical evaluation of fatigue crack growth of structural steels using energy release rate with VCCT [J]. Applied Sciences, 2022, 12 (5): 2641.

[17] HE D, LIU C, CHEN Y, et al. A rolling bearing fault diagnosis method using novel lightweight neural network [J]. Measurement Science and Technology, 2021, 32 (12): 125102.

[18] DURODOLA J F. Machine learning for design, phase transformation and mechanical properties of alloys [J]. Progress in Materials Science, 2022, 123: 100797.

[19] LEW A J, YU C H, HSU Y C, et al. Deep learning model to predict fracture mechanisms of graphene [J]. Npj 2D Materials and Applications, 2021, 5 (1): 1-8.

[20] PENG X, WU S, QIAN W, et al. The potency of defects on fatigue of additively manufactured metals

[J]. International Journal of Mechanical Sciences, 2022, 221：107185.

[21] LI X, WEN Z P, SU H Z. An approach using random forest intelligent algorithm to construct a monitoring model for dam safety [J]. Engineering with Computers, 2021, 37：39-56.

[22] 陈佳, 郭敏, 杨敏, 等. 新型钴基高温合金中 W 元素对蠕变组织和性能的影响 [J]. 金属学报, 2023, 59 (9)：1209-1220.

[23] WANG D, LI Y, SHI S, et al. Crystal plasticity phase-field simulation of creep property of Co-base single crystal superalloy with pre-rafting [J]. Computational Materials Science, 2021, 199：110763.

[24] YANG M, ZHANG J, WEI H, et al. A phase-field model for creep behavior in nickel-base single-crystal superalloy：Coupled with creep damage [J]. Scripta Materialia, 2018, 147：16-20.

[25] YANG M, ZHANG J, GUI W, et al. Coupling phase field with creep damage to study γ' evolution and creep deformation of single crystal superalloys [J]. Journal of Materials Science & Technology, 2021, 71：129-137.

[26] RACCUGLIA P, ELBERT K C, ADLER P D F, et al. Machine-learning-assisted materials discovery using failed experiments [J]. Nature, 2016, 533：73-76.

[27] SUCHETA S, ASHISH R, ABHISHEK K S. Machine learning assisted interpretation of creep and fatigue life in titanium alloys [J]. APL Machine Learning, 2023, 1 (1)：016102.

[28] ZHOU K, SUN X Y, SHI S W, et al. Machine learning-based genetic feature identification and fatigue life prediction [J]. Fatigue and Fracture of Engineering Materials and Structures, 2021, 44 (9)：2524-2537.

[29] HU D Y, WANG T, MA Q H, et al. Effect of inclusions on low cycle fatigue lifetime in a powder metallurgy nickel-based superalloy FGH96 [J]. International Journal of Fatigue, 2019, 118：237-248.

[30] 张国栋, 苏宝龙, 廖玮杰, 等. 机器学习在高温合金粉末盘构件疲劳寿命预测中的应用 [J]. 铸造技术, 2022, 43 (7)：519-524.

[31] ANKIT A, ALOK C. An online tool for predicting fatigue strength of steel alloys based on ensemble data mining [J]. International Journal of Fatigue, 2018, 113：389-400.

[32] HE L, WANG Z, OGAWA Y, et al. Machine-learning-based investigation into the effect of defect/inclusion on fatigue behavior in steels [J]. International Journal of Fatigue, 2022, 155：106597.

[33] BARBOSA J F, CORREIA J A F O, JÚNIOR R C S F, et al. Fatigue life prediction of metallic materials considering mean stress effects by means of an artificial neural network [J]. International Journal of Fatigue, 2020, 135：105527.

[34] 乔生儒, 张程煜, 王泓. 材料的力学性能 [M]. 西安：西北工业大学出版社, 2015.

[35] 杨新华, 陈传尧. 疲劳与断裂 [M]. 2 版. 武汉：华中科技大学出版社, 2018.

[36] 刘然克. 典型 H_2S/CO_2 环空环境下高强油套管钢应力腐蚀机理与防护 [D]. 北京：北京科技大学, 2015.

[37] LI Y Z, GUO X P, ZHANG G A. Synergistic effect of stress and crevice on the corrosion of N80 carbon steel in the CO_2-saturated NaCl solution containing acetic acid [J]. Corrosion Science, 2017, 123：228-242.

[38] LEI X W, FENG Y R, FU A Q, et al. Investigation of stress corrosion cracking behavior of super 13Cr tubing by full-scale tubular goods corrosion test system [J]. Engineering Failure Analysis, 2015, 50：62-70.

[39] TORKKELI J, SAUKKONEN T, HÄNNINEN H. Effect of MnS inclusion dissolution on carbon steel stress corrosion cracking in fuel-grade ethanol [J] Corrosion Science, 2015, 96：14-22.

[40] LUO L H, HUANG Y H, XUAN F Z. Pitting corrosion and stress corrosion cracking around heat affected

zone in welded joint of CrNiMoV rotor steel in chloridized high temperature water [J]. Procedia Engineering, 2015, 130: 1190-1198.

[41] YOO S C, CHOI K J, KIM T, et al. Microstructural evolution and stress-corrosion-cracking behavior of thermally aged Ni-Cr-Fe alloy [J]. Corrosion Science, 2016, 111: 39-51.

[42] 王健, 申得济, 武丹峰, 等. 某海上平台硫化氢应力腐蚀开裂及氢致开裂腐蚀敏感性分析 [J]. 腐蚀研究, 2024, 38 (3): 113-117.

[43] 温振栋, 李忠亮, 张大钎, 等. 海上高含硫化氢油田典型腐蚀原因分析与治理 [J]. 化工管理, 2023 (21): 155-159.

[44] 王峰, 高梦杰. 湿硫化氢环境 HSLA 钢焊接接头应力腐蚀开裂的研究进展 [J]. 材料保护, 2023, 56 (1): 153-162.

[45] YANG H Q, ZHANG Q, TU S S, et al. Effects of inhomogeneous elastic stress on corrosion behaviour of Q235 steel in 3.5% NaCl solution using a novel multi-channel electrode technique [J]. Corrosion Science, 2016, 110: 1-14.

[46] GUAN L, ZHANG B, YONG X P, et al. Effects of cyclic stress on the metastable pitting characteristic for 304 stainless steel under potentiostatic polarization [J]. Corrosion Science, 2015, 93: 80-89.

[47] 王一非, 杨阳, 柴圆圆. 某油田生产井中心管腐蚀穿孔失效分析 [J]. 全面腐蚀控制, 2024, 38 (5): 159-162.

[48] 赵存耀, 齐亚猛. 某油田注水井 P110 钢级油管接箍开裂失效分析 [J]. 石油管材与仪器, 2022, 8 (3): 46-50.

[49] 沈红杰. 柴油加氢高压空冷器湿硫化氢应力腐蚀开裂分析与改进措施 [J]. 石油化工设备技术, 2024, 45 (2): 49-53.

[50] 李芳, 张建军, 张江江, 等. 塔河油田某油井管件在 H_2S/CO_2/高矿化度耦合环境失效分析 [J]. 热加工工艺, 2022, 51 (6): 156-160.

[51] ADAMSON R B, COLEMAN C E, GRIFFITHS M. Irradiation creep and growth of zirconium alloys: A critical review [J]. Journal of Nuclear Materials, 2019, 521: 167-244.

[52] 段生治, 吴小文, 王一帆, 等. 用于热管理、电池电极和核能领域的天然石墨研发新进展 [J]. 新型炭材料 (中英文), 2023, 38 (1): 73-95.

[53] VAN STAVEREN T O, DAVIES M A, KNOL S, et al. Design, construction and operation of a graphite irradiation creep facility [J]. Nuclear Engineering and Design, 2020, 364 (8): 110588.

[54] ONIMUS F, JOURDAN T, XU C, et al. 1.10-Irradiation creep in Materials [M]//KONINGS R J M, STOLLER R E. Comprehensive Nuclear Materials (Second Edition). Oxford: Elsevier, 2020.

[55] CAMPBELL A A, BURCHELL T D. 3.11-Radiation effects in graphite [M]//KONINGS R J M, STOLLER R E. Comprehensive Nuclear Materials (Second Edition). Oxford: Elsevier, 2020.

[56] CAMPBELL A A. Historical experiment to measure irradiation-induced creep of graphite [J]. Carbon, 2018, 139: 279-288.

[57] ARDELL A J, BELLON P. Radiation-induced solute segregation in metallic alloys [J]. Current Opinion in Solid State and Materials Science, 2016, 20 (3): 115-139.

[58] BELKACEMI LT, MESLIN E, DéCAMPS B, et al. Radiation-induced bcc-fcc phase transformation in a Fe3% Ni alloy [J]. Acta Materialia, 2018, 161: 61-72.

[59] LACH T G, OLSZTA M J, TAYLOR S D, et al. Correlative STEM-APT characterization of radiation-induced segregation and precipitation of in-service BWR 304 stainless steel [J]. Journal of Nuclear Materials, 2021, 549 (1): 152894.

[60] KANO S, YANG H, MCGRADY J, et al. Radiation-induced amorphization of M23C6 in F82H steel: an

atomic-scale observation [J]. Journal of Nuclear Materials, 2022, 558: 153345.

[61] ONIMUS F, DORIOT S, BÉCHADE J L. Radiation effects in zirconium alloys [J]. Comprehensive Nuclear Materials, 2020 (3): 1-56.

[62] 段正炜, 陈宏远, 高雄雄, 等. 夏比冲击试验方法应用发展现状与展望 [J]. 石油管材与仪器, 2024, 10 (1): 93-100.

[63] 岳鹏, 刘娟波, 成雷, 等. 核电厂反应堆压力容器材料辐照脆化研究进展综述 [J]. 科技风, 2023 (13): 1-3.

[64] CATTANT F O. Materials ageing in light-water reactors: handbook of destructive assays [M]. 2nd ed. Cham: Springer, 2022.

[65] 饶德林, 莫家豪, 高建波, 等. 反应堆压力容器钢韧性评价及韧脆转变机理的研究进展 [J]. 机械工程材料, 2021, 45 (7): 7-11.

[66] 林虎, 钟巍华, 佟振峰, 等. 国产反应堆压力容器的辐照脆化行为及预测 [J]. 原子能科学技术, 2021, 55 (7): 1170-1176.

[67] 孙凯, 冯明全, 李国云, 等. 反应堆压力容器材料中子辐照脆化研究 [J]. 核动力工程, 2017, 38 (S1): 125-128.

[68] KRYUKOV A, SEVIKYAN G, PETROSYAN V, et al. Irradiation embrittlement assessment and prediction of Armenian NPP reactor pressure vessel steels [J]. Nuclear Engineering and Design, 2014, 272: 28-35.

[69] 李正操, 陈良. 核能系统压力容器辐照脆化机制及其影响因素 [J]. 金属学报, 2014, 50 (11): 1285-1293.

[70] 李丰范, 匡健隆, 季佳浩, 等. 机器学习在金属材料服役性能预测中的应用 [J]. 工程科学学报, 2024, 46 (1): 120-136.

[71] 王红珂, 刘啸天, 林磊, 等. 机器学习在材料服役性能预测中的应用 [J]. 装备环境工程, 2022, 19 (1): 11-19.

[72] HE L, WANG Z, AKEBONO H, et al. Machine learning-based predictions of fatigue life and fatigue limit for steels [J]. Journal of Materials Science & Technology, 2021, 90 (31): 9-19.

[73] BAO H, WU S, WU Z, et al. A machine-learning fatigue life prediction approach of additively manufactured metals [J]. Engineering Fracture Mechanics, 2021, 242: 107508.

[74] LI A, BAIG S, LIU J, et al. Defect criticality analysis on fatigue life of L-PBF 17-4 PH stainless steel via machine learning [J]. International Journal of Fatigue, 2022, 163: 107018.

[75] GAN L, WU H, ZHONG Z. Fatigue life prediction considering mean stress effect based on random forests and kernel extreme learning machine [J]. International Journal of Fatigue, 2022, 158: 106761.

[76] HE L, YONG W, FU H, et al. Fatigue life evaluation model for various austenitic stainless steels at elevated temperatures via alloy features-based machine learning approach [J]. Fatigue & Fracture of Engineering Materials & Structures, 2023, 46 (2): 699-714.

[77] WEI X L, van DER ZWAAG S, JIA Z, et al. On the use of transfer modeling to design new steels with excellent rotating bending fatigue resistance even in the case of very small calibration datasets [J]. Acta Materialia, 2022, 235: 118103.

[78] WANG J Q, FA Y Z, TIAN Y, et al. A machine-learning approach to predict creep properties of Cr-Mo steel with time-temperature parameters [J]. Journal of Materials Research and Technology, 2021, 13 (7/8): 635-650.

[79] HE J-J, SANDSTRÖM R, ZHANG J, et al. Application of soft constrained machine learning algorithms for creep rupture prediction of an austenitic heat resistant steel Sanicro 25 [J]. Journal of Materials Research and Technology, 2023, 22: 923-937.

［80］ HAN H, LI W, ANTONOV S, et al. Mapping the creep life of nickel-based SX superalloys in a large compositional space by a two-model linkage machine learning method ［J］. Computational Materials Science, 2022, 205：111229.

［81］ WANG C, WEI X, REN D, et al. High-throughput map design of creep life in low-alloy steels by integrating machine learning with a genetic algorithm ［J］. Materials & Design, 2022, 213：110326.

［82］ LIU Y, WU J M, WANG Z C, et al. Predicting creep rupture life of Ni-based single crystal superalloys using divide-and-conquer approach based machine learning ［J］. Acta Materialia, 2020, 195：454-467.

［83］ AGHAAMINIHA M, MEHRANI R, COLAHAN M, et al. Machine learning modeling of time-dependent corrosion rates of carbon steel in presence of corrosion inhibitors ［J］. Corrosion Science, 2021, 193：109904.

［84］ DIAO Y, YAN L C, GAO K W. Improvement of the machine learning-based corrosion rate prediction model through the optimization of input features ［J］. Materials & Design, 2021, 198 (1)：109326.

［85］ YAN L C, DIAO Y, LANG Z Y, et al. Corrosion rate prediction and influencing factors evaluation of low-alloy steels in marine atmosphere using machine learning approach ［J］. Science and Technology of Advanced Materials, 2020, 21 (1)：359-370.

［86］ PEI Z B, ZHANG D W, ZHI Y J, et al. Towards understanding and prediction of atmospheric corrosion of an Fe/Cu corrosion sensor via machine learning ［J］. Corrosion Science, 2020, 170：108697.

［87］ MATHEW J, PARFITT D, WILFORD K, et al. Reactor pressure vessel embrittlement：Insights from neural network modelling ［J］. Journal of Nuclear Materials, 2018, 502：311-322.

［88］ LUO Z G, YU H, YANG J S, et al. Effect of heat treatment on the microstructure, impact toughness and wear resistance of Fe-based/B4C composite coating by vacuum cladding ［J］. Surface and Coatings Technology, 2023, 459：129386.

［89］ WANG S, MARTIN M L, ROBERTSON I M, et al. Effect of hydrogen environment on the separation of Fe grain boundaries ［J］. Acta Materialia, 2016, 107：279-288.

［90］ XING X, GOU J X, LI F Y, et al. Hydrogen effect on the intergranular failure in polycrystal α-iron with different crystal sizes ［J］. International Journal of Hydrogen Energy, 2021, 46 (73)：36528-36538.

［91］ ZHAO S J. Application of machine learning in understanding the irradiation damage mechanism of high-entropy materials ［J］. Journal of Nuclear Materials, 2022, 559：153462.

［92］ KIM S G, SHIN S H, HWANG B. Machine learning approach for prediction of hydrogen environment embrittlement in austenitic steels ［J］. Journal of Materials Research and Technology, 2022, 19：2794-2798.

［93］ THANKACHAN T, PRAKASH K S, DAVID PLEASS C, et al. Artificial neural network to predict the degraded mechanical properties of metallic materials due to the presence of hydrogen ［J］. International Journal of Hydrogen Energy, 2017, 42 (47)：28612-28621.

［94］ 代俊林, 吴世品, 张宇, 等. 增材制造金属材料的疲劳性能研究进展 ［J］. 精密成形工程, 2024, 16 (1)：1-13.

［95］ 冯凌冰, 刘丰刚. 增材制造高强钢的研究进展及应用 ［J］. 粉末冶金工业, 2022, 32 (3)：23-33.

［96］ ZHANG M, YU S, JIN S B. A Review on development and application of probabilistic fatigue life prediction models for metal materials and components ［J］. Materials Reports, 2018, 32 (5)：808-814.

［97］ 华亮, 曾超. 基于能量法的激光熔覆构件疲劳寿命评估研究 ［J］. 光学技术, 2020, 46 (5)：578-581；618.

［98］ CHAN K S, ENRIGHT M P, MOODY J P. Development of a probabilistic methodology for predicting hot corrosion fatigue crack growth life of gas turbine engine disks ［J］. Journal of Engineering for Gas Turbines and Power, 2013, 136 (2): 022505.

[99] ZHAN Z X, HU W P, MENG Q C. Data-driven fatigue life prediction in additive manufactured titanium alloy: A damage mechanics based machine learning framework [J]. Engineering Fracture Mechanics, 2021, 252: 107850.

[100] ZHOU S. Fatigue crack growth rate estimation of 6005A-T6 aluminum alloys with different stress ratios using machine learning methods [J]. The Chinese Journal of Nonferrous Metals, 2023, 33: 2416-2427.

[101] 赵春玲, 杨金华, 李维, 等. SiC/SiC 复合材料疲劳与蠕变性能研究进展 [J]. 科技导报, 2023, 41 (9): 27-35.

[102] CORMAN G, UPADHYAY R, SINHA S, et al. General electric company: Selected applications of ceramics and composite materials [M]//MADSEN L D, SVEDBERG E B. Materials Research for Manufacturing: An Industrial Perspective of Turning Materials into New Products. Cham: Springer International Publishing, 2016.

[103] CHEN M W, QIU H P, XIE W J, et al. Research progress of continuous fiber reinforced ceramic matrix composite in hot section components of aero engine [J]. IOP Conference Series: Materials Science and Engineering, 2019, 678 (1): 012043.

[104] DONG H, GAO X, ZHANG S, et al. Multi-scale modeling and experimental study of fatigue of plain-woven SiC/SiC composites [J]. Aerospace Science and Technology, 2021, 114: 106725.

[105] ZHANG S, GAO X, SONG Y, et al. Fatigue behavior and damage evolution of SiC/SiC composites under high-temperature anaerobic cyclic loading [J]. Ceramics International, 2021, 47 (21): 29646-29652.

[106] LIU C, SHI D, JING X, et al. Multiscale investigation on fatigue properties and damage of a 3D braided SiC/SiC + PyC/SiC composites in the full stress range at 1300℃ [J]. Journal of the European Ceramic Society, 2022, 42 (4): 1208-1218.

[107] RUGGLES-WRENN M, BOUCHER N, PRZYBYLA C. Fatigue of three advanced SiC/SiC ceramic matrix composites at 1200℃ in air and in steam [J]. International Journal of Applied Ceramic Technology, 2018, 15 (1): 3-15.

[108] RUGGLES-WRENN M B, LEE M D. Fatigue behavior of an advanced SiC/SiC ceramic composite with a self-healing matrix at 1300℃ in air and in steam [J]. Materials Science and Engineering: A, 2016, 677: 438-435.

[109] LUO Z, CAO H, REN H, et al. Tension-tension fatigue behavior of a PIP SiC/SiC composite at elevated temperature in air [J]. Ceramics International, 2016, 42 (2, Part B): 3250-3260.

[110] PANAKARAJUPALLY R P, PRESBY M J, MANIGANDAN K, et al. Thermomechanical characterization of SiC/SiC ceramic matrix composites in a combustion facility [J]. Ceramics, 2019, 2 (2): 407-425.

[111] SABELKIN V, MALL S, COOK T, et al. Fatigue and creep behaviors of a SiC/SiC composite under combustion and laboratory environments [J]. Journal of Composite Materials, 2016, 50 (16): 2145-2153.

[112] ALMANSOUR A S, MORSCHER G N. Tensile creep behavior of SiCf/SiC ceramic matrix minicomposites [J]. Journal of the European Ceramic Society, 2020, 40 (15): 5132-5146.

[113] JING X, YANG X, SHI D, et al. Tensile creep behavior of three-dimensional four-step braided SiC/SiC composite at elevated temperature [J]. Ceramics International, 2017, 43 (9): 6721-6729.

[114] JING X, CHENG Z, NIU H, et al. Deformation and rupture behaviors of SiC/SiC under creep, fatigue and dwell-fatigue load at 1300℃ [J]. Ceramics International, 2019, 45 (17 Part A): 21440-21447.

[115] WANG X, SONG Z, CHENG Z, et al. Tensile creep properties and damage mechanisms of 2D-SiCf/SiC composites reinforced with low-oxygen high-carbon type SiC fiber [J]. Journal of the European Ceramic Society, 2020, 40 (14): 4872-4879.

［116］ LAMON J. Review: creep of fibre-reinforced ceramic matrix composites ［J］. International Materials Reviews, 2020, 65 (1): 28-62.

［117］ 王西，王克杰，柏辉，等. 化学气相渗透 2D-SiC f/SiC 复合材料的蠕变性能及损伤机理 ［J］. 无机材料学报，2020，35 (7): 817-821.

［118］ LUAN X, XU X, WANG L, et al. Self-healing enhancing tensile creep of 2D-satin weave SiC/(SiC-SiBCN)x composites in wet oxygen environment ［J］. Journal of the European Ceramic Society, 2020, 40 (10): 3509-3519.

［119］ COLLIER V E, XU W B, MCMEEKING R M, et al. Recession of BN coatings in SiC/SiC composites through reaction with water vapor ［J］. Journal of the American Ceramic Society, 2022, 105 (1): 498-511.

［120］ YANG L W, XIAO X R, JING L, et al. Dynamic oxidation mechanism of SiC fiber reinforced SiC matrix composite in high-enthalpy plasmas ［J］. Journal of the European Ceramic Society, 2021, 41 (10): 5388-5393.

［121］ BHATT R T, KISER J D. Creep behavior and failure mechanisms of CVI and PIP SiC/SiC composites at temperatures to 1650 ℃ in air ［J］. Journal of the European Ceramic Society, 2021, 41 (13): 6196-6206.